"十四五"时期国家重点出版物出版专项规划项目

新一代人工智能理论、技术及应用丛书

# 通信网络内生智能

杨 鲲 向路平 高 阳 著

科学出版社

北 京

## 内 容 简 介

本书探索人工智能技术与以 6G 为代表的未来移动通信网络的融合，深入分析人工智能如何内嵌于现代通信网络，推动通信技术的进步并塑造未来的网络系统。全书共 5 章，从 6G 的基本架构和关键技术，到数据驱动的端到端通信系统的实现，再到基于深度神经网络的数字孪生网络和大模型辅助的语义通信，同时提供全面的技术分析和丰富的实例研究。

本书旨在为读者揭示智能通信技术的未来趋势、技术路线、优化算法和实践应用，适合通信工程、人工智能等领域研究人员、高校研究生，以及对未来智能通信技术感兴趣的读者。

**图书在版编目（CIP）数据**

通信网络内生智能 / 杨鲲, 向路平, 高阳著. -- 北京 : 科学出版社, 2024. 11. --(新一代人工智能理论、技术及应用丛书). -- ISBN 978-7 03 079675-2

Ⅰ. TN915

中国国家版本馆 CIP 数据核字第 2024ZA8407 号

责任编辑：张艳芬　徐京瑶 / 责任校对：崔向琳

责任印制：师艳茹 / 封面设计：陈　敬

科 学 出 版 社 出版

北京东黄城根北街 16 号

邮政编码：100717

http://www.sciencep.com

北京中科印刷有限公司印刷

科学出版社发行　各地新华书店经销

*

2024 年 11 月第　一　版　开本：720×1000　1/16

2024 年 11 月第一次印刷　印张：15 1/4

字数：305 000

**定价：140.00 元**

（如有印装质量问题，我社负责调换）

## “新一代人工智能理论、技术及应用丛书”编委会

# “新一代人工智能理论、技术及应用丛书”序

科学技术发展的历史就是一部不断模拟和扩展人类能力的历史。按照人类能力复杂的程度和科技发展成熟的程度，科学技术最早聚焦于模拟和扩展人类的体质能力，这就是从古代就启动的材料科学技术。在此基础上，模拟和扩展人类的体力能力是近代才蓬勃兴起的能量科学技术。有了上述的成就做基础，科学技术便进展到模拟和扩展人类的智力能力。这便是20世纪中叶迅速崛起的现代信息科学技术，包括它的高端产物——智能科学技术。

人工智能，是以自然智能(特别是人类智能)为原型、以扩展人类的智能为目的、以相关的现代科学技术为手段而发展起来的一门科学技术。这是有史以来科学技术最高级、最复杂、最精彩、最有意义的篇章。人工智能对于人类进步和人类社会发展的重要性，已是不言而喻。

有鉴于此，世界各主要国家都高度重视人工智能的发展，纷纷把发展人工智能作为战略国策。越来越多的国家也在陆续跟进。可以预料，人工智能的发展和应用必将成为推动世界发展和改变世界面貌的世纪大潮。

我国的人工智能研究与应用，已经获得可喜的发展与长足的进步：涌现了一批具有世界水平的理论研究成果，造就了一批朝气蓬勃的龙头企业，培育了大批富有创新意识和创新能力的人才，实现了越来越多的实际应用，为公众提供了越来越好、越来越多的人工智能惠益。我国的人工智能事业正在开足马力，向世界强国的目标努力奋进。

“新一代人工智能理论、技术及应用丛书”是科学出版社在长期跟踪我国科技发展前沿、广泛征求专家意见的基础上，经过长期考察、反复论证后组织出版的。人工智能是众多学科交叉互促的结晶，因此丛书高度重视与人工智能紧密交叉的相关学科的优秀研究成果，包括脑神经科学、认知科学、信息科学、逻辑科学、数学、人文科学、人类学、社会学和相关哲学等学科的研究成果。特别鼓励创造性的研究成果，着重出版我国的人工智能创新著作，同时介绍一些优秀的国外人工智能成果。

尤其值得注意的是，我们所处的时代是工业时代向信息时代转变的时代，也是传统科学向信息科学转变的时代，是传统科学的科学观和方法论向信息科学的科学观和方法论转变的时代。因此，丛书将以极大的热情期待与欢迎具有开创性的跨越时代的科学研究成果。

“新一代人工智能理论、技术及应用丛书”是一个开放的出版平台，将长期为我国人工智能的发展提供交流平台和出版服务。我们相信，这个正在朝着“两个一百年”奋斗目标奋力前进的英雄时代，必将是一个人才辈出百业繁荣的时代。

希望这套丛书的出版，能给我国一代又一代科技工作者不断为人工智能的发展做出引领性的积极贡献带来一些启迪和帮助。

李衍达

# 序

当我们目睹人工智能推动无线通信的边界向前延伸时，我们感受到了未来内生智能通信技术的发展潜力。《通信网络内生智能》一书正是在这样的背景下应运而生的，它不仅提供了对当前智能通信技术的深刻见解，更为我们展示了未来其可能达到的新高度及相应的技术路线和方案。

杨鲲教授通过深入浅出的方式，详尽阐述了 6G 与人工智能如何融合；不仅聚焦于技术的发展前景，还探讨了这些技术如何在实际应用中产生积极影响，如何实现智能网络的自演进，以及如何通过内生智能的框架实现网络的自我管理和优化。

在介绍了 6G 的基本概念和关键技术后，该书逐步深入到数据驱动的端到端通信系统，探讨了数字孪生网络，并进一步讨论了大模型辅助的语义通信。这些内容不仅是技术前沿，而且具有极高的研究价值和实用价值。

该书的另一大亮点是对人工智能技术在通信网络中应用的深入分析。例如，对数字孪生网络和大模型辅助的语义通信的探讨，通过分析通信系统智能化的方向，预示下一代无线通信能力的跨越式提升。全书不仅涵盖广泛的技术领域，还预见了未来通信网络设计和运营。

我非常荣幸能向广大读者推荐该书。无论是通信技术的专业人士、人工智能的研究者，还是对未来技术充满好奇的普通读者，相信这本书都能给每位读者提供宝贵的知识和启发。在阅读的过程中，读者将对 6G 和人工智能的融合有一个全新的理解，并对未来的技术发展趋势有更深的洞察。

希望这本书能激发各位读者的思考，让我们共同探索和塑造一个更智能、更互联的世界。

尤肖虎
中国科学院院士
2024 年 7 月于南京

# 前　　言

在新一代人工智能与移动通信网络的融合中,我们正看到前所未有的通信技术革命的曙光。这一革命不仅预示着无线通信能力的飞跃性提升，也预示着人工智能在处理复杂问题和决策中的潜力将被全面释放。本书旨在深入探讨在这样一个充满挑战和机遇的时代背景下，如何在通信网络中实现内生智能，实现网络自演进，最终推动下一代无线通信的可持续发展。从 6G 的基础设施到智能化的网络管理，从端到端的系统设计到先进的用户接口，我们将见证一个全新技术生态系统的诞生。通过理论分析和案例研究，本书将揭示人工智能和 6G 通信如何共同定义未来网络的架构和功能，以及这种融合如何塑造我们与世界互动的方式。

在介绍 6G 的基本概念和关键技术后，本书给出未来移动通信网络内生智能的三个主要方向。

(1) 数据驱动的端到端通信系统，主要偏重物理层和资源管理层，使用神经网络小模型，通过软硬件协同设计的方法实现极致性能，进而在人工智能芯片上实现通信功能并代替目前移动基站和手机终端中的通信芯片，有望实现对移动通信网络系统革命性的变革。

(2) 数字孪生网络，即并行运行在物理网络之上的一个虚拟孪生体，涵盖无线信道、通信链路和资源优化管理等，并通过该网络孪生来管理物理网络的高效运行和低碳可持续发展。这是对移动通信系统架构的变革。

(3) 大模型辅助的语义通信，使用多模态生成式智能进一步减少通信量和通信系统控制流程的复杂性，有望实现空天地海全域覆盖中的弱通信。

这些内容不仅是技术前沿，而且具有极高的实用价值和研究价值。

第 1 章从 6G 的未来展望开始，详细讨论其典型应用场景和关键性能指标，为读者描绘即将到来的通信技术革命的蓝图。同时，探讨新一代人工智能技术，这些技术是构建未来通信系统的基石，将在 6G 时代发挥至关重要的作用。

第 2 章聚焦数据驱动的端到端通信系统，详细探讨从编译码技术到调制解调和波束赋形技术的各个方面。本章从理论分析与仿真实验两方面展示端到端通信系统的性能，并给出该系统的一种初步原型实现。

第 3 章介绍基于深度神经网络的数字孪生网络，这是一种创新的网络设计和管理方法，可以显著提高网络的适应性和性能。通过详细的系统模型和算法设计，本章展示数字孪生网络的具体实现，以及数字孪生网络如何赋能移动通信系统。

第 4 章探讨大模型辅助的语义通信，这是通信技术向更高层次迈进的关键一步。在介绍语义通信基础概念、架构和特点的基础上，引入大模型辅助的语义通信基本架构，以及多模态语义通信，随后探讨大模型辅助的语义通信系统软件辅助生成，最后探索面向语义的分子通信。通过将大模型与通信系统结合，本章展示如何实现更高效、更智能的信息传输。

第 5 章讨论通信网络内生智能的其他支撑技术，包括强化学习在数据增强中的应用、联邦学习在数据隐私保护中的应用，以及图神经网络在多跳网络中的应用。

本书不仅是对前沿技术的深入解读，更是一本为未来的创新者、决策者、研究者和通信工程技术人员准备的指南。希望本书能够激发更多的科技专业人士、研究人员和学生对于未来通信技术的探索热情，并为开发更智能、更高效和可持续发展的通信系统提供理论和实践的指导。

感谢以下人员在本书的撰写和整理过程中给予的支持：彭于波、崔静雯、伍文凤、林箫、罗程、王仲伦、王琰凯、梁广明、车畅、贺庆、唐玺、卓娜娜、李凯、陈星燃。

限于作者水平，书中难免存在不妥之处，恳请读者指正。

作　者

2024 年 7 月于南京大学

# 目　录

# 第1章 绪　　论

## 1.1　6G及未来移动通信系统

### 1.1.1　6G典型场景

6G将带来更先进的感知技术，使设备能够更精确地感知和理解周围环境。这包括更高分辨率的传感器、更快速的数据处理能力以及更智能的算法和模型。通过感知技术，设备可以更准确地识别物体、理解场景和预测未来的变化，从而为各种应用场景提供更加智能化的服务和支持。6G时代，典型应用场景包括但不限于通信感知一体化、极高可靠极低时延通信、泛在连接、超大规模通信、人工智能(artificial intelligence，AI)和通信融合，如图1-1所示。

5G移动通信技术的发展已经为智能物联网(Internet of Things，IoT)和超大规模连接奠定了基础，6G移动通信技术将进一步推动智能化和感知能力的发展。在5G时代，典型场景包括沉浸式通信、极高可靠极低时延通信(ultra-reliable and low-latency communications，URLLC)和超大规模通信。6G移动通信则是在此基础上，增加了人工智能和通信融合、通信感知一体化和泛在连接场景，提供更加智能化的服务和支持。

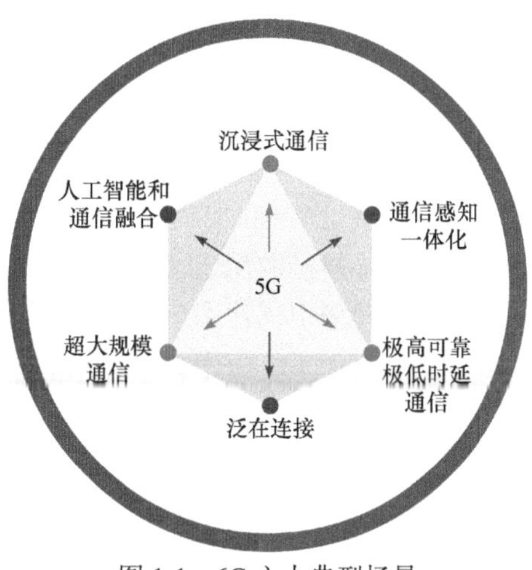


图1-1　6G六大典型场景

1. 通信感知一体化

通信感知一体化也称通感一体化。未来的6G网络将利用通信信号来实现目标的检测、定位、识别和成像等感知功能[1]。无线通信系统能够利用感知功能获取周边环境的信息，从而智能地分配通信资源，挖掘潜在的通信能力，提升用户体验。同时，利用更高频段的毫米波或太赫兹信号加强对环境和周围信息的获取，进一步提升未来无线系统的性能，并助力实现环境中实体数字虚拟化的愿景，推动更多应用场景的出现。

6G 网络可以利用无线通信信号提供实时感知功能，获取环境的实际信息，并利用先进的算法、边缘计算和 AI 能力生成超高分辨率的图像。在完成环境重构的同时，可以实现厘米级的定位精度，从而实现构筑虚拟城市、智慧城市的愿景。基于无线信号构建的传感网络可以替代易受光和云层影响的激光雷达和摄像机，获得全天候的高传感分辨率和检测概率，通过感知实现细分行人、自行车和婴儿车等周围环境的物体。为了实现机器人之间的协作、无接触手势操控、人体动作识别等应用，需要感知器达到毫米级的方位感知精度，以精确感知用户的运动状态，实现为用户提供高精度实时感知服务的目标。此外，环境污染源、空气含量监测和颗粒物(如 PM2.5)成分分析等也可以通过更高频段的感知来实现。

2. 极高可靠极低时延通信

URLLC 是下一代无线通信系统的核心组成之一，特别是在 5G 和未来的 6G 网络中。这类通信技术旨在满足工业自动化、自动驾驶、远程医疗操作等关键应用的严格要求。URLLC 的目标是提供高达 99.99999%的数据传输可靠性，同时保证低于 0.1ms 的端到端时延[2]。这种高标准的服务质量(quality of service，QoS)使各种对通信可靠性和响应速度要求极高的新兴应用得以实现，如实时控制系统、智能电网、城市基础设施管理等。

为了实现这些目标，URLLC 技术依赖多种先进的通信技术和网络优化策略。首先，网络的设计采用密集的小基站网和边缘计算技术，减少数据在传输过程中的传播延迟。同时，采用更为先进的调制和编码方案，以及创新的多址接入技术，确保在极端的网络条件下也能保持连接的稳定性和速度。此外，5G 和未来网络还采用网络切片技术，在同一物理网络中创建多个虚拟网络。每个网络都可根据具体应用的需求来优化性能，如为 URLLC 应用提供专用的资源和优先级。这些技术的综合应用可以为关键任务提供前所未有的通信支持，使许多创新的应用场景在实践中得到验证和推广。

3. 泛在连接

6G 泛在连接作为下一代通信技术的先锋，预示着更加紧密互联的未来。它将在 5G 的基础上实现更高速、更广泛、更可靠的连接。6G 的愿景是实现全球范围内的无缝覆盖，其数据传输速率预计将达到 1Tbit/s，延迟降至微秒级，从而给用户带来前所未有的通信体验。6G 泛在连接将利用太赫兹频段、大规模多入多出(multiple input multiple output，MIMO)技术以及先进的网络切片技术，使万物互联的梦想更加接近现实[3]。

在 6G 泛在连接的推动下，未来社会将进入高度智能化的新时代。它不仅将深化现有的应用场景，如智能家居、自动驾驶、远程医疗等，还将开拓一系列创新领域，如全息通信、虚拟现实、智能 IoT 等。6G 的普及将极大地提升社会生产效率，改善人们的生活质量，同时为经济发展注入新的活力。在这个以 6G 为核心的泛在连接网络中，信息传递将更加迅速、精准，为构建智慧社会奠定坚实的基础[4]。

#### 4. 超大规模通信

6G 超大规模通信是未来通信技术的一次革命性飞跃，它将实现前所未有的连接密度和通信能力。6G 网络预计能够支持每平方公里超过 100 万个设备的高密度连接。这意味着，从城市到偏远地区，从地面到天空，都将被无缝覆盖。超大规模通信通过更高的频谱效率、更先进的调制技术和更优化的网络架构，为海量设备提供即时、高效的数据传输，为 IoT、智慧城市等应用提供强有力的支撑[3]。

随着 6G 超大规模通信的部署，我们将进入一个万物智联的新时代。在这个时代，不仅个人通信设备将获得更快的速度和更低的延迟，各类机器和传感器也将实时交换信息，实现高度智能化的协作。这将推动工业自动化、远程医疗、智能交通等领域的创新，极大地提升社会运行效率。同时，6G 的超大规模通信能力还将促进新型业务的发展，如增强现实(augmented reality，AR)、虚拟现实(virtual reality，VR)、无人驾驶等，为用户带来沉浸式体验，开启通信技术的新篇章。

#### 5. AI 和通信融合

AI 与通信技术的融合，预示着通信行业的一次重大变革。在这一融合过程中，6G 网络的高速度、低延迟和广泛覆盖将为人机交互、智能决策提供强大的支持[5]。AI 技术的引入，使得通信网络能够更加智能地调度资源、优化性能，从而满足用户多样化的需求。这种融合不仅可以提升通信效率，还能为各类创新应用搭建平台，为智能社会发展注入新动力。

在此基础上，AI 与通信融合将推动各行各业的转型升级。在工业互联网、智慧城市、远程医疗等领域，这种融合将实现实时、高效的数据分析和处理，助力产业智能化升级。同时，6G 网络的 AI 赋能，还将为用户提供更加个性化、定制化的服务，让生活变得更加便捷、智能。总之，AI 与通信技术的融合，将引领我们迈向更加美好的全联接时代。

6. 沉浸式通信

沉浸式通信，作为一种创新的通信方式，将彻底改变人们的交互体验。借助 6G 网络高速度、低延迟和广覆盖的特点，沉浸式通信将实现真实感极强的虚拟交互，让用户仿佛置身于同一空间。通过全息投影、AR、VR 等技术，6G 沉浸式通信将打破时空限制，为远程教育、远程医疗、娱乐等领域带来前所未有的变革。

在沉浸式通信的推动下，未来的社交互动将变得更加丰富多样。用户可以借助 6G 网络，与身处世界各地的朋友、家人进行面对面的交流。此外，6G 沉浸式通信还将为各类应用场景提供强大的支持，如在线游戏、虚拟会议、远程协作等，让用户在虚拟世界享受到与现实无异的体验。总之，6G 沉浸式通信将开启一个全新的通信时代，给我们的生活和工作带来无限可能。

### 1.1.2　6G 核心指标

6G 核心指标如图 1-2 所示。

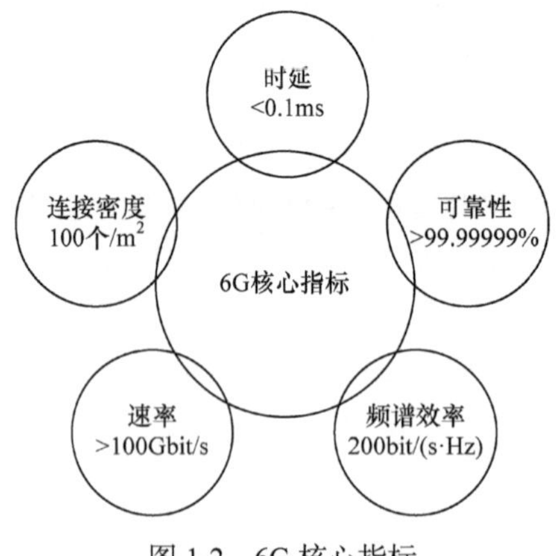


图 1-2　6G 核心指标

1. 速率

作为 6G 候选技术的太赫兹通信具有带宽大、传输速率高等特点，将是 6G 大带宽场景应用的主要利器。在 200～400GHz 的频谱范围内，经过理论仿真测算，结合业界的一些试验数据，未来 6G 的单终端峰值速率指标预测可以达到 100Gbit/s，单小区总的吞吐量预测可以达到 1Tbit/s[1]。

2. 时延

在 5G 超高可靠与低时延通信时代，由于人的介入，需要网络提供毫秒级的时延，例如车联网的 1ms 时延保证。在 6G 时代，低时延的无线通信预计将主要集中在机器与机器之间，用以替代传统的有线传输，例如工业互联网场景等的时延需求在亚毫秒级。因此，6G 移动通信网络时延指标一般预测为 0.1ms[1]。

3. 可靠性

5G 时代需要实现将无线数据包差错概率降到 $10^{-6}$ 以下，同时系统还引入时域或频域重复发送、多点发送和多连接等操作。这些操作从网络信息论的角度寻求传输时延、可靠性、传输速率的最优平衡。在 6G 时代，可靠性指标在网络拓扑优化和资源有效利用等方面仍有一定的提升空间，可靠性指标需要进一步提高到 99.99999%[2]。

4. 连接密度

5G 根据各种场景测算出的连接密度是平均每平方米最多 10 个 5G 设备。但是，随着 IoT、体域网、AI、低功耗技术的快速发展，快递物流、工厂制造、农业生产、智能穿戴、智能家居等都存在网络连接的需求。以智能穿戴为例，在 6G 时代，每人应该至少配有具备直接网络连接能力的 1～2 部手机、1 只手表、若干个贴身的健康监测仪、2 个置于鞋底的运动检测仪等，使连接密度较 5G 上升近 10 倍。因此，6G 的连接密度应该为 100 个每平方米，或最大连接密度可达 1 亿个每平方千米[1]。

5. 频谱效率

5G 的峰值频谱效率在 64 正交幅度调制(quadrature amplitude modulation，QAM)、192 天线、16 流并考虑编码增益的情况下，理论极限值在 100bit/(s · Hz)。在 6G 时代，考虑 1024QAM、1024 天线，结合轨道角动量 QAM 的多流及波束赋形技术，频谱效率推算可以达到 200bit/(s · Hz)[2]。

### 1.1.3　6G 关键使能技术

为满足未来 6G 时代更加丰富的业务应用，以及极致的性能需求，需要在探索新型网络架构的基础上，在关键核心技术领域实现突破。当前，全球业界对 6G 关键技术仍在探索中，提出一些潜在的关键技术方向，包括通感一体化、通算融合网络、多址接入技术和 AI 技术等。

1. 通感一体化

通感一体化是 6G 系统提供基础信息服务的重要使能技术。通感一体化的典型用例与应用场景包括天气监测、车流监测、目标定位追踪、环境重构、动作识别、生命体征监测和成像等。通过感知获取的信道环境相关信息也可以辅助通信系统进行信道估计、波束管理等，提升通信系统的性能[5]。

通感一体化场景和业务对系统功能框架设计提出新的要求。通感一体化系统需支持感知服务请求的接受、感知 QoS 保障、感知控制和空口感知，以及基于空口感知的测量量确定感知结果，并生成感知服务请求响应。感知 QoS 主要包括感知精度、感知分辨率、感知范围、感知时延和感知更新频率。感知控制主要包括根据感知服务请求或感知 QoS 配置感知信号；确定感知服务请求所需的感知测量量，以及测量配置；确定感知信号收发节点。

除了上述感知功能，感知能力注册与交互、感知安全隐私、感知计费也是通感一体化的重要功能。

通感一体化系统的关键空口技术包括波形设计、多天线感知技术、感知算法设计、干扰消除技术等。

1) 波形设计

波形设计是通感一体化的关键，具体包括基于通信波形实现通感一体化、基于感知波形实现通感一体化，以及设计全新的通感一体化波形。通感一体化波形设计的宗旨就是考虑通感性能的权衡，根据一体化性能指标设计波形，实现整体性能最优。

2) 多天线感知技术

通感一体化系统需要支持多天线来提升通信性能和感知性能。面向通感一体的 MIMO 硬件架构和天线阵列设计、预编码设计等是通感一体化系统的研究重点。

3) 感知算法设计

与通信系统不同，感知系统通常使用未调制的发射信号，因此需要根据通感一体化接收机划分通感功能并选择合适的信号处理算法。

4) 干扰消除技术

通信系统干扰包括小区内干扰和小区外干扰。感知干扰包含非感知目标杂波干扰，以及收发机的自干扰信号。先进的干扰管理与抑制方案是保证通感一体化系统性能的关键。

为实现通感一体化技术落地应用，除上述关键技术，以下问题也需要探索和解决，即通信与感知的性能平衡和联合优化问题；面向通感一体化的信道测量与信道建模挑战；非理想因素影响感知性能指标的问题。

### 2. 通算融合网络

融合网络聚焦在 6G 系统通信功能与计算功能的融合上，可以为有算力需求的用户提供融合计算服务，包括常规计算服务和 AI 类计算服务。6G 系统通过统筹计算时延和通信时延支持计算数据传输，可以实现两者的实时动态适配。6G 网络功能节点具有更强的分布式特征，通过利用广泛分布的通信和计算融合节点，缩短计算数据传输时延并降低骨干网络的传输负载[6]。

在无线通信网方面，6G 计算服务的潜在协议影响可能在 IP 多媒体子系统(IP multimedia subsystem，IMS)服务层、核心网网络功能层，或者无线接入网网络功能层等。在有线传输网方面，互联网工程任务组(Internet Engineering Task Force，IETF)定义了计算优先组网(compute first networking，CFN)、基于 IPv6 的段路由(segment routing over IPv6，SRv6)和基于 IPv6 的应用感知网络(application-aware IPv6 networking，APN6)。这些协议在传输过程中支持路由信息、算力状态信息和应用信息的及时交互，可以实现有线传输和算力的良好匹配。此外，无线通信网络与有线传输网络的协同工作也是 6G 算力网络需要考虑的一个方向，以支持端到端连接和算力的动态适配。

6G 系统的计算功能可以为终端提供算力卸载服务，同时也能提供在网计算服务。在网计算指的是数据在应用功能与终端之间，以及终端与终端之间的传输过程中，对传输的数据进行计算的服务。通过 6G 系统，终端可以选择合适的计算节点来获取计算服务。典型的融合计算服务流包括终端向网络计算功能请求 6G 网络算力，网络计算功能将计算结果发送给终端；终端请求外部算力并获得计算结果。

移动算网融合的关键技术包括算力的度量与感知、算力服务的控制与管理、计算承载的控制与管理。

### 3. 多址接入技术

多址接入技术决定了移动用户如何共享带宽资源，是公认的移动网络发展里程碑。在过去的几代移动通信系统中，正交多址接入技术已经被广泛使用，其中正交宽带资源块首先在时域、频域，或者码域生成，然后以正交的方式分配给用户，即一个资源块仅由一个用户占用。正交多址接入被广泛使用的主要原因是实现复杂度低，但其频谱效率并不是最优的。非正交多址接入技术是下一代多址接入技术的典范。其核心思想是，鼓励移动用户之间共享频谱，利用用户动态信道条件或者异构的 QoS 要求，获得优于传统正交多址接入的频谱效率。此外，非正交多址技术采用先进的多用户检测技术，可以以合理的计算复杂度有效抑制频谱资源共享导致的多址干扰。

值得注意的是，非正交多址技术最初是为 5G 移动通信系统开发的，其卓越的频谱效率已经被学术界和工业界证明，但是因为业内标准化产生分歧，并未得到应用。因此，在 6G 时代，为了推进新兴的非正交多址技术标准化、产业化，可以从以下角度实现[2]。

(1) 从技术角度看：统一的非正交多址架构应保留 5G 时代的优越性能，如支持大规模接入、出色的公平吞吐量、高频谱效率。此外，现有的非正交多址技术都是针对特定目的开发的，例如为支持大规模接入的稀疏码分多址接入、为实现高吞吐量的功率域非正交多址技术。因此，实现通用统一的非正交多址技术对其在 6G 网络中部署至关重要。

(2) 从实际应用角度看：统一框架的非正交多址架构需要对动态无线信道和用户移动性具有鲁棒性。为实现鲁棒的非正交多址传输，在实际应用中，使用异构 QoS 更加可行，而非瞬时信道条件。用户信道条件在实际中可以快速变化。

(3) 从标准化角度看：统一的非正交多址架构需要有足够的兼容性，能够代表传播、能量差异和加扰的非正交多址形式的关键特征，并适应 6G 移动通信场景。

4. AI 技术

AI 在计算机领域取得了巨大的成功。若将 AI 用在通信系统中，需要结合通信系统的原理和 AI 技术的优势，针对具体场景进行设计。AI 主要解决 6G 移动通信系统中的以下三类问题[5]。

(1) 通信系统中存在的很多难以精确建模的问题，例如非线性功率放大器对信号的影响、实际信道和噪声对信号的非线性影响。通过 AI 技术可以从大量通信数据中提取特征，更准确地完成复杂问题的建模。

(2) 通信系统不容易获得闭式解或者没有闭式解的问题，如信道随时间、频率的变化规律、用户轨迹预测、无线资源分配、覆盖优化、容量优化等非凸问题。AI 技术可以总结出输入、输出之间的隐含关系，直接给出对应问题的最优解。

(3) 通信系统中多个相关模块联合优化的问题。目前通信系统各个模块都是独立优化的，联合优化难度大、消耗高。同时，独立优化模块时，整个通信系统未必工作在最佳状态，使用 AI 联合优化多个模块，可以使网络整体性能最优。

将 AI 用于通信时，存在多种应用方案。第一种是基于 AI 技术的单模块优化，如定位、波束优化、信道编码、信道估计等。第二种是将相互关联的多个功能模块建成一个 AI 模型，即基于 AI 的多模块联合优化，例如将信道估计、预编码建模成一个联合问题，求联合最优解。在未来 6G 演化过程中，AI 将从单模块优化开始，逐步实现多模块联合优化，进而实现通信系统整体的内生智能。

在 6G 时代，通信模块与不同网络层相互协作，整体系统性能将进一步提升。基于 AI 的 6G 系统的一个值得期待的特征是具备自演进能力，即在运行过程中不断收集数据、提取知识、与环境和用户迭代交互，自动实现旧模块的更新和淘汰，以及新模块的衍生，逐步搭建更高效的通信系统。由易到难演进可以划分为四个阶段，即 AI 模型的参数能够演进，但是 AI 模型的超参数和输入输出都不变；能够对 AI 模型的结构模型、超参数等进行演进替换；按照预设的规则，能够对现有的模块进行更新、组合与删除，也能自主发现新模块；能够自主确定和修改自演进规则。

## 1.2 新一代人工智能技术

### 1.2.1 传统机器学习

神经网络的历史可追溯至20世纪40年代，经历以下几个关键阶段。

第一阶段(1943年～1969年)，美国神经生理学家沃伦·麦卡洛克和数学家沃尔特·皮茨首次提出形式神经元模型，即M-P模型，并对生物神经元进行建模。然而，到了1969年，明斯基等指出，感知器无法解决线性不可分问题，导致神经网络研究陷入低谷。

第二阶段(1986～20世纪末)，Rumelhart等提出误差反向传播(back propagation，BP)算法，通过多层感知器的设置成功解决了线性不可分问题。然而，20世纪末支持向量机(support vector machine，SVM)和其他机器学习(machine learning，ML)算法逐渐流行起来，它们在实现效率上甚至超过神经网络。

第三阶段(2006年至今)，Hinton等利用限制玻尔兹曼机对神经网络的连续层进行建模，采用逐层预训练的方法提取模型数据中的高维特征，后来又提出深度信念网络。这一技术随后被广泛应用于不同的神经网络架构中，极大地提升了模型在测试集上的泛化效果。此外，Hinton等认为，多隐藏层的人工神经网络具有优异的特征学习能力；可通过“逐层预训练”有效克服深层神经网络在训练上的困难，并由此引出深度学习(deep learning，DL)的研究。此后，深度学习在语音识别领域和图像识别领域取得巨大成就。深度学习作为一种新兴的神经网络算法，具有多种结构，包括深度神经网络(deep neural network，DNN)、卷积神经网络(convolutional neural network，CNN)、循环神经网络(recurrent neural network，RNN)、深度增强学习(deep reinforcement learning，DRL)和生成对抗网络(generative adversarial network，GAN)等。

(1) DNN是深度学习的基础。它是一种由多个神经元层组成的神经网络结构，通常包括输入层、多个隐藏层和输出层。每一层都由许多神经元组成，每个神经元都与上一层的所有神经元连接，并且每个连接都有一个权重。DNN通过学习数据中的特征实现对数据的分类、识别、聚类等任务。在训练过程中，通过BP算法，神经网络不断地调整权重，使网络的输出与期望的输出尽可能接近。

(2) CNN是一类主要用于处理具有网格结构数据的深度学习算法，特别是在计算机视觉领域应用广泛。CNN的主要特点是局部连接和权值共享。通过使用卷积层和池化层，CNN可以有效地提取图像等数据中的特征，并且具有平移不变性，即对于图像中的目标无论是平移、旋转、缩放，甚至不同的光照条件、视角都可以成功地识别出来。这使 CNN 在图像识别、目标检测等任务中的表现出色。

(3) RNN 是一类具有内部环状连接的人工神经网络，主要用于处理序列数据，如时间序列数据或自然语言文本。RNN 的主要特点是它具有记忆能力，能够捕捉序列数据中的时间依赖关系。通过在网络中引入循环连接，RNN 可以将之前的信息传递到后续步骤，从而更好地理解和处理序列数据。

(4) DRL 是一种机器学习方法，通过智能体在环境中进行操作，并根据其行为获得的奖励来学习最优策略。与监督学习和无监督学习不同，DRL 的学习过程基于试错，并且通常没有显式的标签或指导。智能体根据环境的反馈，调整其行为来最大化累积奖励。强化学习在许多领域都有广泛的应用，如游戏、机器人控制、自动驾驶等。

(5) GAN 由生成网络和判别网络组成。生成网络负责生成模拟数据，判别网络负责判断生成的数据是真实的还是模拟的。这两个网络相互对抗、相互学习，通过不断的对抗训练，生成网络学习生成逼真的数据，而判别网络则学习区分真实数据和生成数据。GAN 在生成各种类型的数据方面表现出色，如图像、文本等。

在数字化时代，通信网络的发展成为人类社会中不可或缺的基础设施。随着通信技术的不断进步，AI 技术逐渐成为通信领域的重要工具。下面简单介绍 AI 在通信网络中的内生智能应用，从而揭示其在提升通信网络性能、增强智能化管理和优化中的潜力。

1. 信道估计

在大规模 MIMO 波束毫米波场景下，信道估计面临着极大的挑战，特别是在天线数组密集、接收机配备的射频链路受限的情况下。文献[7]研究了频分双工(frequency division duplex，FDD)大规模多输入多输出系统中下行链路信道状态信息(channel state information，CSI)预测的问题。传统方法难以适应新环境，尤其是在标注数据有限的情况下。为了解决这一问题，文献[7]提出深度迁移学习(deep transfer learning，DTL)算法，包含不迁移算法、直接迁移算法和元学习算法。实验结果表明，直接迁移算法的性能优于不迁移算法，而元学习算法在少量标注数据的情况下显著优于直接迁移算法，从而验证了其有效性和优越性。研究结果表明，DTL 和元学习技术在不同环境下可以显著提升基于 FDD 的大规模 MIMO 系统的性能，展现出巨大的潜力。

此外，文献[8]提出基于机器学习去噪的近似消息传递(learned denoising-based approximate message passing，LDAMP)网络解决信道估计问题。LDAMP 网络将信道矩阵视为二维图像输入，并将降噪的 CNN 融合到迭代信号重建算法中进行信道估计。LDAMP 网络由多层完全相同结构的 D-AMP 算法串联而成，其中降噪器由具有 20 个卷积层的降噪卷积神经网络(denoising convolutional neural network，DnCNN)实现。DnCNN 在 LDAMP 网络中扮演着关键角色，能够在未知噪声强度的情况下解决高斯降噪问题，相比其他降噪技术具有更高的准确性和更快的计算速度。通过学习残余噪声并进行相减操作，DnCNN 能够提升信道估计的准确性，同时减少训练时间。

2. 信号检测与识别

文献[9]研究了 MIMO 系统中的信号重建问题，提出一种名为 DetNet 的信号检测算法。该算法在最大似然法的基础上引入梯度下降算法，形成一个 DNN 网络。为了验证 DetNet 的鲁棒性，该研究考虑时不变信道和随机变量已知的时变信道两种 CSI 已知的场景进行实验。仿真结果表明，相较传统的信号检测算法，即近似消息传递(approximate message passing，AMP)算法，DetNet 的性能更好；与半正定松弛(semi definite relaxation，SDR)算法相比，DetNet 的性能相当，但是具有极高的准确性和较少的时间开销。

文献[10]研究了基于深度学习的射频指纹识别算法，解决了标注数据有限情况下深度学习算法性能受限的问题。尽管基于深度学习的算法表现出优于传统算法的性能，但是其在很大程度上依赖大量标记数据进行监督学习。然而，在小数据集上训练 DNN 往往会导致过度拟合，从而降低性能。鉴于在实践中更容易获取未标记数据，文献[10]利用深度半监督学习进行射频指纹识别，并设计了复合数据增强方案应对这一问题。通过结合一致性正则化和伪标记算法，在可用样本数量非常有限的情况下，可以实现与完全监督学习相当的卓越性能。

3. 信道编译码

文献[11]介绍一种用于极性码的残差学习降噪器(residual learning-based denoiser，RLD)。RLD 能够显著提高信噪比(signal-to-noise ratio，SNR)，并降低接收符号的误码率。为了更有效地解码极性码，研究人员随后提出一种极性码的残差神经网络解码器(residual neural network decoder，RNND)。与传统的纯神经网络解码(pure-NND，PNND)接收符号的方法不同，RNND 将用于去噪的 RLD 和用于解码的神经网络解码器 (neural network decoder，NND)连接在一起。他们提出一种新颖的多任务学习策略，联合优化降噪器和解码器，并发现联合使用 RLD 的降噪增益比独立使用 RLD 更加显著。数值结果表明，RNND 在误比特率性能方面优于 PNND。

文献[12]提出一种基于 DNN 的端到端数能同传系统，将系统的发送端和接收端视为自编码器(autoencoder，AE)，通过端到端的训练方式实现系统中各物理层模块的联合优化。该方法通过充分考虑通信系统的误码率和能量系统的能量收割性能，提升通信与传能性能，实现高效的数能收发。

4. 资源管理

文献[13]将环境能量采集与无线局域网相结合，低功率用户随机接入采用分布式协调策略，即环境能量采集载波侦听多址冲突避免。所有用户都会收集环境能量，为他们的数据上传提供动力。为了提高上行吞吐量和降低能量中断概率，智能用户在退避过程中采用经典的DRL算法来智能地调整其初始退避窗口大小。仿真结果表明，在保证智能用户能量中断概率低于一定阈值的同时，提出的DRL算法能够显著提高系统的吞吐性能。

5. 端到端通信系统

文献[14]开发了一种深度复值卷积网络(deep complex convolutional network，DCCN)从时域正交频分复用(orthogonal frequency division multiplexing，OFDM)信号中恢复比特，而不依赖任何显式离散傅里叶变换(discrete Fourier transform，DFT)或离散傅里叶逆变换(inverse discrete Fourier transform，IDFT)。DCCN 可以通过用学习的线性变换替换 DFT，利用 OFDM 波形的循环前缀(cyclic prefix，CP)来提高 SNR，并且具有将 CP 利用、信道估计和码间干扰(inter-symbol interference，ISI)抑制相结合的优点。数值测试表明，在具有各种延迟扩展和移动性的瑞利衰落信道中，DCCN 接收器优于基于理想和近似线性最小均方误差估计，以及传统 CP 增强技术的传统信道估计器。

### 1.2.2 联邦学习

随着信息时代的不断演进，通信网络已经成为现代社会中不可或缺的基础设施之一。然而，传统的通信系统往往存在诸多挑战，如数据隐私保护、资源分配效率、数据安全性等问题。面对这些挑战，新型的智能化技术被引入，以应对通信网络的复杂性和高效性需求。在这一背景下，联邦学习(federated learning，FL)作为一种前沿的智能化技术，逐渐引起人们的广泛关注。

联邦学习是一种新兴的AI基础技术，最早由谷歌在2016年提出。它是一种机器学习框架，能够有效协助多个机构在满足用户隐私保护、数据安全和政府法规的要求下，进行数据使用和机器学习建模。作为分布式的机器学习范式，联邦学习能够有效解决数据孤岛问题，让参与方在不共享数据的基础上联合建模，从技术上打破数据孤岛，实现AI协作。

联邦学习具有多方面的优点，首先它能够在不直接获取数据源的情况下，通过参与方的本地训练与参数传递，训练出一个无损的学习模型。这种方式可以有效地保护数据隐私，同时提高模型的安全性。其次，联邦学习能够解决数据孤岛问题，让参与方在不共享数据的情况下联合建模，从而充分利用分布式数据资源，提高模型训练的效率。此外，联邦学习还能使设备在没有数据共享和传输的情况下进行机器学习模型的训练，进一步保护数据的隐私性和安全性。

然而，联邦学习也存在一些不可忽视的缺点。首先，安全隐患是其中之一，包括投毒攻击、对抗攻击、隐私泄露等。这些安全威胁可能导致模型的破坏或者数据的泄露，对系统的安全性造成严重影响。其次，由于各个客户端共用一个融合模型，对于非独立同分布数据，可能无法满足各个客户端的需求。这意味着，模型的泛化能力可能受到限制，无法很好地适应不同数据分布的情况。因此，在应用联邦学习时，需要充分考虑这些优缺点，以及相应的解决方案，以确保系统的安全性和性能。

文献[15]研究了无线供电通信网络(wireless powered communication network，WPCN)中的分布式联邦学习。利用联邦学习特性确保协作机器学习中涉及的无线设备(如传感、数据收集)的数据隐私和能源的自我可持续性。通过正确分配通信资源(即能量收集的持续时间、本地处理、传输时间，以及传输功率)、能量捕获客户端的计算参数(即 CPU 频率)来最小化联邦学习过程的总训练持续时间，以及模型的学习参数(即局部训练误差阈值)。此外，文献[15]还分析了参数的解析解，从而降低联邦学习的复杂性。

文献[16]构建了一个基于联邦学习的计算能力网络(computational power network，CPN)，其中所有多路访问移动边缘计算(mobile edge computing，MEC)服务器通过无线链路连接到一个计算能力中心。通过联邦学习过程，CPN 中的每个 MEC 服务器可以使用本地化数据独立训练学习模型，从而保护数据隐私。然而，激励 MEC 服务器以有效的方式参与联邦学习过程是具有挑战性的，而且难以确保 MEC 服务器的能效。为了解决这些问题，文献[16]首先引入一种激励机制，通过使用 Stackelberg 游戏框架激励 MEC 服务器。然后，通过制定综合算法，在保证每个 MEC 服务器训练的局部准确性的同时，联合优化通信资源分配和计算资源分配。数值结果验证了提出的激励机制和联合优化算法可以提高 CPN 的能量效率和性能。

### 1.2.3　多智能体学习

分布式学习技术在现代智能化系统中扮演着重要角色。联邦学习和多智能体强化学习(multi-agent reinforcement learning，MARL)作为两种主要形式，旨在通过多节点间的信息共享实现更高效的学习和决策。联邦学习侧重于保护数据隐私，要求节点间的数据具有互补性。MARL 则注重智能体之间的协作，以达成共同目标。两者的共同点在于通过分布式处理提高系统的处理能力和效率。

MARL 存在一系列优点和缺点。首先，多智能体系统具有分布式处理的优势，能够将任务分配给多个智能体进行处理，从而实现分布式处理，提高系统的处理能力和效率。其次，每个智能体都具备自主学习和适应能力，能够根据环境变化和任务要求进行实时调整，这种自适应性使系统更加灵活和智能化。

然而，MARL 也存在一些不可忽视的缺点。首先，环境的非稳定性是一个重要挑战，智能体在做决策的同时，其他智能体也在采取动作，导致环境状态的变化与所有智能体的联合动作相关，从而增加决策的复杂性。其次，智能体获取信息的局限性也是一个问题，智能体仅能获取局部的观测信息，无法得知其他智能体的观测信息、动作和奖励等信息。这可能影响系统的整体学习效果和性能表现。

MARL 在通信中的应用十分广泛，包括频谱感知、干扰抑制、通感联合调度等。文献[17]考虑多个智能体在噪声信道上进行通信，以便在 MARL 框架中实现更好地协调和合作。具体地，考虑一个多智能体部分可观测的马尔可夫决策过程(multi-agent partially observable Markov decision process，MA-POMDP)，其中的智能体除了与环境交互，还可以在噪声通信信道上通信。嘈杂的通信信道被明确视为环境动态的一部分，每个智能体发送的消息是智能体可以采取操作的一部分。这些智能体不仅可以学会相互协作，而且可以学会在嘈杂的信道上有效地进行通信。实验表明，使用该框架学习的联合策略优于将通信与底层 MA-POMDP 分开考虑的策略。

### 1.2.4　大语言模型

大语言模型(large language model，LLM)的发展源于深度学习和神经网络在自然语言处理领域的快速发展。早在 1948 年，信息论奠定者香农提出“压缩即智能”的思想，为 LLM 的诞生奠定了理论基础。传统的语言模型常常受制于有限的数据和计算资源，无法充分捕捉语言的复杂性和上下文信息，而 LLM 可以通过增加模型参数和训练数据的方式，使模型更好地理解和生成自然语言，从而展现出更强的语言处理能力。

2018 年以来，Google、OpenAI、Meta、百度、华为等公司及研究机构相继推出包括 BERT(bidirectional encoder representations from transformers)、GPT(generative pre-trained transformer)等在内的多种模型，并在几乎所有自然语言处理任务中都有出色的表现。2019 年，LLM 呈现爆炸式增长，特别是 2022 年 11 月 ChatGPT(chat generative pre-trained transformer)发布后，引起全球范围内的广泛关注。

LLM 凭借其强大的自然语言处理能力，不但可以理解和生成自然语言文本，而且具备一定程度的语义理解能力。这使人们能够通过 LLM 更准确地在语义层面表达他们的意图和想法，从而实现更有效的语义通信。

语义通信作为一种新颖的通信方式，其主要目标是通过传输数据的语义信息提高带宽效率。这与传统的语法通信有所不同，后者主要关注熵(或信息)的准确传输。然而，语义通信并不过分追求熵交互的正确性，而是更注重实现语义信息的准确交互。这种新的通信方式借助 LLM 的能力，为我们提供了一种全新的、更高效的通信手段。

# 1.3 通信网络中的内生智能

## 1.3.1 实现内生智能的必要性

海量数据的产生已经对通信和计算能力提出更高的要求，传统的移动网络架构难以满足海量数据的低时延传输与处理。因此，本书通过研究新的基于 AI 的通信网络架构，利用 AI 技术优化传统算法、网络功能、运维管理，实现网络的内生智能。

目前，学术界与工业界的工作主要聚焦于利用 AI 算法解决数学优化问题，从而提高通信网络的性能。例如，利用神经网络技术优化物理层的编解码、调制解调、信道估计模块；利用强化学习优化网络编排。然而，只考虑应用 AI 模型解决通信网络问题面临着数据获取难、效果欠佳等一系列问题。因此，在未来 6G 网络中，需要考虑架构层面的革新，设计支持 AI 数据、算法、算力的通信网络内生智能架构，真正实现提供高效智能网络服务的目标。《IMT 面向 2030 及未来发展的框架和总体目标建议书》明确指出，需要支持 AI 原生的新空口(new radio，NR)来增强无缝连接的性能，并使能网络的自驱动。6G 将进一步加强内生智能，使设备能够自主学习、适应和优化其行为。这意味着，设备将具有更强大的处理能力和决策能力，从而能够自主执行任务而无需人类干预。这种内生智能将使网络更具自适应性和弹性，进而更好地应对各种环境和需求变化。

## 1.3.2 内生智能的通信网络设计方案

传统通信系统主要是面向连接的构建和设计，包括在终端之间、终端与服务器之间的连接。网络架构可以为会话提供全面的生命周期管理机制，如端到端通信信道的创建、修改、删除、端点迁移等流程，同时还可以保障 QoS 需求。其主要目的是为数据传输提供连接，支持用户的移动性，确保业务体验。从资源类型来看，非云化部署的设备通常使用专用算力资源，对计算和存储资源的需求与 AI 模型有所不同。AI 模型依赖数据和计算资源，为了使 6G 网络具备原生的 AI 能力，6G 网络需要引入新的资源维度，包括为适应存储资源进行的结构扩展、为 AI 相关计算提供的新任务、处理新的数据类型等，以及相应管理控制机制的设计。

此外，6G 网络需要支持 AI 与通信融合、感知与通信融合等新增业务。因此，

6G 网络必须引入 AI、计算、数据和感知等新功能，同时支持基于计算和通信融合的分布式计算、数据采集与流处理、AI 推理和训练等新服务。6G 网络需要从根本上支持 AI。一个重要的问题是，如何在 6G 网络架构中有效管控这些新增的 AI 功能、计算功能和数据功能，以更好地保障 AI 服务的 QoS。因此，本书将探讨面向任务的内生智能通信网络设计架构，如图 1-3 所示。

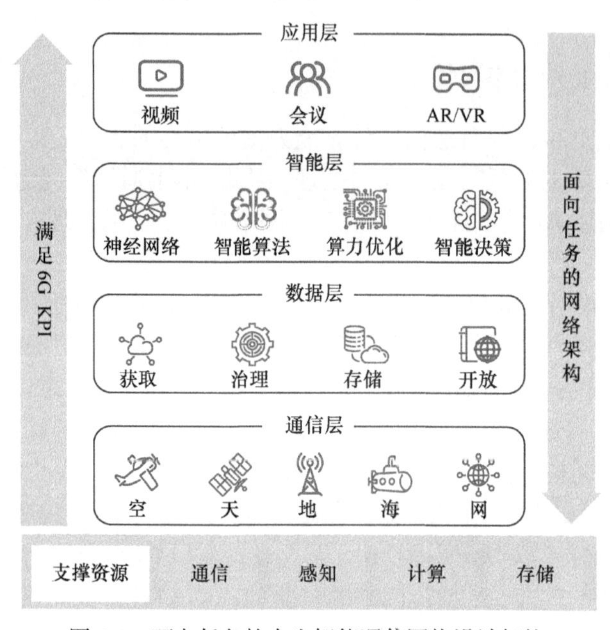


图 1-3　面向任务的内生智能通信网络设计架构

首先，未来的通信网络将从面向连接转为面向任务的网络，通过网络中多节点资源的协同调度完成不同的“任务”。通信、感知、计算与存储将成为支撑内生智能的四大核心技术。内生智能的通信网络被分为四层，分别实现通信连接、数据处理、算法决策与服务提供的功能。

底层的通信层主要负责高可靠、低时延、高速率的数据传输，构建空天地海一体化通信网络，并确保网络的稳定性，为上层应用的实时性和连续性提供保障。6G 内生智能将在通信层产生革命性变革，实现无线传输技术及网络设备的智能化。第 2 章通过案例讨论端到端的智能通信系统的架构与性能表现。数据驱动的端到端通信系统，主要偏重通信物理层架构与资源管理，使用神经网络小模型，通过软硬件协同设计的方法实现极致性能，进而在 AI 芯片上实现通信功能并代替目前移动基站和手机终端中的通信芯片，有望实现对移动通信网络系统革命性的变革。

数据是 6G 智能化的核心要素。在数据层，本书将考虑数据获取、治理、存储与开放。采用先进的数据预处理和分析技术，如数据融合、清洗及特征提取等，数据层将原始数据转化为可用于进一步分析的结构化信息。此外，还需评估数据的实时性与准确性，为智能层提供高质量的数据支持。

智能层是内生智能发挥核心作用的地方。通过运用先进的智能算法与技术，对接收到的信息进行深入分析，从而做出智能的业务决策。这些决策支持网络自我优化、故障预测、资源分配等关键功能，实现网络的自适应与自主管理。

第3、4章以数字孪生和语义通信两个场景为例，展示数据层与智能层的协同工作。第3章讨论如何将数字孪生用于模拟和预测网络行为和状态。通过高质量的数据输入创建一个虚拟的网络模型，涵盖无线信道、通信链路和资源优化管理等，实现网络配置的优化与网络的高效运行。第4章专注于语义通信，使用多模态生成式智能来进一步减少通信量和通信系统控制流程的复杂性，通过智能算法分析通信内容的语义重要性，确保关键信息具有优先级和鲁棒性，有望实现空天地海全域覆盖中的弱通信。

应用层将智能决策转化为具体的服务和操作，直接面向最终用户。无论是流媒体还是VR应用，这一层都能根据下层提供的决策支持，实现定制化和优化的用户体验。此外，应用层还需要持续监控服务质量，并根据用户反馈调整服务策略，真正实现内生智能的网络自演进。第5章介绍针对不同应用场景的AI支撑技术，探讨如何通过先进的人工智能模型和算法，持续优化和自动调整网络服务质量。

网络中的四层通过协同工作，形成一个内生智能、高效且用户友好的通信网络。通过这种层次化设计，未来的通信网络能够更加灵活地应对各种应用场景的需求，同时实现高度的自动化和智能化，从而真正达到以任务为导向的网络转型。

## 参考文献

[1] ITU-R. Framework and Overall Objectives of the Future Development of IMT for 2030 and Beyond. Draft New Recommendation, 2023.

[2] You X H, Wang C X, Huang J, et al. Toward 6G wireless communication networks: Vision, enabling technologies, and new paradigm shifts. Science China Information Sciences, 2021, 64(1): 1-12.

[3] ITU-R. Future Technical Trends of Terrestrial IMT Systems Towards 2030 and Beyond. Draft New Recommendation, 2022.

[4] IMT-2030(6G)推进组．6G 典型场景和关键能力白皮书．https://www.digitalelite.cn/h-nd-5051.html[2024-09-05].

[5] Vivo 通信研究院. 6G 愿景、需求与挑战白皮书. https://www.vivo.com.cn/6g/CH/vivo6gvision.pdf[2024-09-05].

[6] 中国联通．中国联通 6G 白皮书(V1.0). http://www.future-forum.org.cn/cn/leon/a/upfiles/file/202104/20210414172221602160.pdf[2024-09-05].

[7] Elbir A M, Papazafeiropoulos A, Kourtessis P, et al. Deep channel learning for large intelligent surfaces aided mm-wave massive MIMO systems. IEEE Wireless Communications Letters, 2020,

9(9): 1447-1451.
[8] He H T, Wen C K, Jin S, et al. Deep learning-based channel estimation for beamspace mmWave massive MIMO systems. IEEE Wireless Communications Letters, 2018, 7(5): 852-855.
[9] Samuel N, Diskin T, Wiesel A. Deep MIMO detection//2017 IEEE 18th International Workshop on Signal Processing Advances in Wireless Communications, Sapporo,2017: 1-5.
[10] Wang W D, Luo C, An J C, et al. Semi-supervised RF fingerprinting with consistency-based regularization. IEEE Internet of Things Journal, 2024, 11(5): 8624-8636.
[11] Zhu H F, Cao Z W, Zhao Y P, et al. Learning to denoise and decode: A novel residual neural network decoder for polar codes. IEEE Transactions on Vehicular Technology, 2020, 69(8): 8725-8738.
[12] Xiang L W, Cui J W, Hu J, et al. Polar coded integrated data and energy networking: A deep neural network assisted end-to-end design. IEEE Transactions on Vehicular Technology, 2023, 72(8): 11047-11052.
[13] Zhao Y Z, Hu J, Yang K, et al. Deep reinforcement learning aided intelligent access control in energy harvesting based WLAN. IEEE Transactions on Vehicular Technology, 2020, 69(11): 14078-14082.
[14] Zhao Z Y, Vuran M C, Guo F J, et al. Deep-waveform: A learned OFDM receiver based on deep complex-valued convolutional networks. IEEE Journal on Selected Areas in Communications, 2021, 39(8): 2407-2420.
[15] Poposka M, Pejoski S, Rakovic V, et al. Delay minimization of federated learning over wireless powered communication networks. IEEE Communications Letters, 2024, 28(1): 108-112.
[16] Liu J Y, Chang Z, Min G Y, et al. Incentive mechanism design for federated learning in multi-access edge computing// IEEE Global Communications Conference, Janeiro, 2022: 3454-3459.
[17] Tung T Y, Kobus S, Roig J P, et al. Effective communications: A joint learning and communication framework for multi-agent reinforcement learning over noisy channels. IEEE Journal on Selected Areas in Communications, 2021, 39(8): 2590-2603.

# 第 2 章　数据驱动的端到端通信系统

深度学习技术在无线通信领域的应用与发展，为通信系统的设计与发展提供了新的思路。区别于传统通信系统基于模块的系统设计，端到端的通信系统设计将系统整体视为自编码器，并建模为端到端的信号重构问题。通过对发送端与接收端进行联合优化，最小化原始信号与重构信号间的误差可以实现系统的全局优化。本章首先对端到端通信系统进行整体概述，包括其自身的特点，以及与传统通信系统的区别。然后，分别对基于端到端系统的编译码设计、调制解调设计，以及波束赋形设计的技术细节进行介绍。最后，介绍端到端系统基于软件无线电平台的实现，以及可编程逻辑门电路的实现。

## 2.1　端到端通信系统概述

本节主要对基于 DNN 的端到端通信系统进行介绍，首先从系统架构、特性方面的不同对端到端通信系统与传统通信系统进行区分。然后，对基于自编码器的端到端通信系统的基本架构与系统特性进行介绍。此外，还对现有的端到端通信系统进行基本分类，并对相关工作进行概述。

### 2.1.1　传统通信系统与端到端通信系统

无线通信经过多年发展已经成为规模庞大且成熟的领域。从第一代通信系统到第五代通信系统都是基于模块设计的，不同模块之间相互独立且目标明确。各模块可以实现各自固有的信号处理功能，如信源编码器、信道编码器、调制器等。这些模块化的设计都是基于数学模型的假设进行的，并且有统计学、概率论、信息论等坚实的理论基础，以及凸优化等技术手段作为支撑。

然而，实际的通信环境是复杂多变的，系统无法始终保持线性平稳的状态且不可避免地会存在许多缺陷与非线性成分(如量化、非线性功率放大器等)，传统的数学模型难以对这些情况进行精准的刻画，因此会导致性能损失，使系统无法达到最优状态。其次，在传统通信系统中，各功能模块的信号处理技术已相当成熟，性能提升空间有限。此外，各模块单独进行优化，无法保证系统的整体性能达到最优。若对系统中的所有模块进行联合优化，将会面临很高的计算复杂度。

传统无线通信系统物理层架构如图 2-1 所示。

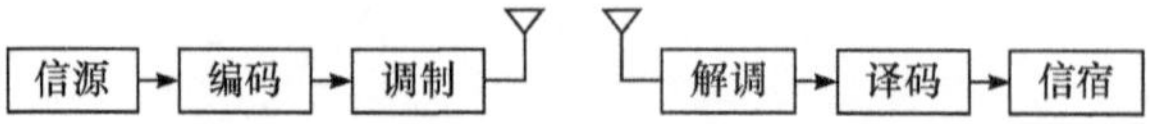

图 2-1　传统无线通信系统物理层架构

近年来，AI 技术发展迅速。数据量的增大，以及计算能力的增强使 AI 算法带来的性能增益逐渐提高，尤其在计算机视觉与自然语言处理等领域，AI 技术都有亮眼表现[1]。不同于传统基于数学模型的通信系统，AI 技术的优势在于它能对海量的训练数据进行学习，并从中提取特征，进而优化系统。相较传统通信算法，AI 算法更为灵活且智能。因此，许多研究试图将机器学习与深度学习技术更多地应用于通信领域，并挖掘它们对通信系统性能提升的潜力。目前，机器学习技术在通信领域已经有成熟且广泛的应用，其应用形式主要分为两类：一类是利用 AI 技术对系统中的某一特定模块进行改进，例如添加神经网络对原算法进行功能辅助，或直接代替原数学模型，如信道预测、解码、调制，以及均衡等领域。然而，这依旧只关注对系统中的单个信号处理模块进行优化，同时面临系统整体性能未必达到最优的问题。另一类是为了解决以上问题，Shea 等[2]提出的基于端到端学习的通信系统。

基于端到端的通信系统利用深度学习方法，从根源重新思考通信系统的设计问题，利用神经网络代替复杂的数学模型来解决通信场景中的问题。基于端到端学习的通信系统将物理层分为发送器、信道和接收器三个部分，并将三者视为一个可训练的 DNN，称为自编码器。该端到端设计的优势主要有以下几点。①基于 DNN 的通信系统不需要依靠传统数学模型解决实际通信系统中的缺陷，以及非线性等问题，神经网络具有强大的学习能力，并且可以针对特定的硬件配置及信道情况进行优化，因此可以实现比传统通信系统更好的性能。②端到端通信系统将发送端、信道与接收端视为一个整体，不需要严格区分内部的各功能模块，可以利用端与端的信息对发送机和接收机进行联合训练，从而实现对系统整体的优化，而无须进行大量的数学分析。③基于 DNN 的通信系统可以针对特定的通信环境进行学习。当通信环境改变时，系统可以通过训练调整自身参数，重新适应新的环境，具有较强的适应性。最后，神经网络可以在并发架构上并行化运行，提高学习算法的执行速度，节省能源成本。

### 2.1.2　基于自编码器的端到端通信系统

自编码器采用无监督学习算法[3]，对网络输入端的数据进行重构，即 $\hat{X}=f(X)$。如图 2-2 所示，自编码器主要由编码器和解码器两部分组成[4]。两者均由神经网络构成。编码器将输入数据 $X$ 从高维的数据空间压缩到低维空间 $Z$，迫使自编码器提取数据特征，保留主要信息。解码器则将压缩的数据还原到数据空间，重构数据 $\hat{X}$ 。

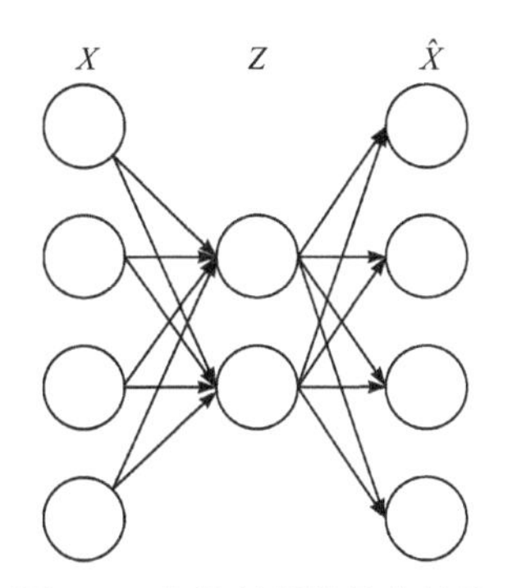


图 2-2　自编码器的基本结构

在常见的端到端通信系统中，由于发送端与接收端对数据的处理方式与自编码器类似，因此这类通信系统被称为基于自编码器的端到端通信系统。如图 2-3 所示，发送端、信道和接收端被视为一个整体，其中发送端与接收端均由神经网络构成，系统内部不再需要进行物理层的编码、调制等模块设计。信源生成网络的输入信号，在发送端网络中被压缩后经过信道模型的传输进入接收端网络，接收端网络对接收信号进行处理并输出预测信号作为信宿。端到端系统对输入信号与输出信号间的损失函数进行衡量，并通过随机梯度下降(stochastic gradient descent，SGD)算法等对网络的发送端和接收端进行联合训练，从而实现系统的全局优化。当自编码器匹配信源发生变化时，接收端也随之根据具体的任务从接收信号数据中提取有效信息。

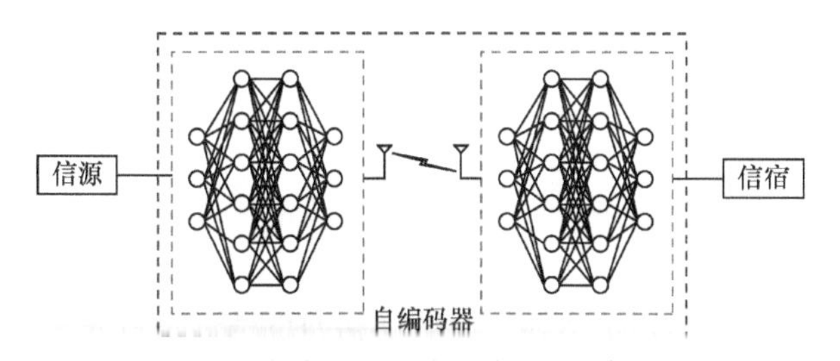


图 2-3　基于自编码器的端到端无线通信系统框图

如图 2-4 所示，基于自编码器的端到端通信系统大致可分为三类，即基于 DNN 的自编码器、基于 CNN 的自编码器，以及混合自编码器。Aoudia 等[5]构造了基于 DNN 自编码器的通信系统，并提出一种新的训练方法，通过对发送端与接收端交替训练，使系统能够在未知信道模型的情况下运行，避免信道未知或系统中存在不可微分成分导致的梯度无法反向传递的问题。Kim 等[6]提出一种基于自编码器的框架，将调制的符号映射到发送端 OFDM 子载波上，然后在接收端解映射。与传统方法相比，OFDM 符号的峰均比更低。Wu 等[7]提出一种新颖的基于 CNN 的自动编码器通信系统。该系统可以泛化到任意块长度、吞吐量，以及不同的信道和环境，具有容易训练、快速收敛等特点。Ye 等[8]利用 DNN 构建发送机与接收机，同时利用 GAN 建模信道，形成混合自编码器并以数据驱动的方式进行训练。结果表明，对于加性高斯白噪声(additive white Gaussian noise，AWGN)信道、瑞利信道与频率选择性信道，GAN 均能够实现较为准确的建模，并且当它与基于 DNN 的端到端系统进行结合时，系统能够实现比传统通信系统更低的误码率。

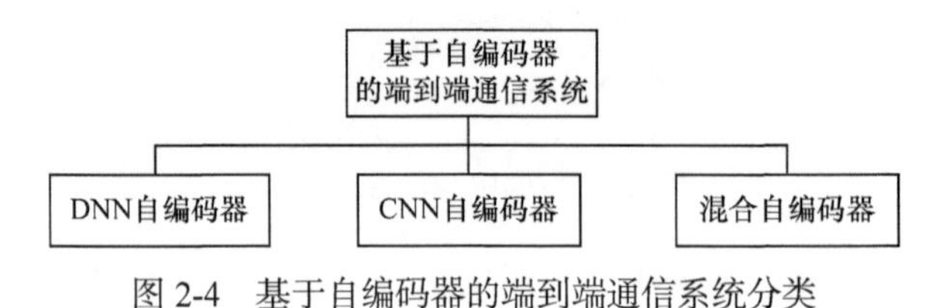


图 2-4 基于自编码器的端到端通信系统分类

# 2.2 端到端通信系统的编译码技术

本节首先展示一种端到端通信系统基本架构，并对其编码方案——极化码进行相关介绍(包括其构造原理与译码方案)。其次，对深度学习领域几种常见的神经网络激活函数[如 Sigmoid、修正线性单元(rectified linear unit，ReLU)函数等]进行介绍。再次，对端到端系统内部各模块的主要功能进行建模与分析，重点介绍端到端系统中基于神经网络的编译码技术。最后，展示它们与传统编译码技术性能的对比。

## 2.2.1 系统架构

端到端通信系统物理层架构如图 2-5 所示。该系统主要由发送端、信道，以及接收端构成。发送端包含信道编码器与调制器。接收端包含解调器与信道译码器。以下信息，信号均为矩阵。系统内信息处理的主要流程如下，原始二进制比特信息 $\boldsymbol{u}$ 先经极化码编码器生成已编码码字向量 $\boldsymbol{c}$，然后码字经调制器生成已调信号 $\boldsymbol{x}$。信号 $\boldsymbol{x}$ 经过无线信道传输，接收端接收的信号 $\boldsymbol{y}$ 首先被送入解调器得到解调信号 $\hat{\boldsymbol{c}}$，然后进入极化码译码器，最后输出译码后的信息 $\hat{\boldsymbol{u}}$，作为原始信息 $\boldsymbol{u}$ 的估计矩阵。

由于系统采用极化码完成信道编译码功能，下面对极化码的构造原理及其常见的译码方案进行简要介绍。

### 1. 极化码及其构造与原理

极化码是最早由 Arikan[9]提出的一种编码方案，具有确定性的构造方案，且

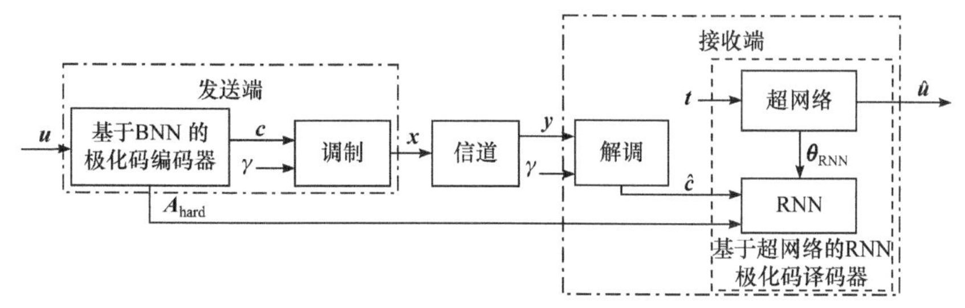


图 2-5　端到端通信系统物理层架构

作为第一个被证明能达到理论信道容量的信道编码。极化码已经成为 5G NR 控制信道的编码方案。极化码构造的核心思想是信道极化，包括信道合并与信道分裂。$N$ 个独立的子信道通过信道极化后信道容量将逐渐趋于 0 或 1。二进制删除信道(binary erasure channel，BEC)下的极化现象如图 2-6 所示。当 $N$ 趋于无穷大时，一部分信道趋于完全无噪声信道，即信道容量为 1；剩余信道趋于完全有噪声信道，即信道容量为 0。这些子信道具有不同的信道可靠性。信道可靠性代表该信道传输单个信息比特并被接收端成功译码的概率。在构造$(N, K)$极化码时，$K$ 个信息比特将被分配给可靠性最高的 $K$ 个子信道，而剩余的$(N-K)$个子信道则用于传输冻结比特(即收发双方已知的固定比特通常设置为全零)。由此可以构成码率为 $K/N$ 的极化码。

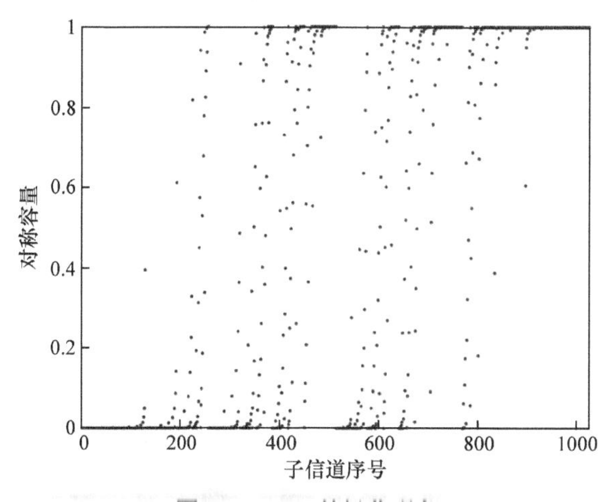


图 2-6　BEC 的极化现象

构造极化码的关键在于对信息/冻结比特位置的选择。目前常见的信道可靠性衡量方法包括巴氏参数法、密度进化法、高斯近似法等。巴氏参数法[9]由 Arikan 提出，采用巴氏参数作为每个分裂信道的可靠性度量。巴氏参数越大表示信道的可靠程度越低。然而，该方法只适用于 BEC，对于其他非 BEC，计算复杂度会随着码长的增加呈指数增长。密度进化法[10]则适用于更一般的信道，通过跟踪每个子信道概率密度函数来估计每个子信道错误概率。高斯近似法[11]是针对 AWGN 信道所采取的一种极化码构造算法，属于对密度进化法的简化计算。

2. 极化码译码

在极化码译码领域，常见的译码算法主要有连续消除(successive cancellation，SC)译码、连续消除列表(successive cancellation list，SCL)译码，以及置信传播(belief propagation，BP)译码。SC 译码属于串行译码算法。整个译码流程主要依靠极性码“网格”上的软/硬消息传递与更新来完成[12]。极化码 SC 译码流程示意图如图 2-7 所示。对于码长为 $N$ 的极化码，其网格主要包含 $n=\log_2 N$ 个阶段与 $N$ 层，且每个阶段包含 $N/2$ 个蝶形单元。该单元属于 SC 译码算法中的基本运算单元。

SC 译码算法的特点在于，在对后面的信息比特译码时需要用到之前信息比特的估计值，一旦前面的比特估计错误，就会导致较为严重的错误传递。因此，SCL 译码算法[13]被提出来弥补该缺陷。将 SC 译码流程映射到码树可以看出这是一个按层搜索的过程，但是 SC 在每一层仅搜索到一条最优路径就会进行下一层的搜索，因此无法对错误进行修改。SCL 则对 SC 算法进行改进，通过增加每一层路径搜索后允许保留的候选路径数量 $L$，从仅允许选择“最好的一条路径进行下一步扩展”改为“最大允许选择最好的 $L$ 条路径进行下一步扩展”，从而提升译码正确的概率。SCL 译码的码树示意图如图 2-8 所示。此后，为了进一步提升 SCL 的译码性能，循环冗余校验(cyclic redundancy check，CRC)被用于辅助检错，CA-SCL(CRC-aided SCL)译码算法已成为常见的极化码译码算法。不同于 SC 与 SCL 译码，BP 译码算法属于并行译码，通过因子图中各节点所包含的“从左到右”和“从右到左”两

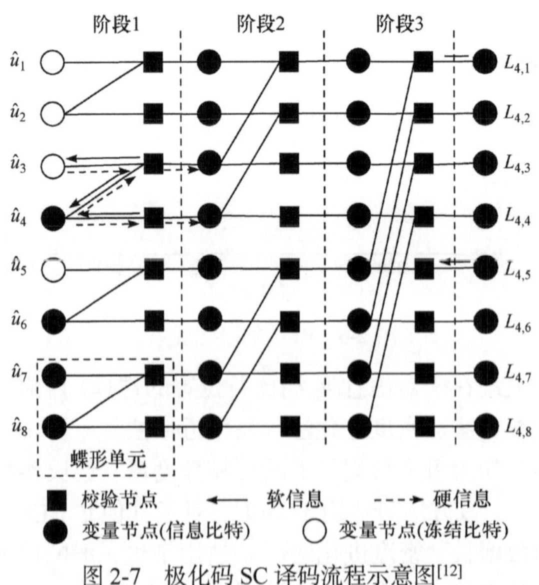


图 2-7 极化码 SC 译码流程示意图[12]

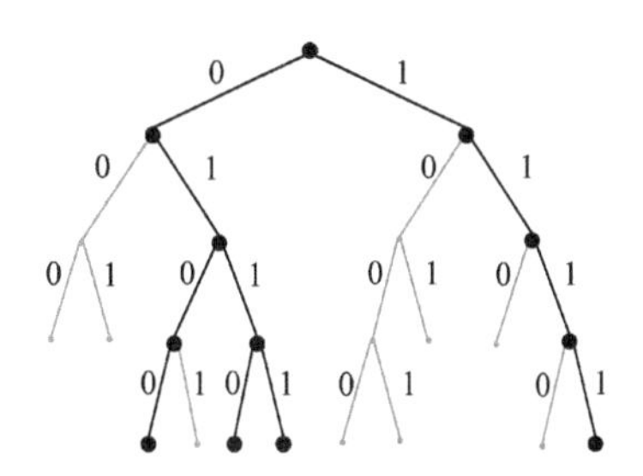

图 2-8　SCL($L = 4$)译码的码树示意图[13]

类对数的似然比值不断地迭代更新来完成译码。尽管 BP 译码算法的性能逊于 SC、SCL 算法，但是并行的架构特点使它更容易与神经网络结合，以探索新的译码方式。

系统中的所有信号处理模块均由神经网络构造而成，其中涉及许多常见的激活函数，如 Sigmoid 函数、双曲正切(hyperbolic tangent，Tanh)函数，以及 ReLU 函数等，因此它们在神经网络的训练中起着重要作用。它们可以提供模型必要的非线性变换，以便模型学习到更复杂的表示[14]。下面对几种重要的激活函数进行介绍。

1) Sigmoid 函数

Sigmoid 函数(图 2-9)是常见的非线性函数，可以将输入数据的范围从 $(-\infty,\infty)$ 压缩到 $[0,1]$，是连续可微的平滑 S 形函数。它的函数表达式为

$$f(x)=\frac{1}{1+\mathrm{e}^{-x}} \tag{2-1}$$

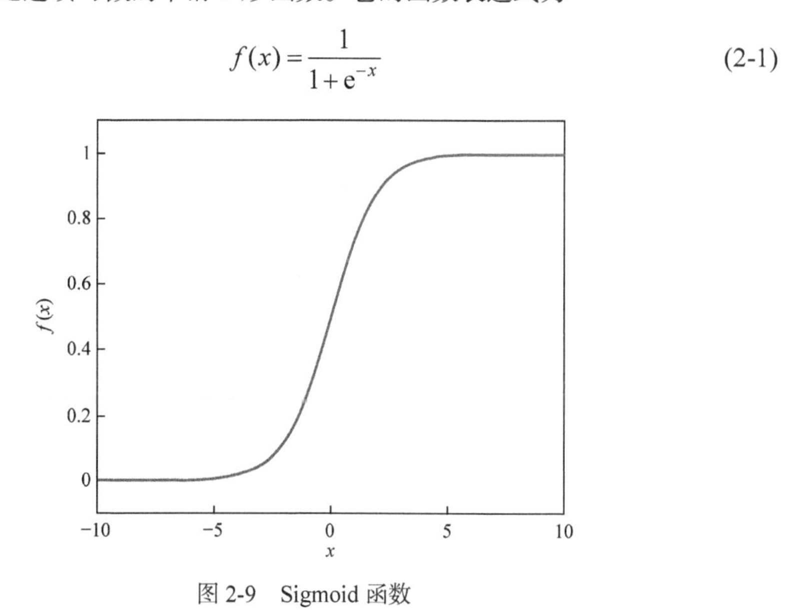

图 2-9　Sigmoid 函数

由于该函数将输出值限定在 0～1，因此适用于对数据的归一化处理或以概率

预测作为输出的模型。但是，函数值在趋于 0 和 1 时曲线会变得平坦，使该处梯度趋于 0。这容易导致梯度消失问题，使网络无法正常训练。

2) Tanh 函数

Tanh 函数(图 2-10)与 Sigmoid 函数的结构相似，可以将输入数据的范围从 $(-\infty,\infty)$ 压缩到 $[-1,1]$，但是也存在梯度消失问题。其表达式如下，即

$$f(x)=\frac{2}{1+\mathrm{e}^{-2x}}-1 \tag{2-2}$$

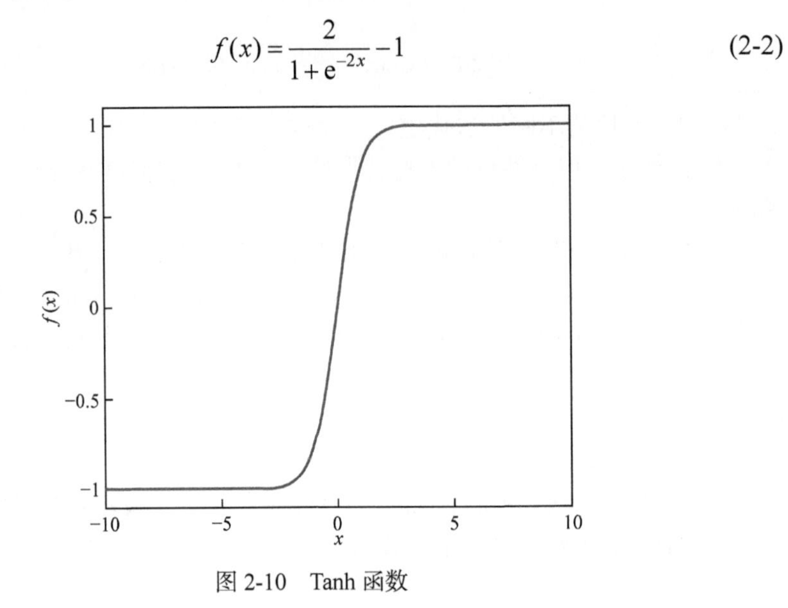


图 2-10　Tanh 函数

3) ReLU 函数

ReLU 函数(图 2-11)是一种分段线性函数，输出范围在 $[0,\infty)$。其表达式如下，即

$$f(x)=\max(0,x) \tag{2-3}$$

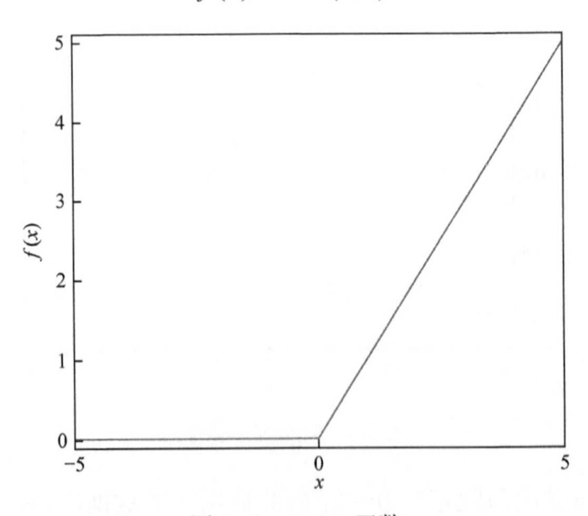


图 2-11　ReLU 函数

对于负输入，它的输出为 0；对于正输入，它的输出都是线性的，这是它的优点之一。此外，当输入为正时，函数导数为 1，这可以在一定程度上改善梯度消失问题，加速梯度下降的收敛速度，并且由于函数中只存在线性关系，它的训练速度更快。函数的主要缺点在于当输入为负时，梯度为 0，这容易导致神经元“死亡”，称为“dying ReLU”问题。

下面对系统内部各模块的具体细节进行介绍。

(1) 基于二值化神经网络(binarized neural network，BNN)的极化码编码器。

为了构造更适合信道情况的极化码，提升通信性能，考虑利用神经网络构造极化码的信息/冻结比特位置序列。BNN 指仅使用二进制值量化表示自身权重与激活的神经网络[15]。它最早源于 Courbariaux 等[15]提出的 BinaryConnect 概念，主要用于解决大规模 DNN 资源受限的问题，通过强制网络在前向和后向传播过程中使用二进制权重训练，利用简单的累加代替乘法累加运算，从而消除对乘法运算的需求，节省内存与计算资源。BinaryConnect 中的二值化运算将神经网络的实值权重 $w$ 均转化为1或 $-1$ 。该二值化操作可以通过符号函数实现，即

$$w_b = \begin{cases} 1, & w \geqslant 0 \\ -1, & \text{其他} \end{cases} \tag{2-4}$$

此外，该二值化操作也可以通过另一种更加精细化的方式实现，即

$$w_b = \begin{cases} 1, & p = \sigma(w) \\ -1, & 1-p \end{cases} \tag{2-5}$$

$$\sigma(x) = \text{clip}\left(\frac{x+1}{2}, 0, 1\right) = \max\left(0, \min\left(1, \frac{x+1}{2}\right)\right) \tag{2-6}$$

在反向传播的过程中，网络采用直通估计器使梯度在反向传递过程中保持恒等，以保证梯度能够顺利传递。BNN 前向与反向传播流程如图 2-12 所示。

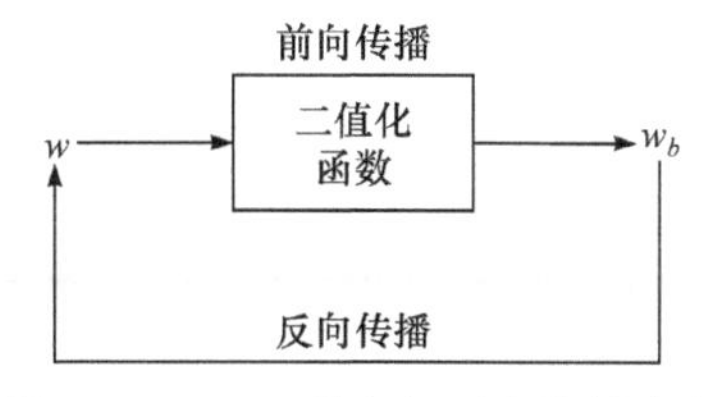


图 2-12　BNN 前向与反向传播流程

由此，网络的实值权重 $w$ 就可以在随机梯度下降或自适应矩估计(adaptive moment estimation，Adam)等优化方式下进行更新。

在图 2-5 所示的系统中，编码模块依靠 BNN 的特点，利用它来取代传统可靠性估计算法[16]。神经网络通过训练的方式学习信息/冻结比特位置，从而实现对信

道可靠性的估计。在 BNN 编码器中，信息/冻结比特位置被视为可训练的参数 $\boldsymbol{A}_{\text{soft}} \in \mathbb{R}^N$ (对应 BNN 的实值权重)，其中 $A_{\text{soft},i}$ 代表第 $i$ 个比特位为信息位的概率，经 BNN 后输出信息/冻结比特位置 $\boldsymbol{A}_{\text{hard}} \in \mathbb{F}_2^N$ (对应 BNN 的二值化权重)。当 $A_{\text{hard},i}=0$ 时，代表第 $i$ 个比特位为冻结比特位；当 $A_{\text{hard},i}=1$ 时，代表第 $i$ 个比特位为信息比特位。BNN 的功能函数可表示为

$$\boldsymbol{A}_{\text{hard}} = f_{\text{BNN}}(\boldsymbol{A}_{\text{soft}}) \tag{2-7}$$

获得信息/冻结比特位置后，即可进行极化码编码[9]。

(2) 调制器。

该模块利用 DNN 搭建调制器，代替传统调制技术，从而实现对调制符号的优化。如图 2-5 所示，码字 $\boldsymbol{c}$ 与 SNR $\gamma$ 一同作为调制器的输入，经调制后获得已调信号 $\boldsymbol{x} \in \mathbb{C}^{(N/\log_2 M)\times 2}$ 。调制器的功能函数可表示为

$$\boldsymbol{x} = f_{\text{Mod}}(\boldsymbol{c},\gamma) \tag{2-8}$$

关于调制器的内部结构与数据处理流程将在 2.3.2 节详细阐述。

信号 $\boldsymbol{x}$ 被发送端发送过后会经由信道传输到达接收端，接收信号 $\boldsymbol{y} \in \mathbb{C}^{(N/\log_2 M)\times 1}$ 为复值信号，可以表示为

$$\boldsymbol{y} = \boldsymbol{h} \odot \boldsymbol{x} + \boldsymbol{n} \tag{2-9}$$

其中，$\boldsymbol{n} \in \mathbb{C}^{(N/\log_2 M)\times 1}$ 表示加性高斯白噪声，遵循 $\boldsymbol{n} \sim \mathcal{CN}(0,\sigma^2)$ ，$\sigma$ 为噪声的标准差；$\boldsymbol{h} \in \mathbb{C}^{(N/\log_2 M)\times 1}$ 表示信道因子，对于瑞利衰落信道，$\boldsymbol{h}$ 遵循复高斯分布 $\boldsymbol{h} \sim \mathcal{CN}(0,1)$ 。

(3) 解调器。

解调模块也利用 DNN 代替传统解调技术，完成信号解调的功能。解调器将接收信号与 SNR $\gamma$ 作为输入，并输出解调信号 $\hat{\boldsymbol{c}}$ 。解调器的功能函数可表示为

$$\hat{\boldsymbol{c}} = f_{\theta_{\text{D}}}([\boldsymbol{y},\gamma]) \tag{2-10}$$

关于解调器的内部结构与数据处理流程将在 2.3.2 节详细阐述。

(4) 基于超网络的 RNN 极化码译码器。

在深度学习领域，超网络是为另一个大型神经网络生成权重的小型神经网络[17]。如图 2-13 所示，该模型由主网络和超网络构成。主网络的行为与任何常见的神经网络相同，会进行一些将原始输入 $\boldsymbol{x}$ 映射到所需目标 $\boldsymbol{y}$ 的学习，而超网络则会将包含有关权重结构的信息 $\boldsymbol{t}$ 作为输入，并为主网络生成各网络层的权重矩阵 $\boldsymbol{W}_i (i=1,2,3)$ 。

常见的 DNN 尽管功能强大，但是在某些条件下仍然存在限制。例如，DNN 一旦完成训练，权重和架构就固定了，当外部条件变化时需要重新训练 DNN。这导致 DNN 缺乏一定的适应性与灵活性，不太适合需要动态调整或数据自适应的

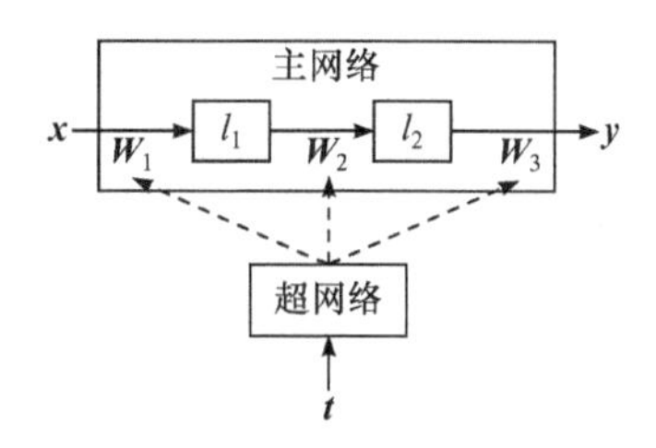


图 2-13　超网络为主网络生成权重示意图

场景。超网络可以实现对 DNN 的补充，为主网络生成权重，使 DNN 能够以新的框架进行训练，进而使网络整体具有更强的适应性与灵活性[18]。不仅如此，超网络还具有数据自适应、信息共享、训练快速等特点与优势，这使它在各种深度学习问题中都发挥了作用，包括持续学习、因果推理、迁移学习与自然语言处理等。

对于极化码译码，SC 与 SCL 译码算法具有更优的译码性能，但是由于它们属于串行译码算法，因此存在较高的译码时延。BP 算法则是基于并行架构的算法，其特点在于较低的译码时延与较高的复杂度。由于 BP 算法的因子图结构，以及其并行运算的算法特点与神经网络兼容，因此许多研究都关注于利用深度学习技术来实现 BP 译码[19-21]。Xu 等[20]提出基于 DNN 的 BP 译码器，并利用可训练的放缩因子实现比传统 BP 译码器更好的译码性能。不过，正如上面提到的，DNN 缺乏一定的适应性与灵活性，一旦 DNN 在预先给定的译码迭代次数下完成训练，它的权重和架构就被固定，当测试环节对迭代次数进行改变时，DNN 就不再能发挥最优的译码性能。因此，为了解决这一问题，本章利用超网络来对原译码器进行补充。此外，本章还采用 RNN 代替 DNN 来减少内存占用。由此，本章构建了基于超网络的 BP 译码器。

基于超网络的 RNN 极化码译码器同样包括一个主网络与一个超网络。主网络由 RNN 构成，利用 BP 算法完成极化码译码流程。超网络则以 BP 译码的迭代次数 $t$ 为条件，将其作为输入并自适应地生成参数，为主网络提供网络权重。译码器在 BNN 编码器得到的信息/冻结比特位置的辅助下，对输入信号 $\hat{\boldsymbol{c}}$ 进行基于神经网络的 BP 译码，最后经激活层得到译码后的软序列为 $\hat{\boldsymbol{u}}$ 。基于超网络的 RNN 极化码译码器的功能函数可表示为

$$\hat{\boldsymbol{u}} = f_{\text{HyperRNN}}(\hat{\boldsymbol{c}}, t) \tag{2-11}$$

有关译码器内部的数据处理流程将在 2.2.2 节详细阐述。

### 2.2.2　编译码设计

本节详细介绍端到端通信系统中的信道编码及信道译码技术，包括基于 BNN 的极化码编码设计与基于超网络的 RNN 极化码译码设计。

1. 基于 BNN 的极化码编码设计

本端到端通信系统利用 BNN 代替传统的信道可靠性估计算法，生成极化码的信息/冻结比特位置，构造极化码。考虑在该模块中，极化码的信息/冻结比特位置 $\boldsymbol{A}_{\text{hard}} \in \mathbb{F}_2^N$ 是由 0、1 比特组成的向量，其中 0 代表该比特位为冻结比特位，1 代表该比特位为信息比特位。为了能够对信息/冻结比特位置进行正常训练，将其转换为“软信息”向量 $\boldsymbol{A}_{\text{soft}} \in \mathbb{R}^N$，表示各比特位置为信息比特位概率的对数似然值。如图 2-14 所示，可训练的“软信息”向量作为输入进入 BNN，首先经过 Sigmoid 函数 $\sigma(\cdot)$ 映射，将 $\boldsymbol{A}_{\text{soft}}$ 映射到 $[0,1]$，即 $p_i = \sigma(A_{\text{soft},i}) \in [0,1]$，$p_i$ 表示第 $i$ 个比特位置为信息位的概率。然后，将 $\sigma(\boldsymbol{A}_{\text{soft}})$ 与随机生成的且服从 $[0,1]$ 均匀分布的向量 $\boldsymbol{P}_U \sim U(0,1)$ 作比较，比较规则为

$$A_{\text{hard},i} = \begin{cases} 1, & p_i = \sigma(A_{\text{soft},i}) \\ 0, & 1 - p_i \end{cases} \tag{2-12}$$

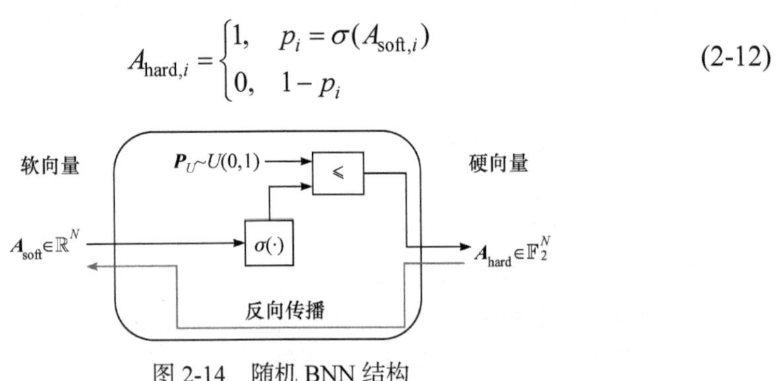


图 2-14　随机 BNN 结构

由此 BNN 可输出最终的信息/冻结比特位值向量 $\boldsymbol{A}_{\text{hard}}$。获得冻结比特位置信息后，极化码可根据文献[9]中介绍的步骤完成编码。此外，BNN 通过使用直通估计器，使梯度在反向传递中保持恒等，确保在训练的反向传递过程中梯度可以顺利传递。

需要注意的是，由于在训练过程中 $\boldsymbol{A}_{\text{soft}}$ 是在不断被优化修改的，因此冻结比特的位置与数量都是在不断变化的，训练过程中的码率 $R$ 可以表示为

$$R = \frac{1}{N}\sum_{i=1}^{N} A_{\text{hard},i} \tag{2-13}$$

2. 基于超网络的 RNN 极化码译码设计

考虑传统 BP 译码算法低时延、高吞吐量、支持软信息输入等优势，本书方案将传统的 BP 迭代译码算法按照对应的迭代次数，逐层展开为类似于神经网络模型的分层结构，构建基于神经网络的译码器，使接收端能够最大化迭代增益。系统采用超网络与 RNN 联合的方式实现极化码译码。在图 2-15 所示的基于超网

络的 RNN 译码器架构中，RNN 被视为主网络，主要执行极化码的 BP 译码流程；超网络主要用于生成主网络的网络权重。

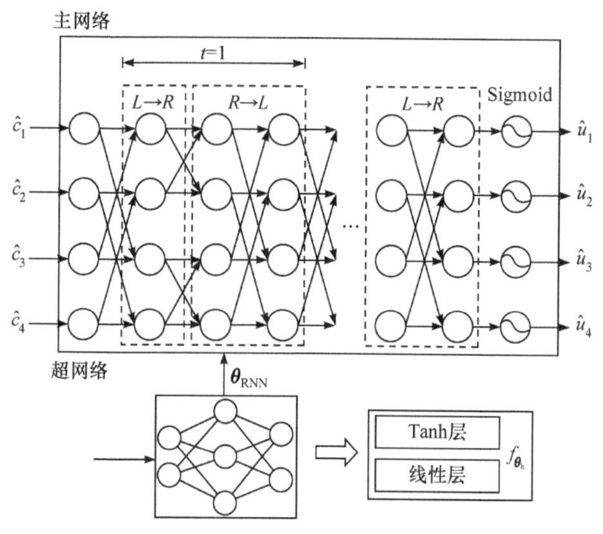


图 2-15　基于超网络的 RNN 译码器架构

为了执行 BP 译码算法，主网络 RNN 的神经网络遵循极化码因子图的结构。假设译码迭代次数为$T$，RNN 将解调后的信号$\hat{\boldsymbol{c}}$作为输入，并输出译码后的序列向量$\hat{\boldsymbol{u}}$作为对原始序列向量$\boldsymbol{u}$的预测。在迭代译码的过程中，超网络将 RNN 当前时刻下对应的迭代次数$t$作为输入，并输出对应的主网络权重矩阵$\boldsymbol{\theta}_{\text{RNN}}$，其中$t$的取值依次为$t=1,2,\cdots,T$。由图 2-15 可知，超网络由多层 Tanh 网络层与线性网络激活层构建，假设超网络共有$I_{\text{H}}$层网络层，其功能函数可表示为

$$\boldsymbol{\theta}_{\text{RNN}}=f_{\boldsymbol{\theta}_{\text{H}}}(t)=\boldsymbol{W}_{I_{\text{H}}}^{\text{H}}f_{\tanh}\left(\cdots f_{\tanh}\left(\boldsymbol{W}_{i}^{\text{H}}\cdots f_{\tanh}\left(\boldsymbol{W}_{2}^{\text{H}}f_{\tanh}\left(\boldsymbol{W}_{1}^{\text{H}}t\right)\right)\cdots\right)\cdots\right) \tag{2-14}$$

其中，$\boldsymbol{W}_{i}^{\text{H}}$表示超网络中第$i$层网络的权重矩阵，$i=1,2,\cdots,I_{\text{H}}$。

得益于超网络在训练期间能够依次获取迭代次数$t=1,2,\cdots,T$，学习它的内在特征可以产生对应的输出权重，因此在测试环节，当译码次数$T_{\text{test}}$与训练时的译码次数$T_{\text{train}}$不同时，仍能将$T_{\text{test}}$作为新的输入数据并基于现有数据的学习特征为主网络生成对应的网络权重，由此确保译码器不会受到较大的性能损失，具备较强的适应能力。极化码计算单元如图 2-16 所示。

当极化码长度为$N$，主网络 RNN 包含$\log_2 N$个阶段与$(\log_2 N+1)$层网络，每个阶段包含$N/2$个计算单元。当译码迭代次数$T$增大时，神经网络将相应地扩大规模，共$[2(\log_2 N+1)T+1]$层隐藏层。为确保 RNN 最后的输出数值落在$[0,1]$，最后一层采用 Sigmoid 函数。RNN 的功能函数可表示为

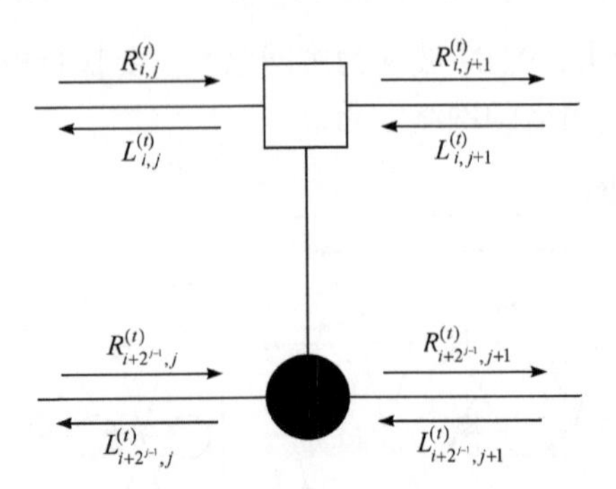


图 2-16　极化码计算单元

$$\hat{\boldsymbol{u}} = f_{\boldsymbol{\theta}_{\text{RNN}}}(\hat{\boldsymbol{c}}) \tag{2-15}$$

RNN 的 BP 译码过程涉及各节点从左到右的对数似然比 $R_{i,j}^{(t)}$，以及从右到左的对数似然比 $L_{i,j}^{(t)}$ 的传递与更新。对两类对数似然比进行初始化，即

$$R_{1,j}^{(1)} = \begin{cases} 0, & j \in \boldsymbol{A}_{\text{hard}} \\ \infty, & j \notin \boldsymbol{A}_{\text{hard}} \end{cases} \tag{2-16}$$

$$L_{n+1,j}^{(1)} = \hat{c}_j \tag{2-17}$$

$R_{i,j}^{(t)}$ 和 $L_{i,j}^{(t)}$ 为第 $t$ 次迭代下，第 $i$ 个阶段的第 $j$ 个神经元的从左到右，以及从右到左的对数似然比，它们的更新遵循如下规则，即

$$f_{\text{RNN}} = \begin{cases} L_{i,j}^{(t)} = \alpha_{i,j} \cdot g\left(L_{i,j+1}^{(t)}, L_{i+2^{j-1},j+1}^{(t)} + R_{i+2^{j-1},j}^{(t)}\right) \\ L_{i+2^{j-1},j}^{(t)} = \alpha_{i+2^{j-1},j} \cdot g\left(L_{i,j+1}^{(t)}, R_{i,j}^{(t)}\right) + L_{i+2^{j-1},j+1}^{(t)} \\ R_{i,j+1}^{(t)} = \beta_{i,j+1} \cdot g\left(R_{i,j}^{(t)}, R_{i+2^{j-1},j}^{(t)} + L_{i+2^{j-1},j+1}^{(t)}\right) \\ R_{i+2^{j-1},j+1}^{(t)} = \beta_{i+2^{j-1},j+1} \cdot g\left(R_{i,j}^{(t)}, L_{i,j+1}^{(t)}\right) + R_{i+2^{j-1},j}^{(t)} \end{cases} \tag{2-18}$$

其中，$g(x,y) = \text{sgn}(x) \cdot \text{sgn}(y) \cdot \min(|x|,|y|)$；$\alpha_{i,j}$ 和 $\beta_{i,j}$ 为第 $i$ 个阶段，第 $j$ 个神经元从右到左，以及从左到右的放缩因子，属于可训练参数，相当于 RNN 的权重，即 $\alpha_{i,j}, \beta_{i,j} \in \boldsymbol{\theta}_{\text{RNN}}$。

由于 RNN 译码器的特点是不同迭代次数下的网络层权重是共享的，因此 $\alpha_{i,j}$ 和 $\beta_{i,j}$ 是独立于迭代次数的。

### 2.2.3　仿真结果

为了探究端到端通信中基于神经网络的编译码技术对通信性能的提升，分别对编码器与译码器进行局部性能分析。首先，在 AWGN 信道下将基于 BNN 的编码方案与 3GPP 5G NR(3rd generation partnership project 5G new radio)提出的编码方案[22]进行对比。如图 2-17 所示，相较信息/冻结比特位置固定的编码方案，基于 BNN 的译码方案可以实现更低的误码率，因为系统可以通过训练学习到更适应信道情况的信息/冻结比特位置。然而，BNN 带来的性能增益是有限的，与联合 SCL 译码的传统 5G 编码方案进行对比时可以发现，译码器对于性能的影响是不可忽视的，由于 BP 译码算法相较 SCL 算法的劣势，联合 BP 译码的 BNN 编码方案性能逊于联合 SCL 算法的传统 5G 编码方案。这也意味着，联合 SCL 算法设计编码方案或许能实现更优的通信性能。

其次，为了展现基于超网络的译码器在译码方面的性能提升，我们将其与传统 BP 译码器，以及基于 DNN 的 BP 译码器[20]进行比较。此外，考虑 SC 与 SCL 译码算法均是极化码的经典译码算法，我们也将它们的性能作为对照。AWGN 信道下各类译码器的译码性能对比如图 2-18 所示。

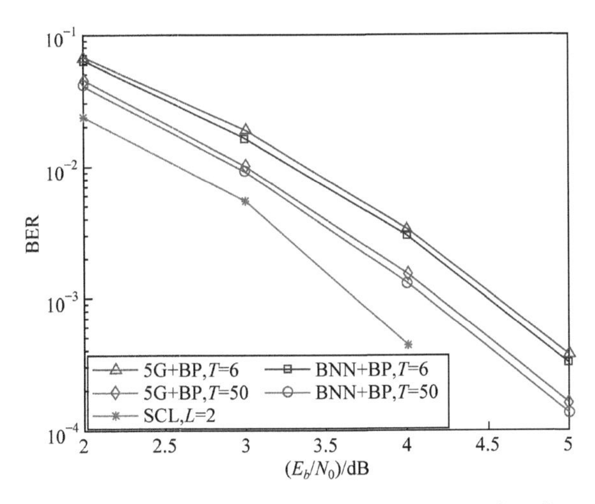


图 2-17　基于 BNN 的编码方案与传统 5G 编码方案性能对比

首先，基于 BP 算法的三类译码器随着迭代次数的增加，其译码性能均有所提升。其次，基于神经网络的 BP 译码器(DNN 译码器与 Hyper-RNN 译码器)均有比传统 BP 译码器更优的译码性能，这得益于基于神经网络的译码器具有可训练的放缩参数($\alpha_{i,j}$、$\beta_{i,j}$)。它们可以在训练过程中不断优化调整，以实现更低的误码率。此外，DNN 译码器与 Hyper-RNN 译码器的性能均是在训练迭代次数 $T_{\text{train}}=6$，测试迭代次数 $T_{\text{test}}$ 为 3 和 6 时测试的。可以看出，当 $T_{\text{train}} \neq T_{\text{test}}$ 时，Hyper-RNN 译码器的译码性能略优于 DNN 译码器，这是因为 Hyper-RNN 将迭代次数 $t$ 的影响考虑进了对译码性能的优化，因此即使在训练次数与测试次数不同的情况下，Hyper-RNN 译码器也能发挥出较好的性能。

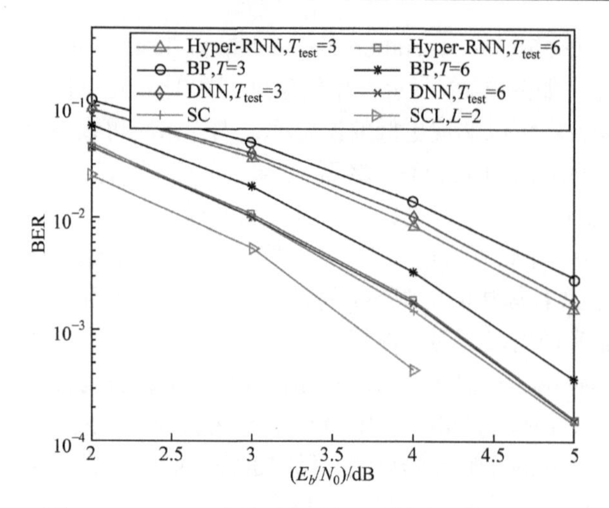


图 2-18　AWGN 信道下各类译码器的译码性能对比

相反，DNN 译码器并未在训练中考虑迭代次数 $t$ 的影响问题，因此在这种情况下性能会略逊于 Hyper-RNN 译码器，但仍是比较优秀的。最后，与 SC 和 SCL 译码器的性能对照时可以发现，SC 译码器可以达到与 DNN/Hyper-RNN 译码器($T=6$)同等的译码性能。不仅如此，SCL 译码器($L=2$)还表现出比 Hyper-RNN 译码器更明显的性能增益，这也反映出 SC 与 SCL 译码器在极化码译码方面的优势。

## 2.3　端到端通信系统的调制解调技术

端到端系统中基于 DNN 的调制解调技术主要利用神经网络强大的学习能力，以最小化原始信号与重构信号间的误差为目标，可以实现当前信道下最优的空间映射方式，取代传统调制解调方案固定的映射传输方式。本节首先对几种传统的数字调制方案进行介绍，并对端到端系统内部各模块的主要功能进行建模与分析。下面进一步重点介绍端到端系统中基于神经网络的调制解调技术，并与传统调制解调技术的误比特率(bit error rate，BER)性能进行对比，以及基于神经网络生成的星座图多样性。

### 2.3.1　系统架构

本节主要针对调制解调技术进行基于 DNN 的设计，依赖的端到端通信系统的基本架构与信号处理流程与图 2-5 中的系统一致。首先，对传统的数字调制解调技术进行简要介绍。调制是指对信源产生的基带信号进行处理，将其搭载在高频载波上，变换成适合信道传输的信号的过程。依据调制信号的不同，调制技术主要分为模拟调制与数字调制两大类。由于数字调制具有比模拟调制更强的抗干扰能力和保密能力，现在的通信系统大多采用数字调制技术。数字调制技术主要可分为幅移键控(amplitude shift keying，ASK)、频移键控(frequency shift keying，FSK)、相移键控(phase shift keying，PSK)。不同调制方式对应的波形示意图如图 2-19 所示。下面对这三种调制方式进行简要介绍。

(1) ASK 调制。ASK 是通过控制载波的幅度变化来表示信号的一种调制方式。对于常见的二进制幅移键控(2ASK)，调制信号有 0、1 两种电平，载波在调制信号的控制下通或断。在信号为 1 时，载波接通且幅度为 $A$；在信号为 0 时，载波被关断且幅度为 0。ASK 调制操作简单且成本低廉，但它的缺点是对噪声和干扰非常敏感，容易受到外界干扰。ASK 的解调方法有包络检波与相干解调两种。

(2) FSK 调制。FSK 是通过控制载波的频率变化来表示信号的一种调制方式。常见的 FSK 为二进制 FSK(binary FSK，BFSK)，其调制方式是在调制信号为高电平(即二进制数据的 1)时产生高频信号，在低电平(即二进制数据的 0)情况下，会获得低频信号。FSK 的优点之一是抗噪声能力较强，缺点是需要更宽的频带宽度，因此在频谱利用率上有一定的限制。FSK 有包络检波、相干解调，以及过零检测等解调方法。

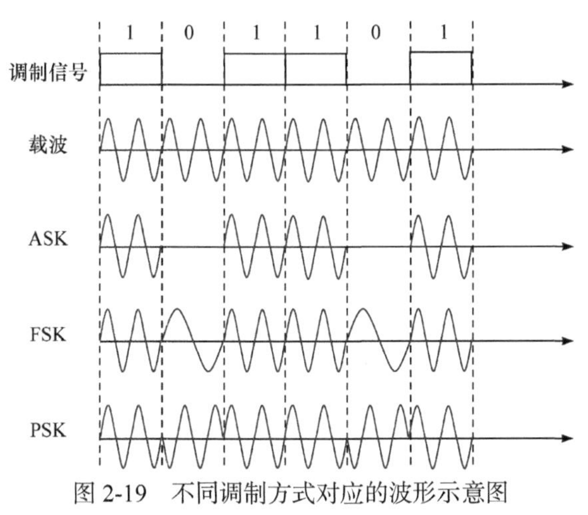


图 2-19　不同调制方式对应的波形示意图

(3) PSK 调制。PSK 是通过控制载波的相位来表示输入信号信息的调制技术。相移键控分为绝对移相和相对移相两种。绝对移相是指以未调载波的相位作为基准的相位调制。以二进制 PSK 为例，取码元为“1”时，调制后载波与未调载波同相；取码元为“0”时，调制后载波与未调载波反相；码元“1”和“0”在调制后载波相位差 180°。相对相移是依靠相邻码元的相对相位来决定的。PSK 可以采用相干解调法进行解调。

随着通信技术的进步，为了满足提高信道带宽利用率，提高信号抗干扰能力等需求，许多先进的调制技术被提出，其中以 QAM 为代表。QAM 是用两路独立的基带信号对两个相互正交的同频载波进行抑制载波双边带调幅，利用这种已调信号的频谱在同一带宽内的正交性，实现两路并行的数字信息传输。其调制过程如图 2-20 所示，输入的二进制序列经过串并转换输出速率减半的两路并行信号，再经过电平转换得到 I、Q 两路基带信号。两路信号分别与同相载波和正交载波相乘后将 I、Q 两路的信号合并即可得到已调信号。

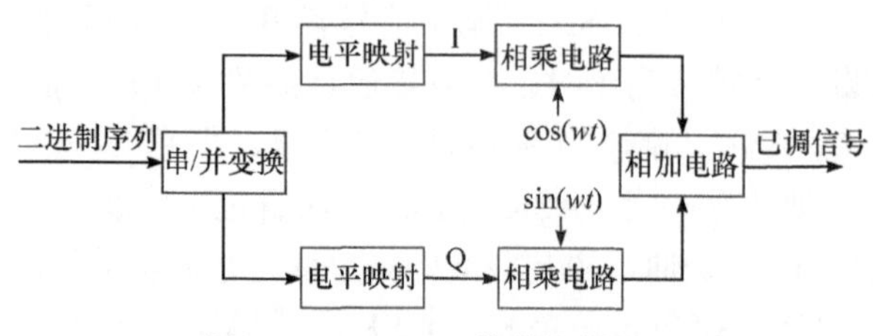


图 2-20　M-QAM 信号调制流程

星座图是将数据调制信息中有关幅度和相位的信息映射到二维坐标中。该坐标包含 I 轴与 Q 轴。星座图上的每一个点都表示一个符号，该点在 I 轴和 Q 轴的分量分别代表同相与正交分量。该点到原点的距离就是调制后的幅度，夹角就是调制后的相位。QAM 的星座图一般呈标准正方形网格样式。M-QAM 星座图如图 2-21 所示。

QAM 信号一般采用相干解调，其流程可以看成调制的逆过程。M-QAM 信号解调流程如图 2-22 所示。下面对端到端通信系统内部的模块进行介绍。

对于极化码编码，3GPP 5G 标准中极化码的构造是基于高斯信道下的信道极化产生 $N$ 个可靠度不同的极化子信道。在可靠度高的 $K$ 个极化子信道中传输信息比特，在其余 $(N-K)$ 个可靠度低的子信道传输收发端已知的冻结比特。这里采用文献[22]提出的极化码信息/冻结比特位置序列，用 $\boldsymbol{A}$ 表示传输信息比特的极化子

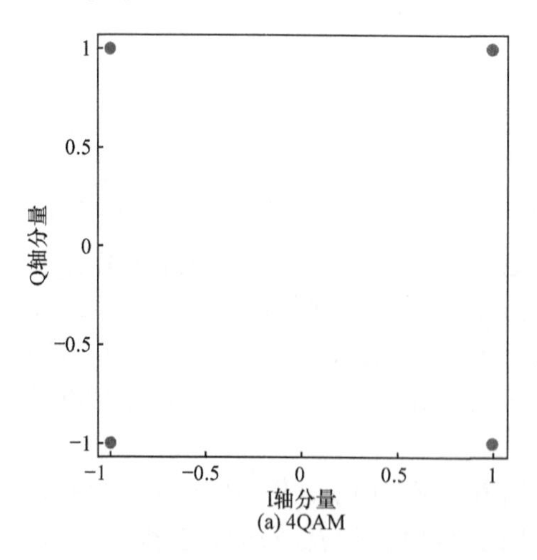


(a) 4QAM

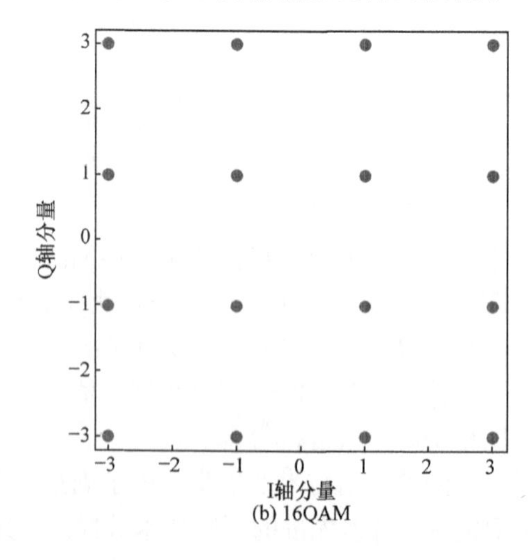


(b) 16QAM

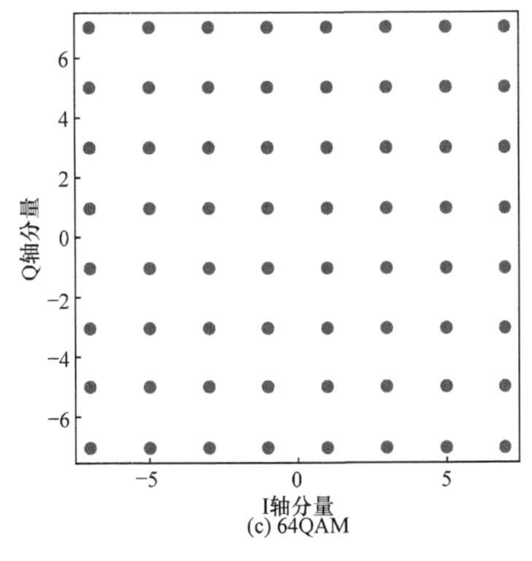

(c) 64QAM

图 2-21　M-QAM 星座图

信道序号集合，称为信息位集合，$\boldsymbol{A}^c$ 表示传输冻结信息比特向量。根据信道极化变换过程可以得到码长为 $N$ 的极化码编码序列 $\boldsymbol{c}$ 向量，即

$$\boldsymbol{c} = \boldsymbol{u}'\boldsymbol{G}_N = \boldsymbol{u}'\boldsymbol{F}_2^{\otimes n}\boldsymbol{B}_N \tag{2-19}$$

其中，$\boldsymbol{u}'$ 为信源序列向量 $\boldsymbol{u}$ 插入冻结比特后的序列向量；$\boldsymbol{G}_N$ 为生成矩阵，$N$ 为码长，因此生成矩阵可以表示为

$$\boldsymbol{G}_N = \boldsymbol{F}_2^{\otimes n}\boldsymbol{B}_N \tag{2-20}$$

其中，$\boldsymbol{F}_2^{\otimes n}$ 为矩阵 $\boldsymbol{F}_2$ 的 $n$ 次 Kronecker 积操作，$\boldsymbol{F}_2 = \begin{bmatrix} 1 & 0 \\ 1 & 1 \end{bmatrix}$ 且 $n = \log_2 N$；$\boldsymbol{B}_N$ 表示比特反转排序矩阵，意味着将原序列内的十进制序号 $i \in \{0,1,2,\cdots,N-1\}$ 按其二进制序列 $i \to [b_n, b_{n-1}, \cdots, b_1]$ 的反序序列对应的十进制序列 $[b_1, b_2, \cdots, b_n] \to j$ 重新排序。

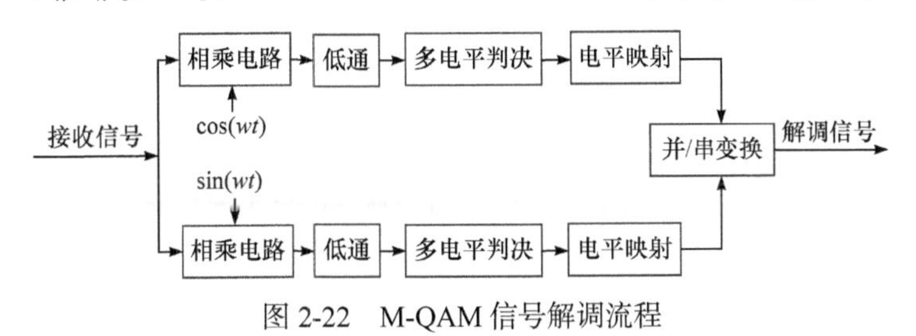


图 2-22　M-QAM 信号解调流程

待编码流程完成后，可以得到码率为 $R = K/N$ 的极化码码字向量 $\boldsymbol{c}$。

在本端到端系统中，调制模块由 DNN 搭建而成，可以利用 DNN 代替传统调制技术，实现对调制符号的优化。DNN 将码字向量 $\boldsymbol{c}$ 与 SNR $\gamma$ 一同作为输入，经网络内部数据处理后获得已调信号 $\boldsymbol{x}$。其功能函数可表示为

$$\boldsymbol{x}=f_{\mathrm{Mod}}(\boldsymbol{c},\gamma) \tag{2-21}$$

解调模块与调制一同设计，利用 DNN 代替传统解调技术，完成信号的解调。解调器将接收信号 $\boldsymbol{y}$ 作为输入，并输出解调信号 $\hat{\boldsymbol{c}}$ 。其功能函数可表示为

$$\hat{\boldsymbol{c}}=f_{\boldsymbol{\theta}_{\mathrm{D}}}([\boldsymbol{y},\gamma]) \tag{2-22}$$

有关解调、解调的具体设计将在 2.3.2 节展开介绍。

不同于 2.2.2 节基于超网络的译码器设计，基于 DNN 的译码器[20]不存在超网络辅助生成网络权重，而是依靠自身的权重矩阵 $\boldsymbol{\theta}_{\mathrm{DNN}}$ 进行训练。如图 2-23 所示，DNN 译码器的基本架构与译码流程是获得解调信号 $\hat{\boldsymbol{c}}$ 后，基于 DNN 的 BP 译码器对其进行信道译码，并输出原始比特向量 $\boldsymbol{u}$ 的预测向量 $\hat{\boldsymbol{u}}$ 。功能函数可表示为

$$\hat{\boldsymbol{u}}=f_{\boldsymbol{\theta}_{\mathrm{DNN}}}(\hat{\boldsymbol{c}}) \tag{2-23}$$

该 DNN 译码器的译码流程与图 2-15 中的 RNN 译码流程类似，其对数似然比 $R_{i,j}^{(t)}$ 和 $L_{i,j}^{(t)}$ 的更新流程可表示为

$$\begin{cases} L_{i,j}^{(t)}=\alpha_{i,j}^{(t)}\cdot g\left(L_{i,j+1}^{(t)},L_{i+2^{j-1},j+1}^{(t)}+R_{i+2^{j-1},j}^{(t)}\right) \\ L_{i+2^{j-1},j}^{(t)}=\alpha_{i+2^{j-1},j}^{(t)}\cdot g\left(L_{i,j+1}^{(t)},R_{i,j}^{(t)}\right)+L_{i+2^{j-1},j+1}^{(t)} \\ R_{i,j+1}^{(t)}=\beta_{i,j+1}^{(t)}\cdot g\left(R_{i,j}^{(t)},R_{i+2^{j-1},j}^{(t)}+L_{i+2^{j-1},j+1}^{(t)}\right) \\ R_{i+2^{j-1},j+1}^{(t)}=\beta_{i+2^{j-1},j+1}^{(t)}\cdot g\left(R_{i,j}^{(t)},L_{i,j+1}^{(t)}\right)+R_{i+2^{j-1},j}^{(t)} \end{cases} \tag{2-24}$$

可见，基于 DNN 的译码与基于 RNN 的译码区别在于 DNN 译码器的放缩因子并不是独立于迭代次数的， $\alpha_{i,j}^{(t)}$ 和 $\beta_{i,j}^{(t)}$ 在不同的迭代次数下是不同且不可共享的。该特性会使基于 DNN 的 BP 译码器占用更多内存空间。此外，在没有超网络的辅助时，一旦 DNN 在预先给定的译码迭代次数下完成训练，它的权重就会被固定，当测试环节对迭代次数进行改变时，DNN 就难以发挥最优的译码性能。

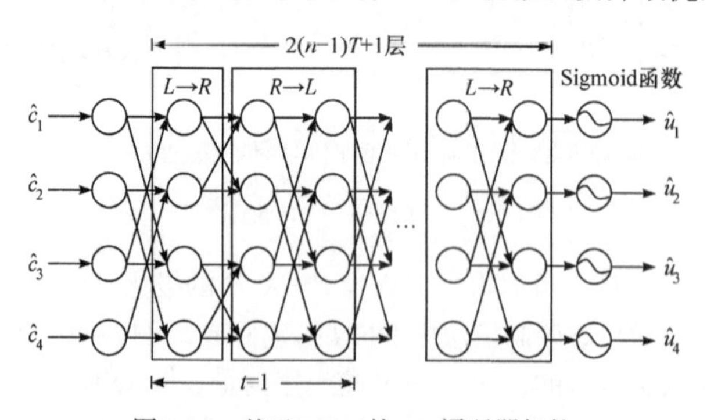


图 2-23　基于 DNN 的 BP 译码器架构

### 2.3.2 调制解调设计

本节详细介绍端到端通信系统中基于 DNN 的调制解调技术，利用 DNN 学习从输入序列到已调符号的映射，即星座点的分布，以期望实现更优的通信性能。

1. 基于 DNN 的调制设计

基于 DNN 的调制器将编码后的二进制比特序列向量 $\boldsymbol{c}$，以及 SNR $\gamma$ 作为输入，对其进行调制并输出已调信号 $\boldsymbol{x}$。基于 DNN 的调制器基本架构如图 2-24 所示。

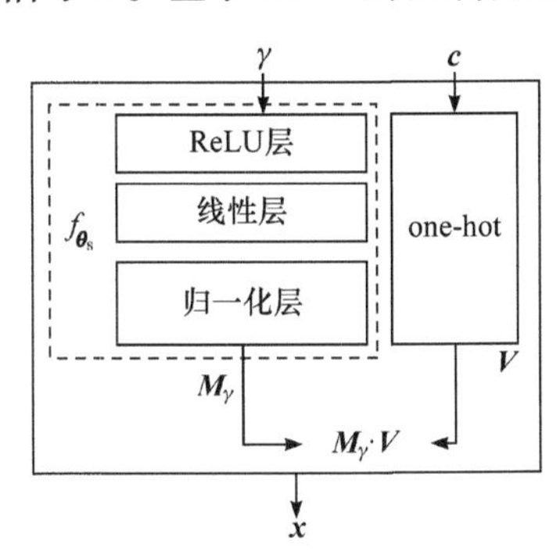


图 2-24　基于 DNN 的调制器基本架构

由图 2-24 可知，调制过程主要由星座图的生成和 one-hot 映射组成。星座图的生成主要是由神经网络完成的。DNN 内部有三类网络层，即 ReLU 层、线性层、归一化层。归一化层作为 DNN 的最后一层，主要用于确保输出信号 $\boldsymbol{x}$ 的发射功率被约束在预设值内，既可以视固定的能量约束 $E[\|\boldsymbol{x}\|^2] \leqslant P$，也可以视归一化约束 $E[\|\boldsymbol{x}\|^2] \leqslant 1$。DNN 将 SNR $\gamma$ 作为输入，并通过各网络层将其映射为 $M$ 元星座点集合 $\boldsymbol{M}_\gamma \in \mathbb{C}^{M\times 2}$，其中 $M$ 代表调制阶数，$\boldsymbol{M}_\gamma$ 中包含 $M$ 个星座点的实部与虚部。假设 DNN 共有 $I_S$ 层网络层，其功能函数为

$$\boldsymbol{M}_\gamma = f_{\boldsymbol{\theta}_S}(\gamma) = f_{\text{norm}}\left(\boldsymbol{W}_{I_S}^S \cdots f_{\text{ReLU}}\left(\boldsymbol{W}_i^S \cdots f_{\text{ReLU}}\left(\boldsymbol{W}_2^S f_{\text{ReLU}}\left(\boldsymbol{W}_1^S \gamma + \boldsymbol{b}_1^S\right) + \boldsymbol{b}_2^S\right) \cdots + \boldsymbol{b}_i^S\right) \cdots + \boldsymbol{b}_{I_S}^S\right) \tag{2-25}$$

其中，$f_{\text{norm}}(\cdot)$ 为归一化函数；$f_{\text{ReLU}}(\cdot)$ 为 ReLU 激活函数；$\boldsymbol{\theta}_S$ 为 DNN 中的所有可训练参数的集合；$\boldsymbol{W}_i^S$ 和 $\boldsymbol{b}_i^S$ 为 DNN 中第 $i$ 层网络层的权重矩阵与偏差矩阵，且 $\boldsymbol{W}_i^S, \boldsymbol{b}_i^S \in \boldsymbol{\theta}_S,\ i = 1,2,\cdots,I_S$。

one-hot 映射也称独热编码，将码长为 $N$ 的码字向量 $\boldsymbol{c}$ 作为输入，$\boldsymbol{c}$ 中每 $\log_2 M$ 个比特被视为一个比特组 $c_j, j = 1,2,\cdots,N/\log_2 M$，其对应的十进制为 $q_j$。当比特组 $c_j$ 被映射为一个 one-hot 向量 $\boldsymbol{v} \in \mathbb{R}^{M\times 1}$ 时，向量 $\boldsymbol{v}$ 中对应的第 $q_j$ 个元素值为 1，其余元素值为 0。例如，当 $M = 4$ 时，$\boldsymbol{c}$ 中某一比特组 $c_j = [1,1]$ 将被映射为 one-hot

向量[0,0,0,1]。由此，码字$\boldsymbol{c}$中包含的$(N/\log_2 M)$个比特组将映射为一个 one-hot 矩阵$\boldsymbol{V}\in\mathbb{R}^{M\times(N/\log_2 M)}$。最后，将星座点集合$\boldsymbol{M}_\gamma$与$\boldsymbol{V}$相乘，这相当于将$\boldsymbol{c}$中每个比特组均映射到$\boldsymbol{M}_\gamma$的星座点上，即可得到已调信号$\boldsymbol{x}\in\mathbb{C}^{(N/\log_2 M)\times 2}$，即

$$\boldsymbol{x}=\boldsymbol{V}^{\mathrm{T}}\cdot\boldsymbol{M}_\gamma \tag{2-26}$$

2. 基于 DNN 的解调设计

基于 DNN 的解调器将经由信道传输后接收到的信号$\boldsymbol{y}$，以及 SNR$\gamma$作为输入，并输出解调信号$\hat{\boldsymbol{c}}$。基于 DNN 的解调器架构如图 2-25 所示。

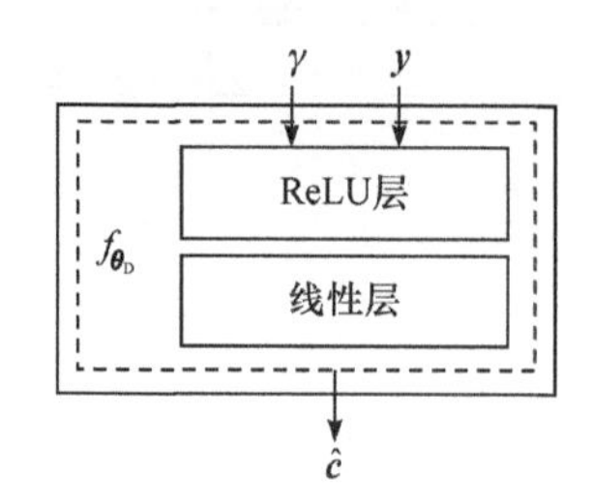


图 2-25　基于 DNN 的解调器架构

解调器主要由两类神经网络层构成，即 ReLU 层、线性层。假设 DNN 解调器共包含$I_\mathrm{D}$层网络层，其功能函数可表示为

$$\hat{\boldsymbol{c}}=f_{\boldsymbol{\theta}_\mathrm{D}}([\boldsymbol{y},\gamma])=\boldsymbol{W}_{I_\mathrm{D}}^{\mathrm{D}}\cdots f_{\mathrm{ReLU}}\Big(\boldsymbol{W}_i^{\mathrm{D}}\cdots f_{\mathrm{ReLU}}\Big(\boldsymbol{W}_2^{\mathrm{D}}f_{\mathrm{ReLU}}\Big(\boldsymbol{W}_1^{\mathrm{D}}[\boldsymbol{y},\gamma]+\boldsymbol{b}_1^{\mathrm{D}}\Big)+\boldsymbol{b}_2^{\mathrm{D}}\Big)\cdots+\boldsymbol{b}_i^{\mathrm{D}}\Big)\cdots+\boldsymbol{b}_{I_\mathrm{D}}^{\mathrm{D}} \tag{2-27}$$

其中，$\boldsymbol{\theta}_\mathrm{D}$为 DNN 中所有可训练参数的集合；$\boldsymbol{W}_i^{\mathrm{D}}$和$\boldsymbol{b}_i^{\mathrm{D}}$为 DNN 中第$i$层网络的权重矩阵与偏差矩阵，且$\boldsymbol{W}_i^{\mathrm{D}},\boldsymbol{b}_i^{\mathrm{D}}\in\boldsymbol{\theta}_\mathrm{D},i=1,2,\cdots,I_\mathrm{D}$。

### 2.3.3　仿真结果

为了探究端到端通信中基于 DNN 的调制解调技术对通信性能的提升，本节分别从星座图与 BER 性能两方面进行分析。星座图的几何形状能直观地反映出 DNN 调制器调制方式的改变，而 BER 性能则直接体现通信性能的好坏。

基于 DNN 的调制技术核心在于，学习从输入码字到已调符号间的映射关系。该映射会受到信道实际情况和 SNR 的影响。随着实际信道传输环境的变化，DNN 输出的星座图也会呈现不同的几何形状。因此，本节首先展示基于 DNN 的调制设计在不同 SNR 条件下学习到的星座几何形状，并与传统 8PSK 星座图(图 2-26)进行对比。设置调制指数为$M=8$，测试 AWGN 信道在不同 SNR 条件下基于 DNN 构建的星座图(图 2-27)。

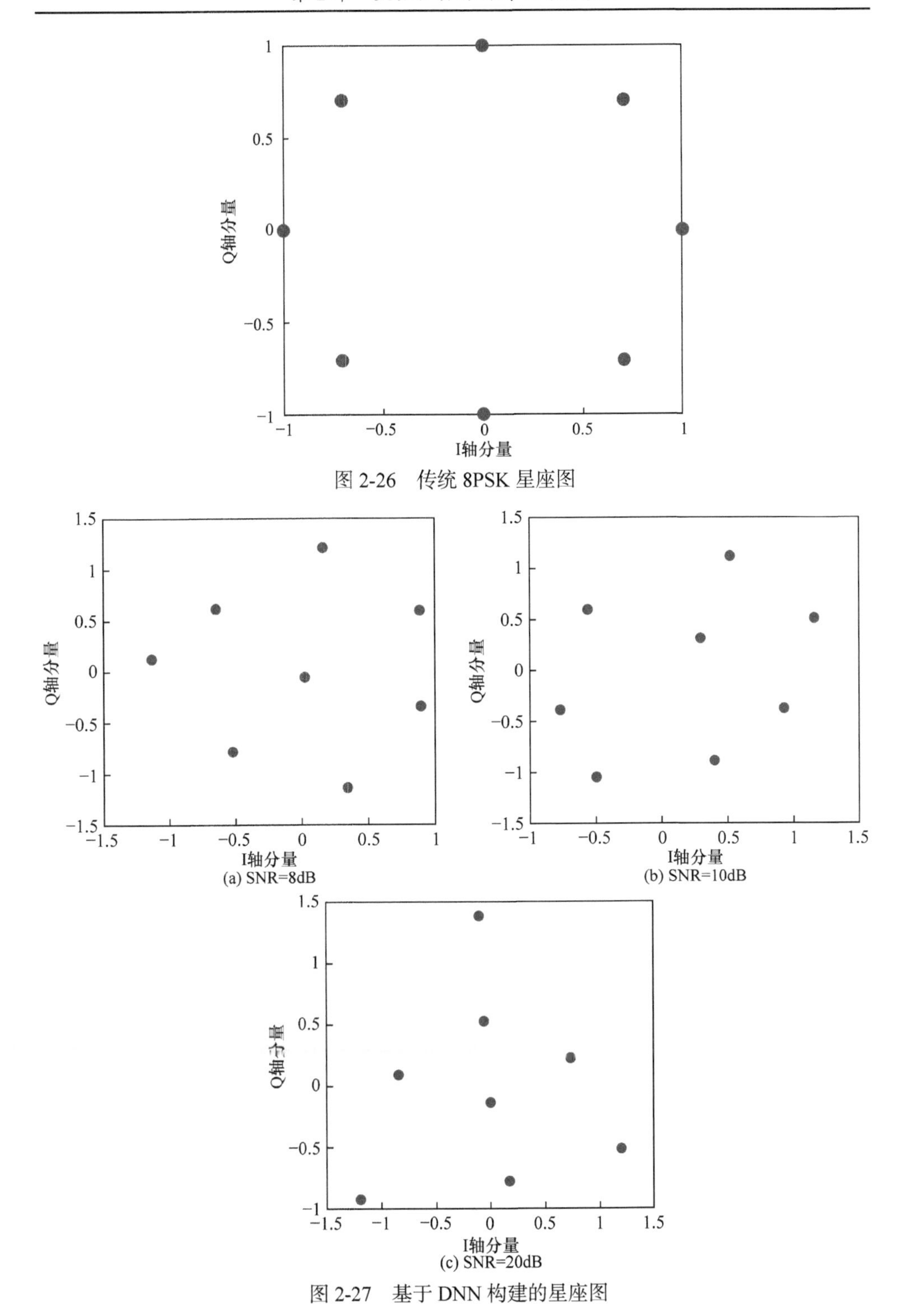


图 2-26　传统 8PSK 星座图

图 2-27　基于 DNN 构建的星座图

可以看出，传统的 8PSK 星座图中的星座点均匀分布在圆周上，并且不会随 SNR 的变化而改变。相反，基于 DNN 构建的调制器可以根据实际的信道传输情况调整自身网络参数，而且调制方式也能随之更改，从而实现最优化通信性能的目的，因此由图 2-27 可以看出，由 DNN 调制器生成的星座图不同于传统的 8PSK 星座图，在不同的 SNR 下，星座图呈现出不同的几何形状，使输出的星座图可以尽可能地实现更低的误码率，提升通信系统的性能。

其次，从 BER 的角度对基于 DNN 的调制解调技术性能进行直观的衡量，基于 DNN 的调制技术与传统 $M$-QAM 调制的 BER 对比如图 2-28 所示。可以看出，在 $M=8,16,64$ 的情况下，基于 DNN 的调制技术均可以实现比传统调制技术更优的通信性能。这得益于神经网络以最小化 BER 为目标，在训练过程中根据实际的信道情况对自身的参数及时进行调整优化，从而实现更优的通信性能。

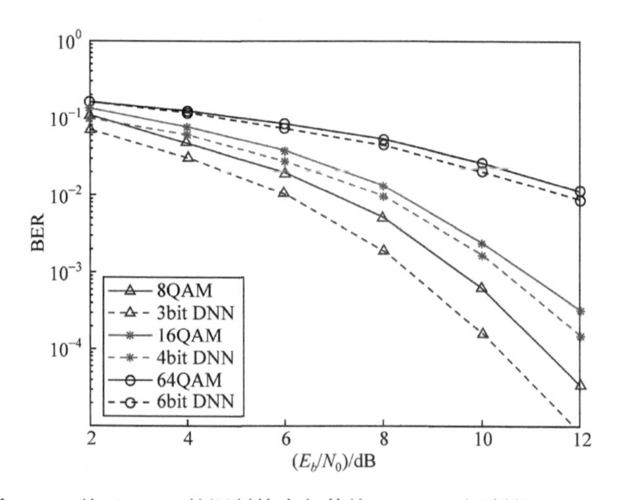


图 2-28　基于 DNN 的调制技术与传统 $M$-QAM 调制的 BER 对比

最后，为展现基于自编码器的端到端通信系统的优越性，本节对端到端通信系统与传统通信系统的 BER 性能进行比较。在瑞利信道下，测试在不同 BP 译码迭代次数，以及不同 SNR 下两者的性能，结果如图 2-29 所示。

首先，对于采用 BP 译码的两个系统，随着译码迭代次数的增加，两个通信系统的误码率都有所降低，性能得到提升。其中，端到端通信系统取得的性能提升比传统系统更加显著。这不仅得益于基于 DNN 的调制技术能够学习到最优的星座映射方式，也得益于译码器可训练的放缩参数提升了译码能力。该仿真结果证明了端到端通信系统设计在通信方面的优势。

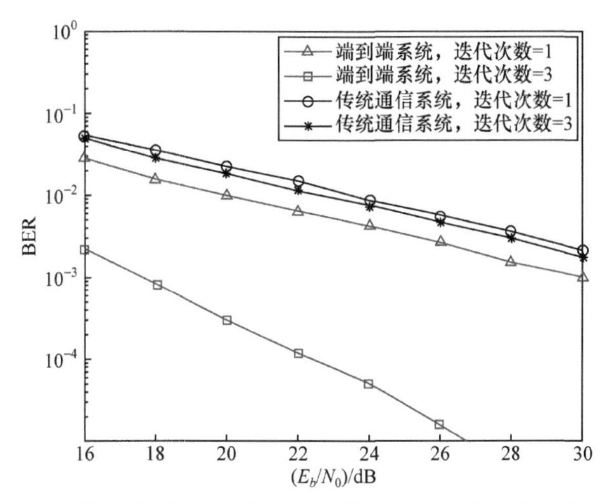


图 2-29　端到端通信系统与传统通信系统在不同迭代次数下的性能对比

## 2.4　端到端通信系统的波束赋形技术

频分双工(frequency division duplex，FDD)指上下行信道使用两个对称的独立信道，它们之间隔着一定的频率间隔。相对于时分双工(time division duplex，TDD)，即上下行信道使用同一频率信道的不同时隙，FDD 具有更大的覆盖范围、更小的干扰和更低的时延，在蜂窝网络的部署中得到更广泛的应用。具有部分互易性多径信道的大规模 MIMO FDD 系统如图 2-30 所示。与 TDD 不同，FDD 上行和下行信道之间缺乏完全互易性，因此使用 FDD 时，下行 CSI 无法直接从上行链路导频获得。传统的解决方案基于下行链路训练和反馈，基站(base station，BS)发送下行链路导频；用户使用导频信息估计下行信道；用户将压缩的下行信道信息反馈给基站。然而，这种传统解决方案存在以下问题。

(1) 为了避免不同基站天线的信道估计之间产生干扰，所需的训练符号数量与天线数量成线性关系。

(2) 从用户到基站的反馈开销也与天线数量成线性关系。因此，在大规模 MIMO

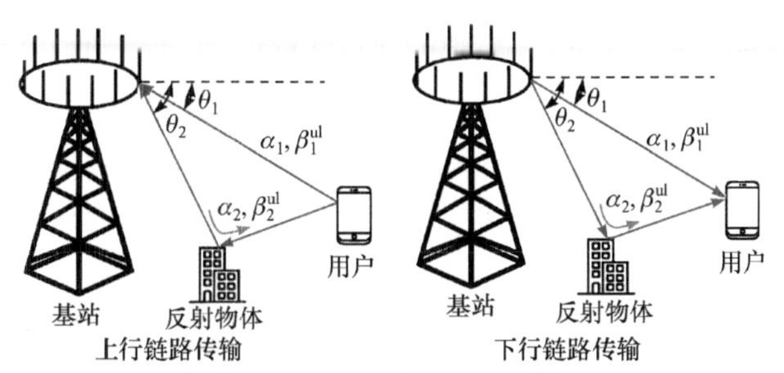


图 2-30　具有部分互易性多径信道的大规模 MIMO FDD 系统

FDD 系统中，传统解决方案通常会造成过大的下行链路和上行链路开销。

关于大规模 MIMO FDD 系统下行链路信道估计或波束赋形预编码设计的研究工作可分为基于下行链路训练的解决方案、基于上行链路训练的解决方案和混合方法[23]。本节介绍的是一种用于信道估计的混合方法[24]。通过引入深度学习的方法，可以利用上下信道的部分互易性，以端到端方式设计导频传输、反馈和 CSI 估计，从而进行下行信道波束赋形设计。

### 2.4.1 端到端信道估计模型

本节首先介绍 MIMO FDD 系统中平坦衰落信道的系统模型，然后介绍基于 HyperRNN 的下行 CSI 估计模型。

1. 平坦衰落信道的系统模型

上行信道指从用户到基站的传输。下行信道估计框架通过假设上下信道的部分互易性，利用上行和下行导频进行估计。在图 2-31 所示的上行传输过程中，每个用户在第 $t$ 个( $t=1,2,\cdots,T$ )时隙开始时向基站发送长度为 $L^{\mathrm{ul}}$ 的上行导频矩阵 $\boldsymbol{x}^{\mathrm{ul}}\in\mathbb{C}^{1\times L^{\mathrm{ul}}}$ 。在基站上接收到的信号 $\boldsymbol{Y}_t^{\mathrm{ul}}\in\mathbb{C}^{M\times L^{\mathrm{ul}}}$ 可以建模为

$$\boldsymbol{Y}_t^{\mathrm{ul}}=\boldsymbol{h}_t^{\mathrm{ul}}\boldsymbol{x}^{\mathrm{ul}}+\boldsymbol{N}_t^{\mathrm{ul}} \tag{2-28}$$

其中，$\boldsymbol{h}_t^{\mathrm{ul}}\in\mathbb{C}^{M\times 1}$ 为上行信道向量；$\boldsymbol{N}_t^{\mathrm{ul}}\in\mathbb{C}^{M\times L^{\mathrm{ul}}}$ 为均值和方差 $\sigma^2$ 为零的、带有独立同分布的 AWGN。

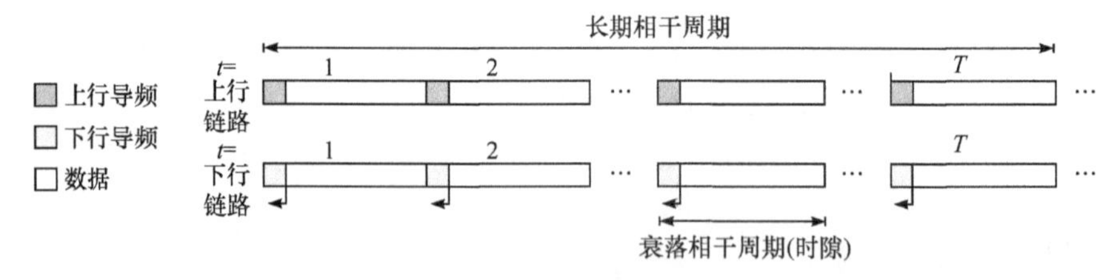


图 2-31 大规模 MIMO FDD 系统的上行和下行传输时间线

上行导频传输之后，在第 $t$ 个时隙的数据传输时间，用户的上行数据被传输到基站。同时，在下行传输中，在每个时隙 $t=1,2,\cdots,T$ ，基站从 $M$ 个天线传输收集在矩阵 $\boldsymbol{X}^{\mathrm{dl}}\in\mathbb{C}^{M\times L^{\mathrm{dl}}}$ 中的长度为 $L^{\mathrm{dl}}$ 的导频信号。在用户端接收到的长度为 $L^{\mathrm{dl}}$ 的离散时间样本被收集到向量 $\boldsymbol{y}_t^{\mathrm{dl}}\in\mathbb{C}^{1\times L^{\mathrm{dl}}}$ 中，其模型为

$$\boldsymbol{y}_t^{\mathrm{dl}}=(\boldsymbol{h}_t^{\mathrm{dl}})^{\mathrm{H}}\boldsymbol{X}^{\mathrm{dl}}+\boldsymbol{n}_t^{\mathrm{dl}} \tag{2-29}$$

其中，$\boldsymbol{h}_t^{\mathrm{dl}}\in\mathbb{C}^{M\times 1}$ 为下行信道向量；$\boldsymbol{n}_t^{\mathrm{dl}}$ 为 AWGN，均值为零，方差为 $\sigma^2$ 。

在上行信道中，假设每个时隙内的准静态信道是恒定的，接收到向量 $\boldsymbol{y}_t^{\mathrm{dl}}$ 后，用户对其进行处理和量化，产生上行量化反馈位数为 $B$ 的信息 $\boldsymbol{q}_t^{\mathrm{dl}} = f^{Q}(\boldsymbol{y}_t^{\mathrm{dl}})$，其中 $f^{Q}(\cdot)$ 表示处理和量化的结果。$B$ 的信息被反馈给基站。假设上行信道反馈无误，基站收到信息 $\boldsymbol{q}_t^{\mathrm{dl}}$ 后，估计下行信道信息 $\hat{\boldsymbol{h}}_t^{\mathrm{dl}}$。

在每个时隙 $t$，经过导频发射和反馈后，基站可以获得来自上行信道导频的接收信号 $\{\boldsymbol{y}_t^{\mathrm{ul}}\}_{t'=1}^{t}$，以及与下行信道导频相对应的反馈信息 $\{\boldsymbol{q}_t^{\mathrm{dl}}\}_{t'=1}^{t}$。通过上下信道部分互易性，利用 $\{\boldsymbol{y}_t^{\mathrm{ul}}\}_{t'=1}^{t}$ 和 $\{\boldsymbol{q}_t^{\mathrm{dl}}\}_{t'=1}^{t}$，可以更好地对下行信道信息进行估计。

信道在单个时隙 $t$ 内保持不变。此外，假设信道为标准多径信道，即每条路径都具有在一定时隙数 $T$ 内保持不变的长期特征和快速变化的衰落幅度。到达角(angle of arrival，AoA)、发射角(angle of departure，AoD)和平均路径增益等信道参数与环境的大尺度几何形状有关，而环境的大尺度几何形状在同一频段的不同载波频率上近似不变。因此，用户和基站之间的每条路径 $p(p=1,2,\cdots,P)$ 分别由长期时变的 AoD $\theta_p$ 和路径增益 $\alpha_p$，以及时变衰落 $\beta_{p,t}^{\mathrm{ul}}$ 和 $\beta_{p,t}^{\mathrm{dl}}$ 表征。考虑系统的空间和时间分辨率，假定 AoD $\{\theta_p\}_{p=1}^{P}$ 和路径增益 $\{\alpha_p\}_{p=1}^{P}$ 在 $T$ 个时隙内保持不变。相反，衰落过程 $\{\beta_{p,t}^{\mathrm{ul}}\}_{p=1}^{P}$ 和 $\{\beta_{p,t}^{\mathrm{dl}}\}_{p=1}^{P}$ 在时隙 $t=1,2,\cdots,T$ 中各不相同，并且在上行信道和下行信道遵循不同的统计。根据 3GPP 第 16 版的标准，部分互易性意味着上行信道和下行信道的长期多路径特征 $\{\theta_p\}_{p=1}^{P}$ 和 $\{\alpha_p\}_{p=1}^{P}$ 相等，而衰落过程一般不同，并且是载波频率 $f_C^{\mathrm{ul}}$ 和 $f_C^{\mathrm{dl}}$ 的函数。

基于上述假设，用户在第 $t$ 个时隙的 $P$ 路径准静态上行信道模型可表示为

$$\boldsymbol{h}_t^{\mathrm{ul}} = \sum_{p=1}^{P} \alpha_p \boldsymbol{a}^{\mathrm{ul}}(\theta_p)\beta_{p,t}^{\mathrm{ul}} \tag{2-30}$$

其中，$\boldsymbol{a}^{\mathrm{ul}}(\theta_p)$ 为导向向量，对于均匀线性阵列天线，可表述为

$$\boldsymbol{a}^{\mathrm{ul}}(\theta_p) = \left[1, \mathrm{e}^{-\frac{j2\pi d f_C^{\mathrm{ul}}}{c}\sin\theta_p}, \cdots, \mathrm{e}^{-\frac{j2\pi d f_C^{\mathrm{ul}}}{c}(M-1)\sin\theta_p}\right]^{\mathrm{T}}$$

其中，$d$ 为天线间距；$c$ 为光速。

同样，在第 $t$ 个时隙，基站与用户之间的 $P$ 路径下行信道模型可表示为

$$\boldsymbol{h}_t^{\mathrm{dl}} = \sum_{p=1}^{P} \alpha_p \boldsymbol{a}^{\mathrm{dl}}(\theta_p)\beta_{p,t}^{\mathrm{dl}} \tag{2-31}$$

注意，根据信道的长期特性，缩放导向向量 $\alpha_p \boldsymbol{a}^{\mathrm{dl}}(\theta_p)$ 和 $\alpha_p \boldsymbol{a}^{\mathrm{ul}}(\theta_p)$ 在时隙 $t=1,2,\cdots,T$ 中是不变的。此外，$\alpha_p \boldsymbol{a}^{\mathrm{dl}}(\theta_p)$ 和 $\alpha_p \boldsymbol{a}^{\mathrm{ul}}(\theta_p)$ 是相关的，因为它们都取决

于 AoD $\theta_p$。但又是不同的，这是因为载波频率差 $\Delta f_C = \left| f_C^{\mathrm{ul}} - f_C^{\mathrm{dl}} \right| > 0$。

根据时间相关性的动态模型，假设下行的衰落幅度 $\{\beta_{p,t}^{\mathrm{dl}}\}_{t=1}^{T}$ 和上行的衰落幅度 $\{\beta_{p,t}^{\mathrm{ul}}\}_{t=1}^{T}$ 是独立的，并在时隙 $t$ 上变化。由一阶自回归(auto regressive，AR)模型可得

$$\beta_{p,t}^{\mathrm{dl}} = \rho^{\mathrm{dl}} \beta_{p,t-1}^{\mathrm{dl}} + \sqrt{1-(\rho^{\mathrm{dl}})^2}\, z_t^{\mathrm{dl}}, \quad t = 1,2,\cdots,T \tag{2-32}$$

其中，$z_t^{\mathrm{dl}} \sim \mathcal{CN}(0,\sigma_z^2)$ 为各时段 $t$ 的独立同分布；根据 Clarke 模型，系数 $\rho^{\mathrm{dl}} = J_0(2\pi f_d^{\mathrm{dl}} \tau) \in [-1,1]$ 由第一类零阶贝塞尔函数 $J_0(\cdot)$ 给出，$\tau$ 为时隙持续时间，$f_d^{\mathrm{dl}} = v f_C^{\mathrm{dl}} / c$ 为最大多普勒频率，$v$ 为移动速度。

同样，Clarke 模型适用于上行信道衰落幅度 $\beta_{p,t}^{\mathrm{ul}}$，以及相应的多普勒频率 $f_d^{\mathrm{ul}} = v f_C^{\mathrm{ul}} / c$。

2. 基于 HyperRNN 的下行 CSI 估计模型

下面介绍基于 HyperRNN 的下行 CSI 估计模型。该模型建立在对时间相关性和上下行信道部分互易性的基础上。

用于端到端信道估计的 HyperRNN 架构如图 2-32 所示，为了充分利用信道的长期和短期特性所带来的时间相关性，可以使用一个 RNN 作为信道估计主网络。此外，为了从上行信道导频传输中提取不变的互易特征，HyperRNN 架构集成了一个超网络，输入为从上行信道接收到的信号，输出为信道估计 RNN 的权重。其主要思想是，利用信道估计 RNN 的权重编码上行信道和下行信道共同的长期信道特征信息，考虑部分互易性。

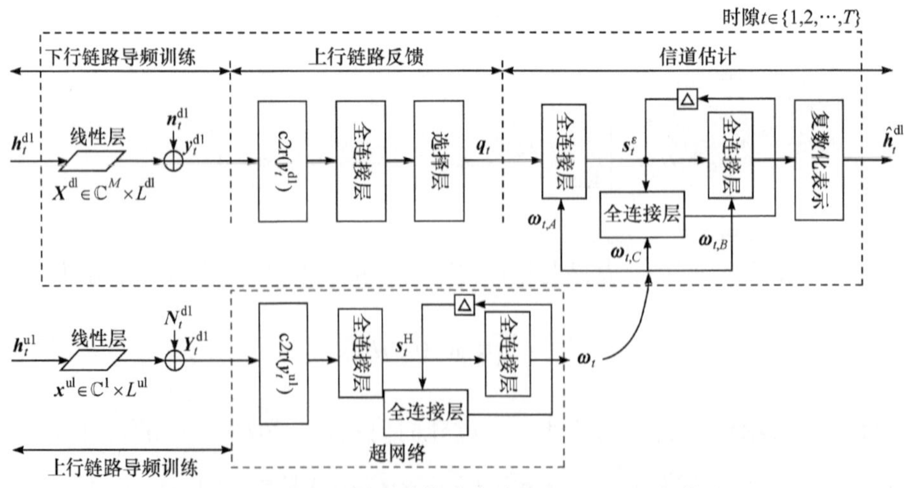


图 2-32　用于端到端信道估计的 HyperRNN 架构

与下行信道一样，上行信道导频传输过程建模为一个全连接线性层，输入为 $\boldsymbol{h}_t^{\mathrm{ul}}$，权重向量为 $\boldsymbol{x}^{\mathrm{ul}}$，输出为 $\boldsymbol{Y}_t^{\mathrm{ul}}$，并加入高斯噪声矩阵 $\boldsymbol{N}_t^{\mathrm{ul}}$。

接收信号 $\boldsymbol{y}_t^{\mathrm{dl}}$ 被建模为一个全连接线性层的输出，该层具有输入 $\boldsymbol{h}_t^{\mathrm{dl}}$、权重矩阵 $\boldsymbol{X}^{\mathrm{dl}}$ 和输出 $\boldsymbol{y}_t^{\mathrm{dl}}=\boldsymbol{h}_t^{\mathrm{dl}}\boldsymbol{X}^{\mathrm{dl}}$，并加入了高斯噪声矩阵 $\boldsymbol{n}_t^{\mathrm{dl}}$。训练矩阵 $\boldsymbol{X}^{\mathrm{dl}}$ 需要进行设计。

为了生成 $B$ 位信息 $\boldsymbol{q}_t^{\mathrm{dl}}$，用户在接收到信号 $\boldsymbol{y}_t^{\mathrm{dl}}$ 后，首先应用多层全连接 DNN，输入为 $\mathrm{c2r}(\boldsymbol{y}_t^{\mathrm{dl}})=[\Re(\boldsymbol{y}_t^{\mathrm{dl}})^{\mathrm{T}},\Im(\boldsymbol{y}_t^{\mathrm{dl}})^{\mathrm{T}}]^{\mathrm{T}}$，其中函数 $\mathrm{c2r}(\cdot)$ 为复数到实数的变换，$\Re(\cdot)$ 和 $\Im(\cdot)$ 为元素的实部和虚部。然后，向量 $\mathrm{c2r}(\boldsymbol{y}_t^{\mathrm{dl}})$ 经过 $(M^{\mathcal{Q}}-1)$ 个全连接层处理，并使用 ReLU 激活函数，最后一层使用符号激活函数产生 $B$ 位二进制输出。其中 $\mathcal{Q}$ 表示量化过程的参数。

把第 $m$ 层的 ReLU 神经元数表示为 $\ell_m^{\mathcal{Q}}$，量化 DNN 的优化参数为 $\boldsymbol{\Omega}^{\mathcal{Q}}=\{\boldsymbol{W}_1^{\mathcal{Q}},\boldsymbol{b}_1^{\mathcal{Q}},\cdots,\boldsymbol{W}_{M^{\mathcal{Q}}}^{\mathcal{Q}},\boldsymbol{b}_{M^{\mathcal{Q}}}^{\mathcal{Q}}\}$。其中 $\boldsymbol{W}_m^{\mathcal{Q}}$ 为 $\ell_m^{\mathcal{Q}}\times\ell_{m+1}^{\mathcal{Q}}$ 的权重矩阵，$\boldsymbol{b}_m^{\mathcal{Q}}$ 为 $\ell_m^{\mathcal{Q}}\times 1$ 的偏置向量，$\ell_1^{\mathcal{Q}}=2L^{\mathrm{dl}}$，$\ell_{M^{\mathcal{Q}}+1}^{\mathcal{Q}}=B$。DNN 的二进制输出为

$$\boldsymbol{q}_t^{\mathrm{dl}}=\mathrm{sign}(\boldsymbol{W}_{M^{\mathcal{Q}}}^{\mathcal{Q}}[\cdots f_{\mathrm{ReLU}}(\boldsymbol{W}_1^{\mathcal{Q}}\mathrm{c2r}(\boldsymbol{y}_t^{\mathrm{dl}})+\boldsymbol{b}_1^{\mathcal{Q}})\cdots]+\boldsymbol{b}_{M^{\mathcal{Q}}}^{\mathcal{Q}})\overset{\mathrm{def}}{=}f^{\mathcal{Q}}(\boldsymbol{y}_t^{\mathrm{dl}}|\boldsymbol{\Omega}^{\mathcal{Q}}) \tag{2-33}$$

用户端量化 DNN 的输出 $\boldsymbol{q}_t^{\mathrm{dl}}$ 被传送到一个 RNN 中，在每个时隙 $t$，RNN 产生的估计值为

$$\mathrm{c2r}(\hat{\boldsymbol{h}}_t^{\mathrm{dl}})=\boldsymbol{W}_B^{\mathcal{E}}\boldsymbol{s}_t^{\mathcal{E}}+\boldsymbol{b}_B^{\mathcal{E}}\overset{\mathrm{def}}{=}f^{\mathcal{E}}(\boldsymbol{q}_t^{\mathrm{dl}},\boldsymbol{s}_{t-1}^{\mathcal{E}}|\boldsymbol{\Omega}^{\mathcal{E}}) \tag{2-34}$$

其中，$\boldsymbol{W}_B^{\mathcal{E}}\in\mathbb{C}^{2M\times\ell^{\mathcal{E}}}$；$\boldsymbol{b}_B\in\mathbb{C}^{2M\times 1}$；$\boldsymbol{s}_t^{\mathcal{E}}\in\mathbb{C}^{\ell^{\mathcal{E}}\times 1}$；$\mathcal{E}$ 为信道估计过程的参数。RNN 的 $\ell^{\mathcal{E}}\times 1$ 内部状态演变为

$$\boldsymbol{s}_t^{\mathcal{E}}=f_{\mathrm{ReLU}}(\boldsymbol{W}_A^{\mathcal{E}}\boldsymbol{q}_t^{\mathrm{dl}}+\boldsymbol{W}_C^{\mathcal{E}}\boldsymbol{s}_{t-1}^{\mathcal{E}}+\boldsymbol{b}_A^{\mathcal{E}}) \tag{2-35}$$

其中，$\boldsymbol{W}_A^{\mathcal{E}}\in\mathbb{C}^{\ell^{\mathcal{E}}\times B}$，$\ell^{\mathcal{E}}$ 表示全连接 ReLU 层使用的神经元数量；$\boldsymbol{b}_A^{\mathcal{E}}\in\mathbb{C}^{\ell^{\mathcal{E}}\times 1}$；$\boldsymbol{W}_C^{\mathcal{E}}\in\mathbb{C}^{\ell^{\mathcal{E}}\times\ell^{\mathcal{E}}}$。

用于端到端下行波束赋形的 HyperRNN 架构如图 2-33 所示。为了利用部分互易性，在设计中引入一个超网络，根据上行信道接收信号 $\boldsymbol{Y}_t^{\mathrm{ul}}$ 调整下行信道估计 RNN 的权重。为了减少超网络的输出数，超网络在每个时隙 $t$ 为权重矩阵的每一列生成一个共同的缩放因子。因此，超网络的输出是 $(B+2\ell^{\mathcal{E}})\times 1$ 的向量 $\boldsymbol{\omega}_t$。

接收到的上行信道信号 $\boldsymbol{Y}_t^{\mathrm{ul}}$ 的实部和虚部被收集到 $2ML^{\mathrm{ul}}\times 1$ 的向量 $\mathrm{c2r}(\mathrm{vec}(\boldsymbol{Y}_t^{\mathrm{ul}}))$ 中，其中 $\mathrm{vec}(\cdot)$ 表示通过堆叠列对矩阵进行的向量化。该向量与上一时隙 $t-1$ 的内部状态 $\boldsymbol{s}_{t-1}^{\mathcal{H}}$ 共同作为输入进入超网络。超网络的运行方式为

$$\boldsymbol{s}_t^{\mathcal{H}} = f_{\text{ReLU}}(\boldsymbol{W}_A^{\mathcal{H}} \text{c2r}(\text{vec}(\boldsymbol{Y}_t^{\text{ul}})) + \boldsymbol{W}_C^{\mathcal{H}} \boldsymbol{s}_{t-1}^{\mathcal{H}} + \boldsymbol{b}_A^{\mathcal{H}}) \tag{2-36}$$

$$\boldsymbol{\omega}_t = \boldsymbol{W}_B^{\mathcal{H}} \boldsymbol{s}_t^{\mathcal{H}} + \boldsymbol{b}_B^{\mathcal{H}} \overset{\text{def}}{=\!=} f^{\mathcal{H}}(\boldsymbol{Y}_t^{\text{ul}}, \boldsymbol{s}_{t-1}^{\mathcal{H}} | \boldsymbol{\Omega}^{\mathcal{H}}) \tag{2-37}$$

其中，$\boldsymbol{s}_t^{\mathcal{H}} \in \mathbb{C}^{\ell^{\mathcal{H}} \times 1}$ 为内部状态；$\boldsymbol{W}_A^{\mathcal{H}} \in \mathbb{C}^{\ell^{\mathcal{H}} \times 2L^{\text{ul}}}$；$\boldsymbol{b}_A^{\mathcal{H}} \in \mathbb{C}^{\ell^{\mathcal{H}} \times 1}$；$\boldsymbol{W}_B^{\mathcal{H}} \in \mathbb{C}^{(B+2\ell^{\mathcal{E}}) \times \ell^{\mathcal{H}}}$；$\boldsymbol{b}_B^{\mathcal{H}} \in \mathbb{C}^{(B+2\ell^{\mathcal{E}}) \times 1}$；$\boldsymbol{W}_C^{\mathcal{H}} \in \mathbb{C}^{\ell^{\mathcal{H}} \times \ell^{\mathcal{H}}}$ 为超网络的优化参数；$\boldsymbol{\Omega}^{\mathcal{H}} = \{\boldsymbol{W}_A^{\mathcal{H}}, \boldsymbol{b}_A^{\mathcal{H}}, \boldsymbol{W}_B^{\mathcal{H}}, \boldsymbol{b}_B^{\mathcal{H}}, \boldsymbol{W}_C^{\mathcal{H}}\}$；$\mathcal{H}$ 为超网络过程的参数。

$(B+2\ell^{\mathcal{E}}) \times 1$ 输出向量 $\boldsymbol{\omega}_t$ 对下行信道估计 RNN 的权值进行如下修改，即

$$\boldsymbol{W}_A^{\mathcal{E}} = \tilde{\boldsymbol{W}}_A^{\mathcal{E}} \cdot \text{diag}\{\boldsymbol{\omega}_{t,A}\} \tag{2-38}$$

$$\boldsymbol{W}_B^{\mathcal{E}} = \tilde{\boldsymbol{W}}_B^{\mathcal{E}} \cdot \text{diag}\{\boldsymbol{\omega}_{t,B}\} \tag{2-39}$$

$$\boldsymbol{W}_C^{\mathcal{E}} = \tilde{\boldsymbol{W}}_C^{\mathcal{E}} \cdot \text{diag}\{\boldsymbol{\omega}_{t,C}\} \tag{2-40}$$

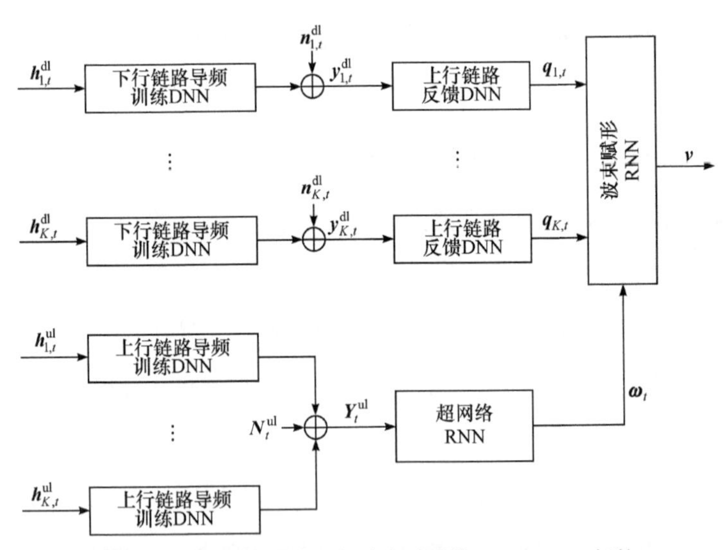


图 2-33　用于端到端下行波束赋形的 HyperRNN 架构

本节将超网络的输出划分为 $\boldsymbol{\omega}_t = [\boldsymbol{\omega}_{t,A}, \boldsymbol{\omega}_{t,B}, \boldsymbol{\omega}_{t,C}]$，其中 $\boldsymbol{\omega}_{t,A} \in \mathbb{C}^{B \times 1}$，$\boldsymbol{\omega}_{t,B} \in \mathbb{C}^{\ell^{\mathcal{E}} \times 1}$，$\boldsymbol{\omega}_{t,C} \in \mathbb{C}^{\ell^{\mathcal{E}} \times 1}$。矩阵 $\tilde{\boldsymbol{W}}_A^{\mathcal{E}} \in \mathbb{C}^{\ell^{\mathcal{E}} \times B}$、$\tilde{\boldsymbol{W}}_B^{\mathcal{E}} \in \mathbb{C}^{2M \times \ell^{\mathcal{E}}}$ 和 $\tilde{\boldsymbol{W}}_C^{\mathcal{E}} \in \mathbb{C}^{\ell^{\mathcal{E}} \times \ell^{\mathcal{E}}}$ 也需要优化，但与向量 $\boldsymbol{\omega}_t$ 不同的是，它们在运行时是固定的，不能根据接收到的信号而改变，因此矩阵 $\tilde{\boldsymbol{W}}_A^{\mathcal{E}}$、$\tilde{\boldsymbol{W}}_B^{\mathcal{E}}$ 和 $\tilde{\boldsymbol{W}}_C^{\mathcal{E}}$ 无法解释当前帧 $T$ 时隙内信道的具体长期特征。定义 $\boldsymbol{\Omega}^{\mathcal{E}} = \left\{\tilde{\boldsymbol{W}}_A^{\mathcal{E}}, \boldsymbol{b}_A^{\mathcal{E}}, \tilde{\boldsymbol{W}}_B^{\mathcal{E}}, \boldsymbol{b}_B^{\mathcal{E}}, \tilde{\boldsymbol{W}}_C^{\mathcal{E}}\right\}$ 为信道估计 HyperRNN 的优化参数集。

在训练时，通过最小化估计信道 $\hat{\boldsymbol{h}}_t^{\text{dl}}$ 与真实信道 $\boldsymbol{h}_t^{\text{dl}}$ 之间的训练平方误差，对 $\boldsymbol{x}^{\text{ul}}, \boldsymbol{X}^{\text{dl}}, \boldsymbol{\Omega}^{\mathcal{Q}}, \boldsymbol{\Omega}^{\mathcal{H}}, \boldsymbol{\Omega}^{\mathcal{E}}$ 进行端到端方法进行训练。相应的优化问题可表述为

$$\min_{\boldsymbol{x}^{\mathrm{ul}},\boldsymbol{X}^{\mathrm{dl}},\boldsymbol{\Omega}^{\mathcal{Q}},\boldsymbol{\Omega}^{\mathcal{H}},\boldsymbol{\Omega}^{\mathcal{E}}} \sum_{t=1}^{T} E[\| \hat{\boldsymbol{h}}_t^{\mathrm{dl}} - \boldsymbol{h}_t^{\mathrm{dl}} \|^2] \tag{2-41a}$$

$$\text{s.t.} \quad \boldsymbol{h}_t^{\mathrm{dl}} = f^{\mathcal{E}}(\boldsymbol{q}_t^{\mathrm{dl}}, \boldsymbol{s}_{t-1}^{\mathcal{E}} | \boldsymbol{\Omega}^{\mathcal{H}}, \boldsymbol{\Omega}^{\mathcal{E}}) \tag{2-41b}$$

$$\boldsymbol{q}_t^{\mathrm{dl}} = f^{\mathcal{Q}}(\boldsymbol{y}_t^{\mathrm{dl}} | \boldsymbol{\Omega}^{\mathcal{Q}}), \quad t = 1,2,\cdots,T \tag{2-41c}$$

$$\| \boldsymbol{X}_l^{\mathrm{dl}} \|^2 \leqslant P^{\mathrm{dl}}, \quad l = 1,2,\cdots,L^{\mathrm{dl}} \tag{2-41d}$$

$$| x_l^{\mathrm{ul}} |^2 \leqslant P^{\mathrm{ul}}, \quad l = 1,2,\cdots,L^{\mathrm{ul}} \tag{2-41e}$$

其中，$P^{\mathrm{dl}}$ 和 $P^{\mathrm{ul}}$ 为基站和用户端的发射功率约束；$\boldsymbol{X}_l^{\mathrm{dl}}$ 为 $\boldsymbol{X}^{\mathrm{dl}}$ 的第 $l$ 列；$x_l^{\mathrm{ul}}$ 为 $\boldsymbol{x}^{\mathrm{ul}}$ 的第 $l$ 个元素。

优化过程旨在对超网络参数 $\boldsymbol{\Omega}^{\mathcal{H}}$，以及上行信道导频 $\boldsymbol{x}^{\mathrm{ul}}$ 进行优化。此外，优化目标还考虑超网络在 $T$ 个时隙帧上的情况，这 $T$ 个时隙帧与长期一致性周期相对应。训练样本集 $\{\boldsymbol{n}_{t'}^{\mathrm{dl}}, \boldsymbol{h}_{t'}^{\mathrm{dl}}, \boldsymbol{n}_{t'}^{\mathrm{ul}}, \boldsymbol{h}_{t'}^{\mathrm{ul}}\}_{t'=1}^{\mathrm{T}}$ 的经验分布用于获得上式中的期望值。在训练过程中，可以利用测量活动或模拟器生成的信道样本，在离线阶段的中央单元对神经网络模型进行优化。

### 2.4.2　端到端波束赋形系统建模

在 FDD 系统中，基站的下行 CSI 估计通常是设计波束赋形预编码的第一步。本节将 HyperRNN 辅助解决方案应用于直接设计 FDD 下行信道传输的多用户波束赋形问题，而无须事先估计 CSI。在信道估计问题中，每个用户都可以单独进行 CSI 估计，而不会损失最优性。与此不同，为了管理用户间干扰，FDD 系统必须联合设计所有 $K$ 个用户的预编码矩阵。

系统模型详见 2.4.1 节。需要注意的是，本节明确考虑多用户的存在，并将重点放在波束赋形设计问题上。

1. 上行数据传输

在上行信道中，每个用户 $k$ 在正交资源中传输 $L^{\mathrm{ul}}$ 个导频信号 $\boldsymbol{x}_k^{\mathrm{ul}} \in \mathbb{C}^{M \times L^{\mathrm{ul}}}$。$\boldsymbol{h}_{k,t}^{\mathrm{ul}} \in \mathbb{C}^{M \times 1}$ 表示为用户 $k$ 的信道向量，基站将接收到的上行导频收集在一个 $1 \times L^{\mathrm{ul}}$ 矩阵中，建模为

$$\boldsymbol{Y}_t^{\mathrm{ul}} = \sum_{k=1}^{K} \boldsymbol{h}_{k,t}^{\mathrm{ul}} \boldsymbol{x}_k^{\mathrm{ul}} + \boldsymbol{N}_t^{\mathrm{ul}} \tag{2-42}$$

其中，$\boldsymbol{N}_t^{\mathrm{ul}} \in \mathbb{C}^{M \times L^{\mathrm{ul}}}$ 为高斯噪声。

2. 下行数据传输

在与上行导频传输的同时，基站从 $M$ 个天线向 $K$ 个用户传输 $L^{\text{ul}}$ 导频的矩阵 $\boldsymbol{X}_k^{\text{dl}} \in \mathbb{C}^{M\times L^{\text{dl}}}$ 。$L^{\text{dl}}$ 接收样本在用户 $k$ 建模为 $\boldsymbol{y}_{k,t}^{\text{dl}} = (\boldsymbol{h}_{k,t}^{\text{dl}})^{\text{H}} \boldsymbol{X}_k^{\text{dl}} + \boldsymbol{n}_{k,t}^{\text{dl}}$ ，其中 $\boldsymbol{h}_{k,t}^{\text{dl}} \in \mathbb{C}^{M\times 1}$ 是用户 $k$ 的下行信道向量，$\boldsymbol{n}_{k,t}^{\text{dl}} \sim \mathcal{CN}(0,\sigma^2 \boldsymbol{I}_{L^{\text{dl}}})$ 。用户 $k$ 对接收到的向量 $\boldsymbol{y}_{k,t}^{\text{dl}}$ 进行量化，生成 $B$ bit 信息 $\boldsymbol{q}_{k,t}^{\text{dl}} = f^{\mathcal{Q}}(\boldsymbol{y}_{k,t}^{\text{dl}})$ 。

根据从所有 $K$ 个用户接收到的上行信道无噪声反馈信息 $\boldsymbol{q}_{1,t}, \boldsymbol{q}_{2,t}, \cdots, \boldsymbol{q}_{K,t}$ ，基站为每个用户 $k=1,2,\cdots,K$ 设计预编码向量 $\boldsymbol{v}_{k,t} \in \mathbb{C}^{M\times 1}$ 。在第 $t$ 个时隙的数据传输期间，将基站向用户 $k$ 传输的数据符号记为 $\overline{s}_{k,t}^{\text{dl}}$ ，则预编码传输信号为

$$\overline{\boldsymbol{x}}_t^{\text{dl}} = \sum_{k=1}^{K} \boldsymbol{v}_{k,t} \overline{s}_{k,t}^{\text{dl}} \tag{2-43}$$

用户 $k$ 处对应的接收数据符号可以表示为

$$\overline{\boldsymbol{y}}_{k,t}^{\text{dl}} = (\boldsymbol{h}_{k,t}^{\text{dl}})^{\text{H}} \boldsymbol{v}_{k,t} \overline{s}_{k,t}^{\text{dl}} + \sum_{j\neq k} (\boldsymbol{h}_{k,t}^{\text{dl}})^{\text{H}} \boldsymbol{v}_{j,t} \overline{s}_{j,t}^{\text{dl}} + \overline{\boldsymbol{n}}_{k,t}^{\text{dl}} \tag{2-44}$$

其中，$\overline{\boldsymbol{n}}_{k,t} \sim \mathcal{CN}(0,\sigma^2)$ 为 AWGN；变量上方的符号用于区分数据传输期间的接收信号 $\overline{\boldsymbol{y}}_{k,t}^{\text{dl}}$ 和导频传输期间的接收信号 $\boldsymbol{y}_t^{\text{dl}}$ 。

因此，用户 $k$ 的和速率为

$$R_{k,t}^{\text{dl}} = \log_2\left(1 + \frac{|(\boldsymbol{h}_{k,t}^{\text{dl}})^{\text{H}} \boldsymbol{v}_{k,t}|^2}{\sum_{j\neq k} |(\boldsymbol{h}_{k,t}^{\text{dl}})^{\text{H}} \boldsymbol{v}_{j,t}|^2 + \sigma^2}\right) \tag{2-45}$$

假设上行和下行信道中所有用户的信道向量都是独立的，并按 2.4.1 节所述方法进行建模。

### 2.4.3 端到端通信系统的波束赋形设计和优化

1. 基于 HyperRNN 的波束赋形设计

本节介绍基于 HyperRNN 的端到端波束赋形设计。如图 2-33 所示，上行反馈 DNN 在用户端实现，波束赋形 RNN 和超网络 RNN 在基站上实现。每个用户 $k$ 的下行信道导频传输和上行信道反馈量化按照 2.4.1 节的介绍进行。本节采用一个预编码 RNN 处理反馈信号 $\boldsymbol{q}_t^{\text{dl}}$ ，其输入输出关系表示为

$$\boldsymbol{s}_t^{\mathcal{P}} = f_{\text{ReLU}}(\boldsymbol{W}_A^{\mathcal{P}} \boldsymbol{q}_t^{\text{dl}} + \boldsymbol{W}_C^{\mathcal{P}} \boldsymbol{s}_{t-1}^{\mathcal{P}} + \boldsymbol{b}_A^{\mathcal{P}}) \tag{2-46}$$

$$\text{c2r}(\boldsymbol{v}_t) = f_{\text{norm}}(\boldsymbol{W}_B^{\mathcal{P}} \boldsymbol{s}_t^{\mathcal{P}} + \boldsymbol{b}_B^{\mathcal{P}}) \stackrel{\text{def}}{=\!=} f^{\mathcal{P}}\left(\boldsymbol{q}_t^{\text{dl}}, \boldsymbol{s}_{t-1}^{\mathcal{P}} | \boldsymbol{\Omega}^{\mathcal{P}}\right) \tag{2-47}$$

其中，$\boldsymbol{W}_A^{\mathcal{P}} \in \mathbb{C}^{\ell^{\mathcal{P}} \times KB}$，$\ell^{\mathcal{P}}$ 表示全连接 ReLU 层中神经元的数量；$\boldsymbol{b}_A^{\mathcal{P}} \in \mathbb{C}^{\ell^{\mathcal{P}} \times 1}$；$\boldsymbol{W}_B^{\mathcal{P}} \in \mathbb{C}^{2MK \times \ell^{\mathcal{P}}}$；$\boldsymbol{b}_B^{\mathcal{P}} \in \mathbb{C}^{2MK \times 1}$；$\boldsymbol{W}_C^{\mathcal{P}} \in \mathbb{C}^{\ell^{\mathcal{P}} \times \ell^{\mathcal{P}}}$；$\boldsymbol{s}_t^{\mathcal{P}} \in \mathbb{C}^{\ell^{\mathcal{P}} \times 1}$；$\mathcal{P}$ 表示预编码过程参数。

初始化 $\boldsymbol{s}_0^{\mathcal{P}}$ 是任意的。为了确保满足发射功率约束，在 $\boldsymbol{s}_t^{\mathcal{P}}$ 的计算中采用一个归一化层，其激活函数为

$$f_{\text{norm}}(\boldsymbol{x}) = \frac{\min(\sqrt{P^{\text{dl}}}, \|\boldsymbol{x}\|^2)\boldsymbol{x}}{\|\boldsymbol{x}\|^2} \tag{2-48}$$

端到端训练的目的是最大化系统和速率，和速率的表达式为

$$R_t^{\text{dl}} = \sum_{k=1}^{K} R_{k,t}^{\text{dl}} \tag{2-49}$$

本节采用 HyperRNN 提取从 $K$ 个用户的上行信道导频信号中获得的长期部分互易特征。上行信道导频传输 $\boldsymbol{Y}_t^{\text{ul}} = \sum_{k=1}^{K} \boldsymbol{h}_{k,t}^{\text{ul}} \boldsymbol{x}_k^{\text{ul}} + \boldsymbol{N}_t^{\text{ul}}$ 被模拟为 $K$ 个独立的全连接线性神经网络的总和，每个输入为 $\boldsymbol{h}_{k,t}^{\text{ul}}$，权重矩阵为 $\boldsymbol{X}_k^{\text{ul}}$，输出为 $\boldsymbol{Y}_t^{\text{ul}}$，并加入高斯噪声矩阵 $\boldsymbol{N}_t^{\text{ul}}$。$\boldsymbol{Y}_t^{\text{ul}}$ 的实部和虚部，即 $\text{c2r}(\text{vec}(\boldsymbol{Y}_t^{\text{ul}})) = [\Re(\text{vec}(\boldsymbol{Y}_t^{\text{ul}})), \Im(\text{vec}(\boldsymbol{Y}_t^{\text{ul}}))]$，是超网络的输入，而 $(BK + 2\ell^{\mathcal{P}}) \times 1$ 输出向量 $\boldsymbol{\omega}_t^{\mathcal{P}}$ 修改预编码 RNN 权重为

$$\boldsymbol{W}_A^{\mathcal{P}} = \tilde{\boldsymbol{W}}_A^{\mathcal{P}} \cdot \text{diag}\{\boldsymbol{\omega}_{t,A}^{\mathcal{P}}\} \tag{2-50}$$

$$\boldsymbol{W}_B^{\mathcal{P}} = \tilde{\boldsymbol{W}}_B^{\mathcal{P}} \cdot \text{diag}\{\boldsymbol{\omega}_{t,B}^{\mathcal{P}}\} \tag{2-51}$$

$$\boldsymbol{W}_C^{\mathcal{P}} = \tilde{\boldsymbol{W}}_C^{\mathcal{P}} \cdot \text{diag}\{\boldsymbol{\omega}_{t,C}^{\mathcal{P}}\} \tag{2-52}$$

其中，$\boldsymbol{\omega}_t^{\mathcal{P}} = [\boldsymbol{\omega}_{t,A}^{\mathcal{P}}, \boldsymbol{\omega}_{t,B}^{\mathcal{P}}, \boldsymbol{\omega}_{t,C}^{\mathcal{P}}]$；$\boldsymbol{\omega}_{t,A}^{\mathcal{P}} \in \mathbb{C}^{KB \times 1}$；$\boldsymbol{\omega}_{t,B}^{\mathcal{P}} \in \mathbb{C}^{\ell^{\mathcal{P}} \times 1}$；$\boldsymbol{\omega}_{t,C}^{\mathcal{P}} \in \mathbb{C}^{\ell^{\mathcal{P}} \times 1}$。

需要注意的是，虽然向量 $\boldsymbol{\omega}_t^{\mathcal{P}}$ 在每个时隙 $t$ 都会更新，但是权重矩阵 $\boldsymbol{W}_A^{\mathcal{P}}$、$\boldsymbol{W}_B^{\mathcal{P}}$、$\boldsymbol{W}_C^{\mathcal{P}}$ 在不同时隙保持不变。因此，预编码 RNN 的优化参数可定义为 $\boldsymbol{\Omega}^{\mathcal{P}} = \{\tilde{\boldsymbol{W}}_A^{\mathcal{P}}, \boldsymbol{b}_A^{\mathcal{P}}, \tilde{\boldsymbol{W}}_B^{\mathcal{P}}, \boldsymbol{b}_B^{\mathcal{P}}, \tilde{\boldsymbol{W}}_C^{\mathcal{P}}\}$。

超网络遵循 2.4.1 节的训练，相应的优化参数为 $\boldsymbol{\Omega}^{\mathcal{H}} = \{\boldsymbol{W}_A^{\mathcal{H}}, \boldsymbol{b}_A^{\mathcal{H}}, \boldsymbol{W}_B^{\mathcal{H}}, \boldsymbol{b}_B^{\mathcal{H}}, \boldsymbol{W}_C^{\mathcal{H}}\}$，其中 $\boldsymbol{W}_A^{\mathcal{H}} \in \mathbb{C}^{\ell^{\mathcal{H}} \times 2L^{\text{ul}}}$，$\boldsymbol{b}_A^{\mathcal{H}} \in \mathbb{C}^{\ell^{\mathcal{H}} \times 1}$，$\boldsymbol{W}_B^{\mathcal{H}} \in \mathbb{C}^{(KB+2\ell^{\mathcal{P}}) \times \ell^{\mathcal{H}}}$，$\boldsymbol{b}_B^{\mathcal{H}} \in \mathbb{C}^{(KB+2\ell^{\mathcal{P}}) \times 1}$，$\boldsymbol{W}_C^{\mathcal{H}} \in \mathbb{C}^{\ell^{\mathcal{H}} \times \ell^{\mathcal{H}}}$。

2. 训练过程

波束赋形 HyperRNN 的端到端训练旨在最大化设计目标，即系统和速率

$R_t^{\mathrm{dl}}=\sum_{k=1}^{K}R_{k,t}^{\mathrm{dl}}$，可得

$$\max_{\{\boldsymbol{x}_k^{\mathrm{ul}}\}_{k=1}^K,\{\boldsymbol{X}_k^{\mathrm{dl}}\}_{k=1}^K,\{\boldsymbol{\Omega}^{\mathcal{Q}_k}\}_{k=1}^K,\boldsymbol{\Omega}^{\mathcal{H}},\boldsymbol{\Omega}^{\mathcal{P}}}\sum_{t=1}^{T}E\left(\sum_{k=1}^{K}\log_2\left(1+\frac{\left|(\boldsymbol{h}_{k,t}^{\mathrm{dl}})^H\boldsymbol{v}_{k,t}\right|^2}{\sum_{j\neq k}\left|(\boldsymbol{h}_{k,t}^{\mathrm{dl}})^H\boldsymbol{v}_{j,t}\right|^2+\sigma^2}\right)\right) \tag{2-53a}$$

$$\text{s.t.}\quad \boldsymbol{v}=f^{\mathcal{P}}(\boldsymbol{q}_t^{\mathrm{dl}},\boldsymbol{s}_{t-1}^{\mathcal{P}}\boldsymbol{\Omega}^{\mathcal{H}},\boldsymbol{\Omega}^{\mathcal{P}}) \tag{2-53b}$$

$$\boldsymbol{q}_{k,t}^{\mathrm{dl}}=f^{\mathcal{Q}_k}(\boldsymbol{y}_{k,t}^{\mathrm{dl}}\boldsymbol{\Omega}^{\mathcal{Q}_k}),\quad t=1,2,\cdots,T;k=1,2,\cdots,K \tag{2-53c}$$

$$\|\boldsymbol{X}_{l,k}^{\mathrm{dl}}\|^2\leqslant P^{\mathrm{dl}},\quad l=1,2,\cdots,L^{\mathrm{dl}};k=1,2,\cdots,K \tag{2-53d}$$

$$\|x_{l,k}^{\mathrm{ul}}\|^2=P_k^{\mathrm{ul}},\quad l=1,2,\cdots,L^{\mathrm{ul}};k=1,2,\cdots,K \tag{2-53e}$$

其中，$\boldsymbol{X}_{l,k}^{\mathrm{dl}}$ 表示 $\boldsymbol{X}_k^{\mathrm{dl}}$ 的第 $l$ 列；$x_{l,k}^{\mathrm{ul}}$ 表示 $\boldsymbol{x}_k^{\mathrm{ul}}$ 中的第 $l$ 个元素。

用户 $k$ 的量化和下行信道导频矩阵设计遵循 2.4.1 节的讨论。图 2-33 中的整个 HyperRNN 结构用于训练和测试。系统和速率的计算联合优化了预编码 RNN、超网络，以及上行和下行导频矩阵的参数。训练的目标考虑超网络在一帧 $T$ 个时隙(对应于一个长期相干周期)上的情况。训练样本集 $\{\{\boldsymbol{n}_{k,t'}^{\mathrm{dl}},\boldsymbol{h}_{k,t'}^{\mathrm{dl}},\boldsymbol{n}_{k,t'}^{\mathrm{ul}},\boldsymbol{h}_{k,t'}^{\mathrm{ul}}\}_{k=1}^K\}_{t'=1}^T$ 的经验分布用于获得期望值。具体来说，期望值是通过计算小批量训练样本平均值得到的。训练过程会生成振幅为 $\beta_{p,t}^{\mathrm{ul}}$ 和 $\beta_{p,t}^{\mathrm{dl}}$ 的瑞利衰落过程，从而获得信道 $\boldsymbol{h}_t^{\mathrm{dl}}$ 和 $\boldsymbol{h}_t^{\mathrm{ul}}$。生成的样本分为两组，90%用于训练，10%用于测试。

### 2.4.4 仿真结果

本节评估 HyperRNN 在 FDD 场景中用于信道估计和波束赋形预编码的性能。

1. 系统设置

本节采用 3GPP Release 16 中标准化的空间信道模型(spatial channel model，SCM)。部分仿真参数如表 2-1 所示。HyperRNN 使用标准深度学习库 TensorFlow 和 Keras 实现。本节采用 Adam 优化器，小批次(mini batch)的数据样本数量为 1024 个，学习率从$10^{-3}$逐步降低到$10^{-5}$。研究采用的迭代次数为 500，每次迭代由 100 个小批次组成。

**表 2-1　部分仿真参数**

| 参数 | 值 |
| --- | --- |
| 上行载波频率 $f_c^{\mathrm{ul}}$ / GHz | 3 |
| 载波频率差 $\Delta f_c$ / MHz | [100,500] |

续表

| 参数 | 值 |
|---|---|
| 移动速度 $v$ /(km/h) | 30 |
| 时隙持续时间 $\tau$ / ms | [0.1,3] |
| 路径数量 $P$ | 2,4,8,16 |
| 基站的发射天线数量 $M$ | 64 |
| AoD $\theta_p$ | $U[-\pi/6, \pi/6]$ |
| 上行信道反馈位数 $B$/bit | [5,30] |
| 下行信道的导频长度 $L^{\mathrm{dl}}$ | 2,4,8,16 |
| 上行信道的导频长度 $L^{\mathrm{ul}}$ | 1,2,4,8 |
| 学习率 | $10^{-5}$～$10^{-3}$ |
| 小批次的数据样本数量 | 1024 |
| SNR / dB | 10 |

上行反馈DNN采用$M^{\mathcal{Q}}=4$的全连接层，包括$\ell_1^{\mathcal{Q}}=1024$，$\ell_2^{\mathcal{Q}}=512$，$\ell_3^{\mathcal{Q}}=256$，$\ell_4^{\mathcal{Q}}=B$个ReLU隐藏层神经元。此外，用于信道估计的RNN的每个隐藏层使用$\ell^{\mathcal{E}}=256$个ReLU隐藏层神经元，超网络RNN和波束赋形RNN则使用$\ell^{\mathcal{H}}=\ell^{\mathcal{P}}=1024$个ReLU隐藏层神经元。RNN内部状态$\boldsymbol{s}_t^{\mathcal{E}}$、$\boldsymbol{s}_t^{\mathcal{H}}$、$\boldsymbol{s}_t^{\mathcal{P}}$的初始化都是通过TensorFlow的Xavier初始化实现的。为了满足功率约束，在每次迭代中对更新的$\boldsymbol{x}^{\mathrm{ul}}$或$\boldsymbol{X}^{\mathrm{dl}}$进行归一化处理，以确保满足$\|\boldsymbol{x}_l^{\mathrm{ul}}\|^2=P^{\mathrm{ul}}$和$\|\boldsymbol{X}_l^{\mathrm{dl}}\|^2=P^{\mathrm{dl}}$这两个条件。

使用归一化均方误差(normalized mean squared error，NMSE)表征信道估计性能，计算公式为$\mathrm{NMSE}=E[\|\hat{\boldsymbol{h}}_t^{\mathrm{dl}}-\boldsymbol{h}_t^{\mathrm{dl}}\|^2/\|\boldsymbol{h}_t^{\mathrm{dl}}\|^2]$。同时，采用系统和速率$R_t^{\mathrm{dl}}$量化波束赋形性能。

2. 信道估计

首先比较用于下行信道估计的、使用不同上行信道导频长度的HyperRNN与文献[25]提出的基准方法DL-DNN的NMSE作比较。为了分离出长期部分互易性的优势，假设实验中不同时隙的衰落幅度$\beta_{p,t}^{\mathrm{ul}}$和$\beta_{p,t}^{\mathrm{dl}}$均为独立同分布，即设置时间相关系数$\rho^{\mathrm{ul}}=\rho^{\mathrm{dl}}=0$，评估$t=8$时隙的NMSE。$L^{\mathrm{ul}}$和$B$变化时，HyperRNN和DL-DNN的信道估计NMSE如图2-34所示，即使考虑$L^{\mathrm{ul}}=1$的极短上行信道导频序列长度，也可以利用长期部分互易性来增强信道估计。当采用较长的导频序列时，例如$L^{\mathrm{ul}}=8$时，HyperRNN的NMSE性能会显著提高。当上行信道反馈位数$B$的值较长时，NMSE的降低尤为明显。这是因为$B$越长，下行信道估计RNN的输入规模就越大，超网络输出的维度也越大。

为了进一步说明这一点，图 2-34 还显示了一个理想系统的性能，该系统能够从上行信道信号中完美提取长期多径参数 $\{\theta_p\}_{p=1}^{P}$ 和 $\{\alpha\}_{p=1}^{P}$。该系统使用 DL-RNN 架构利用下行信道导频信号，其设计方式与 DL-DNN 类似，但假定缩放转向向量 $\{\alpha_p \boldsymbol{a}^{\mathrm{dl}}(\theta_p)\}$ 是已知的。该图表明，HyperRNN 架构可以通过从上行信道导频中提取长期多径参数信息来改进 DL-DNN 架构。

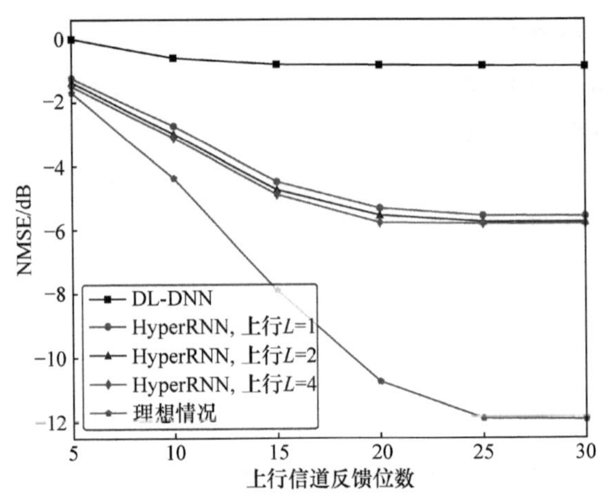


图 2-34　$L^{\mathrm{ul}}$ 和 $B$ 变化时，HyperRNN 和 DL-DNN 的信道估计 NMSE

3. 波束赋形设计

为了说明用于波束赋形的 HyperRNN 系统的和速率性能，采用文献[26]介绍的 DL-DNN 解决方案作为基准，将重点放在 $K=2$ 用户上。

与信道估计一样，首先研究上行信道反馈位数 $B$ 和上行信道导频长度的影响。图 2-35 显示了在 $L^{\mathrm{dl}}=2$ 、$P=2$ 、$\Delta f_C=100\mathrm{MHz}$ 和 $\rho^{\mathrm{ul}}=\rho^{\mathrm{dl}}=0$ 的频率平坦衰落信道上，波束赋形 HyperRNN 在第 4 个时隙支持 $K=2$ 个用户和 $M=64$ 个天线的 FDD 系统中，不同的上行导频长度 $L^{\mathrm{dl}}=1$、2、4 条件下的可实现和速率。由于发送天线数量较多，较短的上行导频序列足以实现比基准方案[26]更优越的和速率。此外，图 2-36 还显示了基于信道估计 HyperRNN 估计 $\boldsymbol{h}_{k,t}^{\mathrm{dl}}$ 的迫零(zero-forcing，ZF)预编码，作为端到端深度学习方法的下限。性能增益随上行信道导频长度 $L^{\mathrm{ul}}$ 的增加而增加，并且在不同的 $B$ 值之间保持一致。

路径数 $P$ 变化时，HyperRNN、DL-RNN、DL-DNN 等方法的波束赋形和速率如图 2-36 所示。DL-RNN 沿用了基准方案[26]的性能，唯一不同的是下行信道 DNN 被替换为 2.4.1 节所述的 RNN。最大比传输(maximum ratio transmission，MRT)和 ZF 这两种传统的基于模型的预编码方法也作为基准方案进行对比。可以看出，

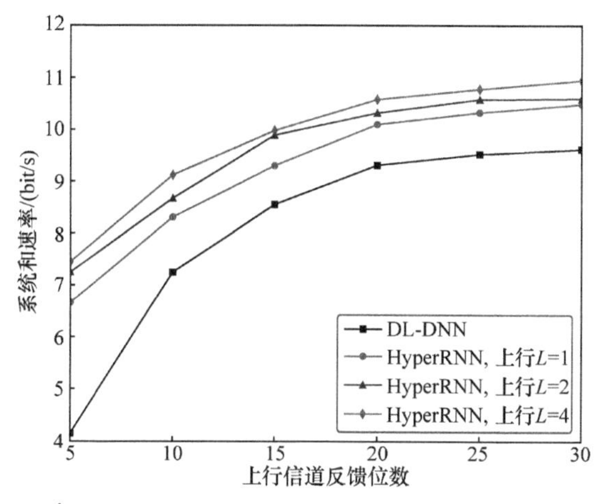


图 2-35　$L^{\mathrm{ul}}$ 和 $B$ 变化时，HyperRNN 和 DL-DNN 的波束赋形和速率

部分和速率增益可归因于预编码 RNN 对下行信道衰落信道的训练。然而，对和速率提升贡献最大的是在上行链路中使用超网络 RNN，尤其是在信道路径 $P$ 的数量减少时。在 $P=2$ 时，DL-RNN 解决方案的性能略低于 DL-DNN 解决方案，这可能是 RNN 的参数较多导致的过拟合而造成的。

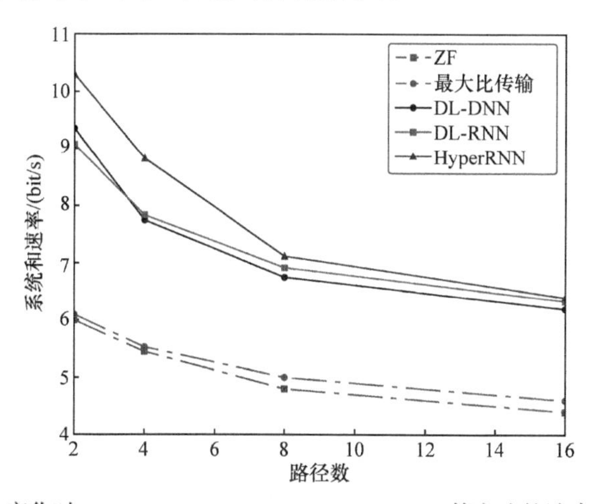


图 2-36　$P$ 变化时，HyperRNN、DL-RNN、DL-DNN 等方法的波束赋形和速率

## 2.5　端到端通信系统原型系统实现

本节介绍端到端通信系统在实践中的应用，涉及其在通用软件无线电平台和现场可编程门阵列(field programmable gate array，FPGA)硬件上的系统实践。本节采用 2.3.2 节描述的端到端通信系统的调制解调设计方案进行真实信道环境的实

现，进一步说明其有效性。

### 2.5.1 基于软件无线电平台的系统实现

通用软件无线电平台可以通过以太网与主机计算机相连，当主机计算机上配置某仿真软件平台和通用软件无线电平台软件套件时，通用软件无线电平台软件套件会在某仿真软件中增加通用软件无线电平台驱动程序。某仿真软件平台中的程序可以通过驱动程序与通用软件无线电平台进行交互。通用软件无线电的设计目标是提供一个灵活、可编程的硬件平台，使用户能够通过软件定义的方式实现各种无线通信系统，避免现有技术中缺少实物验证的问题。下面介绍使用通用软件无线电平台设备完成端到端的无线通信系统的搭建，验证在实际信道中使用 DNN 训练的星座图的优势，为未来的通信系统设计提供有力的支持。

1. 系统模型构建

如图 2-37 所示，两台计算机同时配备两台通用软件无线电设备，构建完整的通信系统模型。具体而言，一台计算机 PC1 用于 DNN 映射模型的训练和通用软件无线电数据的发送，分别在 Python 和某仿真软件平台上操作。另一台计算机 PC2 用作通用软件无线电数据的接收，使用某仿真软件完成相应操作。

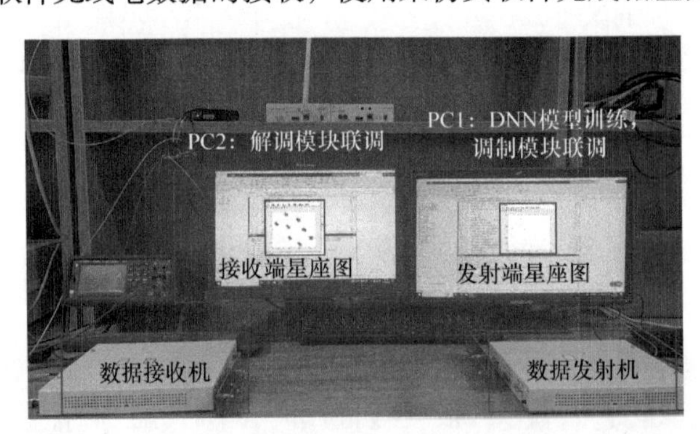


图 2-37 通用软件无线电平台接入下的端到端通信系统场景图

2. 系统框架流程

通用软件无线电平台接入下的端到端通信系统模型如图 2-38 所示。首先，由 PC1 在 Python 平台进行端到端的神经网络训练，将训练好的调制、解调网络参数通过消息队列遥测传输(message queuing telemetry transport，MQTT)协议上传到服务器。然后，PC1 通过 MQTT 在服务器上下载调制网络参数，在某仿真软件平台上对待发送的数据信息进行加导频(导频加在数据流头部)、DNN

调制，以及上采样等操作后，将处理好的数据传递给通用软件无线电平台 1 进行发送。在接收端，通用软件无线电平台 2 接收到发送的数据后，将其传递给 PC2。PC2 通过 MQTT 在服务器上下载解调网络参数，然后在某仿真软件平台上对接收到的信号进行抽样、相移纠正、DNN 解调等操作，最终恢复出原始的数据信息。

这一流程的关键步骤包括神经网络训练、网络参数传输、数据加工和调制、数据传输、数据接收、网络参数下载，以及解调等操作。整个过程借助 MQTT 实现高效的数据传递和协同工作，确保系统在不同阶段的顺利执行。这一端到端的通信系统模型，融合了神经网络和通用软件无线电通信系统，可以为高效的无线通信提供一种创新性的解决方案。

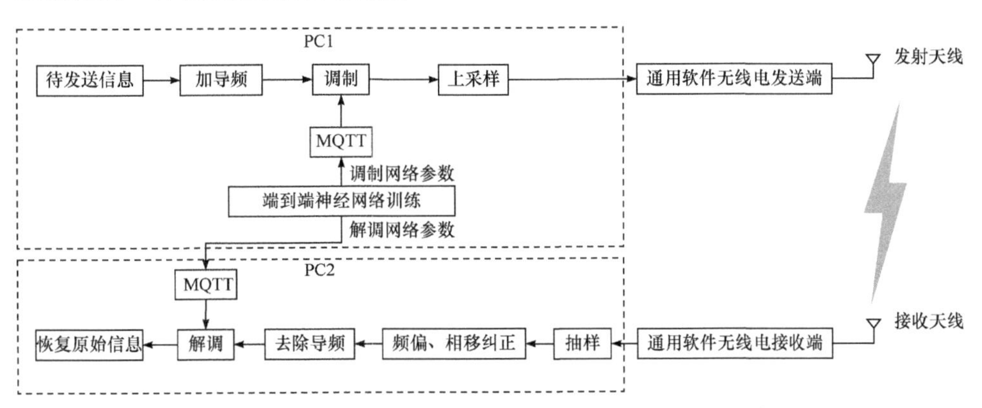


图 2-38　通用软件无线电平台接入下的端到端通信系统模型

### 3. 多平台数据共享方案

为了实现 Python 与某仿真软件两端数据的联调与相互传递，本节引入 MQTT，确保两平台之间的高效通信。

MQTT 是一种轻量级、开放的消息传输协议，旨在提供在低带宽、不稳定，或者有限的网络环境中进行高效通信的解决方案。该协议在 IoT 和各种分布式应用场景中得到广泛应用。其设计目标是在资源受限的设备和网络环境下实现可靠的消息传递。本节引入 MQTT 实现 Python 和某仿真软件平台的数据传输。

在此场景中，Python 平台扮演着调制解调网络参数发布者的角色，而某仿真软件平台则是相应信息的订阅者。这两个平台都在同一个主题下工作。MQTT 主题格式设置如表 2-2 所示。主题作为消息通信的标识符，允许发布者和订阅者之间建立有效的通信链路。通过定义主题，Python 和某仿真软件之间可以实现对特定信息的交流，使这一主题下的消息能够被正确地发布、订阅和处理。

表 2-2　MQTT 主题格式设置

| DEVICE_TYPE | DEVICE_ID | BUSINESS |
|---|---|---|
| 某仿真软件 | mat-client-001 | READ |
| Python | Python-client-001 | WRITE |

使用 Python 训练好的神经网络参数通过 MQTT 上传到服务器。MQTT 代理负责将这一消息传递给已订阅该主题的某仿真软件平台。特别值得注意的是，由于神经网络参数信息数据量巨大，无法一次性完成传输，因此在生成网络参数后，需要先进行消息序列拆分操作。这意味着，信息数据被拆分成较小的分片，并在每个消息分片中添加了一个序列号，以确保订阅者能够正确地按顺序组装这些分片。发布者负责将这些分片作为独立的消息发布到 MQTT 主题中。每个消息分片都包含部分神经网络参数信息。订阅者在接收到这些消息分片后，需要按照序列号的顺序进行接收和重组，以还原原始的长消息。

通过这样的流程，此系统可以成功实现 Python 和某仿真软件之间的消息互联过程。这种分片和序列化的策略不仅可以确保对大型数据集的高效传输，而且可以保证数据在传输过程中的正确顺序。整个过程展示了 MQTT 在解决大数据传输问题上的灵活性和可扩展性。这一机制可以为异构平台间的高效通信提供可靠的基础，为系统的协同工作提供有力的支持。

4. 实验结果

为了探究基于 DNN 的调制解调技术在现实无线环境中对通信性能的提升，下面从星座图和误码率两方面进行结果展示。以下实验均使用通用软件无线电作为信号发送和接收设备，在实验室环境下进行。

本节首先对传统的 PSK 调制解调方案进行通用软件无线电实现。调制解调部分采用传统的 PSK 方案，其余均采用图 2-38 所示的流程。分别对 QPSK、8PSK、16PSK 进行实验，可以得到通用软件无线电发送端和接收端星座图(图 2-39)。星座图黑叉点为传统 PSK 方案下调制映射的星座图，周围星座点为接收端接收到的星座图。在实验室环境中，QPSK、8PSK、16PSK 对应的误码率分别为 0.0%、0.0%、0.5%。

其次，采用图 2-38 所示的系统模型进行实验，采用基于 DNN 的调制解调数据。网络架构由图 2-24 和图 2-25 给出，调制器输入的 SNR 设置为 12。调制阶数为 4、8、16 时，通用软件无线电平台发送端和接收端星座图结果如图 2-40 所示。星座图中间黑叉点为 DNN 训练出的调制映射星座图，周围星座点为接收端接收到的星座图。在实验室环境中，4 阶、8 阶、16 阶对应的误码率分别为 0.0%、0.0%、0.2893%。

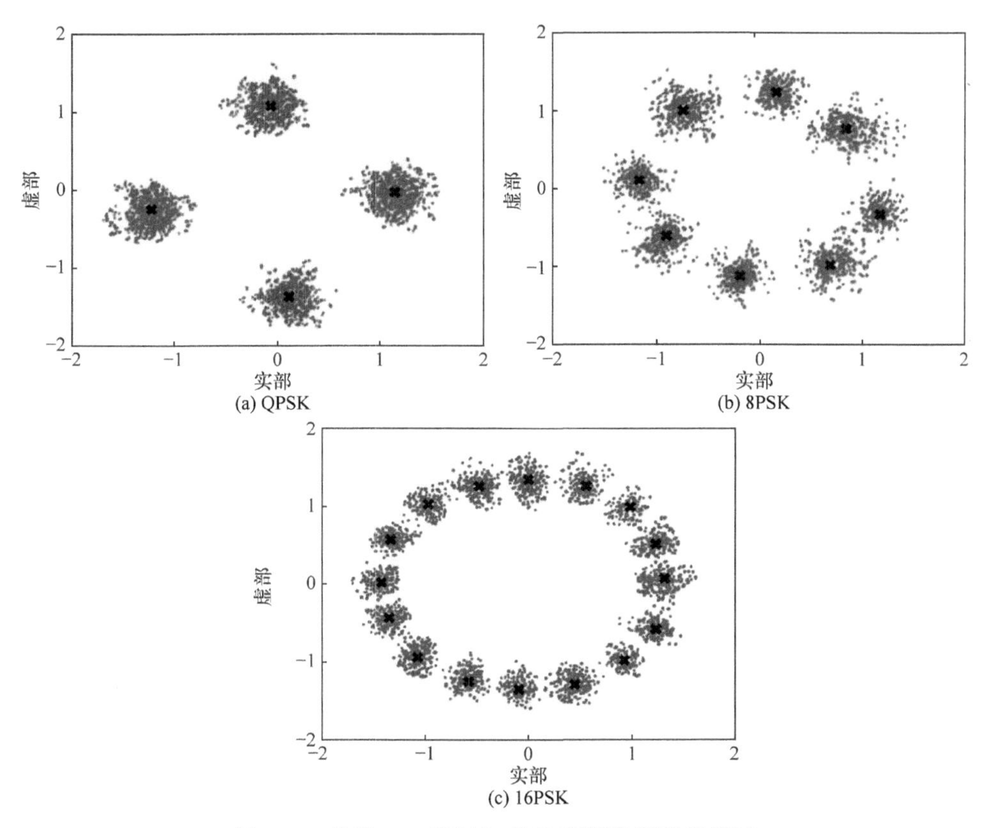

(a) QPSK

(b) 8PSK

(c) 16PSK

图 2-39　传统 PSK 调制方式下不同调制阶数星座图

通过图 2-39 和图 2-40 可以发现，相比传统的 PSK 调制方案，基于 DNN 的调制方案映射星座点的选取有很大的不同。传统调制方案星座图分布更加规律，例如 PSK 调制分布于圆周上，而基于 DNN 的调制方案星座图分布无规律，并且从误码率角度看，在高阶(16 阶)情况下，基于 DNN 的调制方案比 PSK 调制方案误码率下降近 50%。这是由于传统算法通常都是线性模型，而实际的通信系统有很多非线性的特征，传统算法对于这些非线性特征只能近似捕获，因此会造成误差。因为深度学习算法是非线性的，所以可以更好地捕获实际通信系统中的特征，学习更适合实际信道的星座图映射关系。另外，DNN 的调制方式也不再依赖格雷码的编码方式，而是结合信道特征，训练适合发送的信号。因此，能够实现误码率的降低。

更进一步，本系统将信道环境考虑到 DNN 训练中。首先，采用最小二乘(least square, LS)信道估计算法求得实验室环境中的信道特性。式(2-54)考虑导频数据经过信道后的变化，即

$$\boldsymbol{y}_p = \boldsymbol{h} \odot \boldsymbol{x}_p + \boldsymbol{n} \tag{2-54}$$

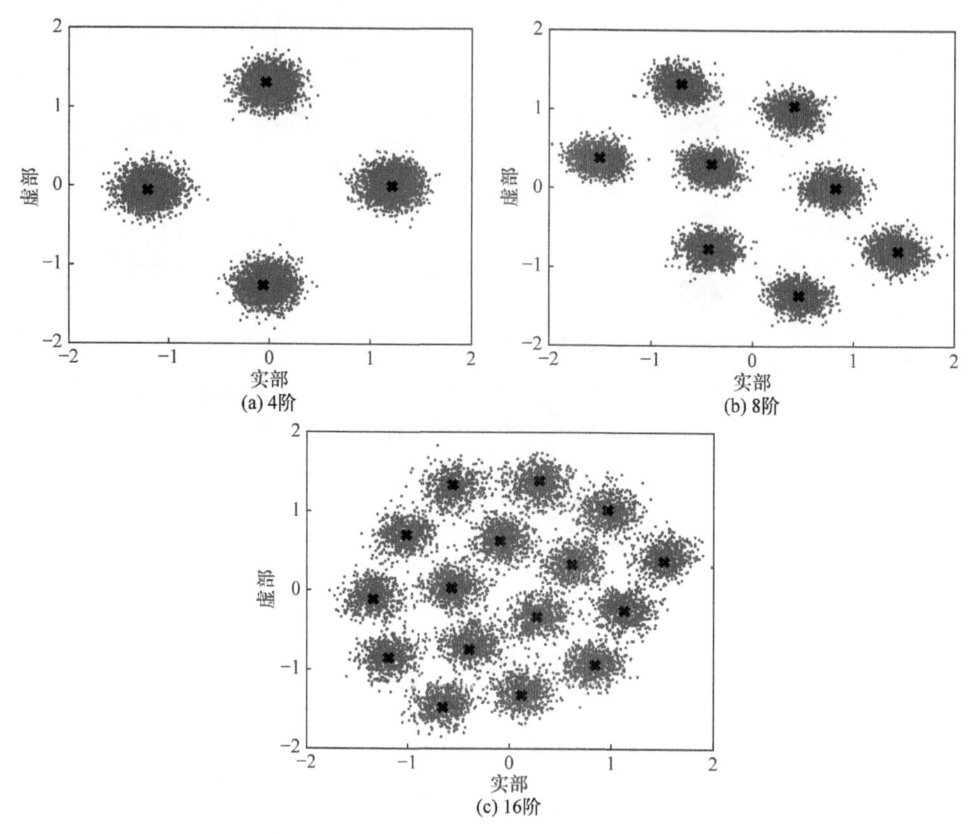


图 2-40　基于 DNN 调制解调方案下的星座图

其中，$\boldsymbol{y}_p$ 为通用软件无线电平台接收端接收数据的导频信号部分；$\boldsymbol{x}_p$ 为通用软件无线电平台发送端发送数据的导频信号部分；$\boldsymbol{h}$ 为信道矩阵；$\boldsymbol{n}$ 为环境噪声向量。

LS 估计算法使用最小化收发两端误差的方式，即

$$J(\hat{\boldsymbol{h}})_{\mathrm{LS}} = \left\| \boldsymbol{y}_p - \boldsymbol{x}_p \hat{\boldsymbol{h}} \right\|^2 \tag{2-55}$$

其中，$\hat{\boldsymbol{h}}$ 为信道参数的估计值。

对损失函数求一阶偏导，可得

$$\frac{\partial J(\hat{\boldsymbol{h}})}{\partial(\hat{\boldsymbol{h}})} = -2\boldsymbol{y}_p^H \boldsymbol{x}_p + 2\hat{\boldsymbol{h}}^H \boldsymbol{x}_p^H \boldsymbol{x}_P \tag{2-56}$$

设一阶偏导数为 0，可以得到 LS 估计的最终结果，即

$$\hat{\boldsymbol{h}} = (\boldsymbol{x}_p^H \boldsymbol{x}_p)^{-1} \boldsymbol{x}_p^H \boldsymbol{y}_p \tag{2-57}$$

LS 估计算法忽略了噪声的影响，其估计误差也可由收发两端的均方误差(mean-square error，MSE)得到，即

$$
\begin{aligned}
\varepsilon_{\mathrm{LS}} &= E[\hat{\boldsymbol{h}}_{\mathrm{LS}} - \boldsymbol{h}^2] \\
&= E[(\boldsymbol{x}_p^H \boldsymbol{x}_p)^{-1} \boldsymbol{x}_p^H (\boldsymbol{h}\boldsymbol{x}_p + \boldsymbol{n}) - \boldsymbol{h}^2] \\
&= \frac{1}{\mathrm{SNR}}
\end{aligned}
\tag{2-58}
$$

由此即可得到实验室环境中的信道响应，如图 2-41 所示。

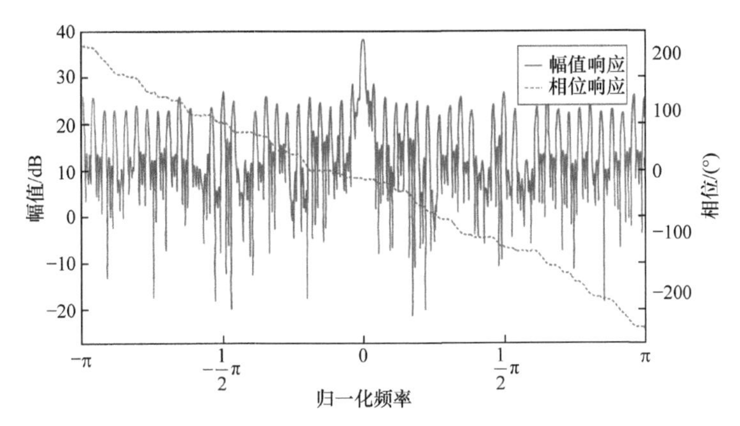


图 2-41　通用软件无线电平台所处实验室环境中的信道响应

其次，将得到的信道矩阵作为输入，输入解调网络(图 2-25)，此时网络功能函数可表示为

$$
\hat{\boldsymbol{c}} = f_{\theta_{\mathrm{D}}}([\boldsymbol{y}, \hat{\boldsymbol{h}}_{\mathrm{LS}}, \boldsymbol{n}])
\tag{2-59}
$$

另外，本节将调制器输入的 SNR 设置为 12 进行训练，其他条件保持不变，得到结果如图 2-42 所示。星座图中间黑叉点为引入信道参数后 DNN 训练出的调制映射星座图，周围星座点为接收端接收到的星座图。在实验室环境中，4 阶、8 阶、16 阶对应的误码率分别为 0.0%、0.0%、0.0954%。

相比图 2-40，从图 2-42 可以看出，引入信道估计后，将信道参数输入网络中进行训练，网络能更直接地学习到信道特征，接收端星座点更加聚拢于调制映射星座图，网络的解码能力大大提升，误码率得到进一步的降低。另外，对比 PSK 调制方案结果，引入信道估计后的 DNN 方案优势更加明显，特别是在 16 阶情况下，误码率从 0.5%下降到 0.0954%。综上所述，端到端系统在实际信道的应用中具有显著的优势，可以根据实时反馈动态调整传输策略，以适应当前的信道条件，保证通信质量。另外，端到端系统具有高度的集成性，整体系统通过端到端训练进行优化，包括调制、解调等各个环节，实现全局性能最优。因此，端到端系统可以在现实无线环境中得到很好的应用，为在具有挑战性的信道环境下提高通信系统性能提供一种有效的方法。

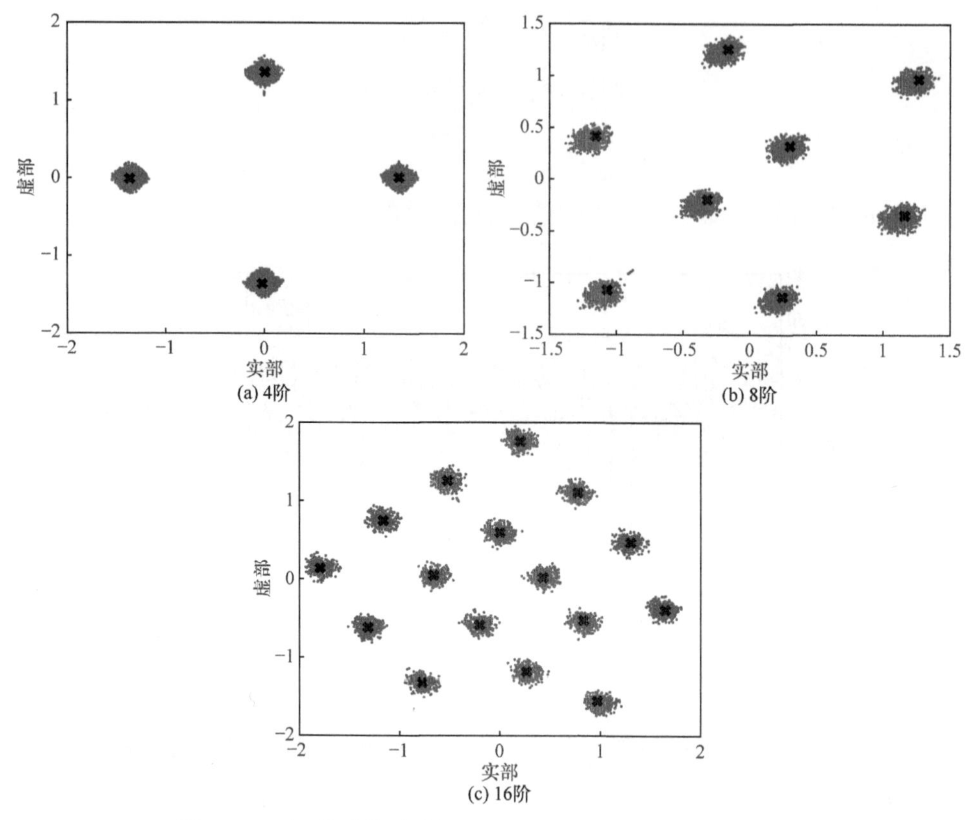


图 2-42　引入信道估计后基于 DNN 调制解调方案下的星座图

### 2.5.2　基于现场可编程逻辑门阵列的系统实现

1. 模型压缩

本节在 2.3.2 节描述的端到端通信系统的调制解调设计方案中，引入 DNN 实现系统中的编码器和解码器。该算法旨在使用 DNN 取代传统物理层中的编码器和解码模块，因此算法的部署平台主要在资源优先，时延敏感的边缘设备中。神经网络 DNN 的引入势必影响算力，因此模型压缩是算法成功落地必不可少的一个环节。

目前主要通过对模型剪枝、量化实现对模型的压缩。剪枝即减少模型的参数量，如图 2-43 所示。综合对精度、实时性的需求设定阈值，将模型参数与设定阈值对比，将小于阈值的剔除，实现模型的轻量化。量化即降低参数的精度，将参数数据类型从浮点数转换为整数或者定点数。模型在训练时通常使用 32 位浮点型参数，在模型的压缩过程中将 32 位浮点型参数以线性量化的方式量化为低精度的 16 位浮点型或 8 位整型等。模型量化如图 2-44 所示。

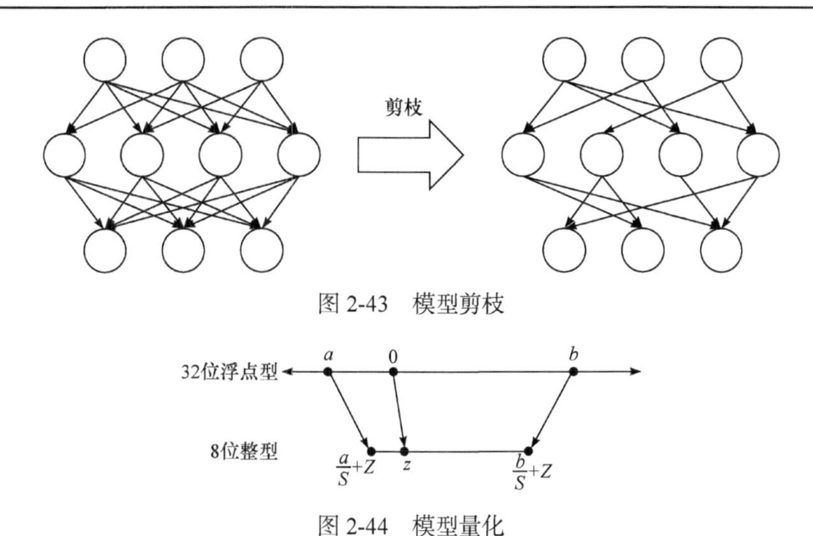


图 2-43　模型剪枝

图 2-44　模型量化

2. 部署平台选择

算法部署的边缘设备主要有 FPGA、专用集成电路(application specific integrated circuit，ASIC)、微控制单元(microcontroller unit，MCU)三种。

FPGA 是一种具有可编程特性的集成电路。相较既定电路，FPGA 具有更高的设计灵活度，通过编程可以轻松地对电路进行配置与修改，因此 FPGA 可以快速进行原型设计与验证，降低在芯片开发过程中的风险与试错成本。此外，FPGA 同样适用于电路迭代快的场景，例如在深度学习算法部署等任务中，由于 FPGA 的灵活性，可以快速进行模型、加速电路的更换，降低算法迭代的成本。

ASIC 是为某种特定需求专门定制的芯片的统称。相较同工艺的 FPGA，ASIC 的计算速度能够提升 5～10 倍，而且量产后的 ASIC 的成本会大大降低。为了换取高计算速度与低成本，ASIC 牺牲了其灵活性与开发周期，制造后无法再对其进行更改，再开发出新的 ASIC 芯片又需要很长的周期。目前，各大厂商都针对深度学习算法生产出各自的 ASIC 芯片，如谷歌的 TPU、寒武纪的 NPU、微软的 DPU 等。相较 FPGA，ASIC 在具有更高计算速度的同时，功耗约为 FPGA 的四分之一到十分之一，同时面积远小于 FPGA，而且由于电路不能随意更改，具有更高的安全性与可靠性，因此十分适合边缘设备的相关应用。

MCU 是一种集成了处理器核心、存储器、输入/输出接口和其他外围设备的集成电路。它通常用于嵌入式系统，负责控制和执行特定任务，如家电、汽车电子、工业自动化等。相较 FPGA 和 ASIC，MCU 不但在功耗和面积上有显著优势，而且有着更完善的生态和更普适的应用场景。因此，如果能将深度学习算法部署在 MCU 中，则可以完全消除硬件电路更换带来的成本。

模型部署流程如图 2-45 所示。它对模型压缩处理的方式基本相同，而实现压缩后的模型在对应平台进行前向推理的方式有所不同。FPGA 的部署选择比较多样，用户可以自定义算法运行的硬件结构，也可以使用高层次综合(high level synthesis，HLS)工具，将高级语言综合为硬件描述语言。对于部分 FPGA 厂家，如 AMD，推出了部署在可编程逻辑部分的软核加速器，利用其配套推出的编译工具即可实现算法的部署。ASIC、MCU 的编译方式较为固定，通过厂家提供的编译工具进行编译即可。考虑系统设计的灵活性，选择 AMD 生产的 FPGA 作为系统实现的硬件平台。

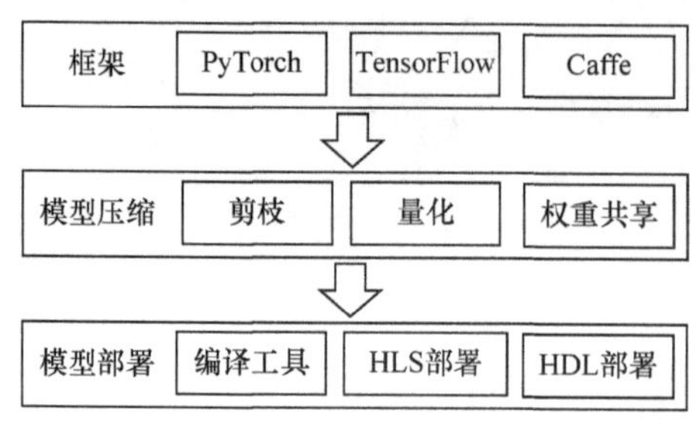


图 2-45　模型部署流程

3. 部署工具链选择

深度学习算法在 FPGA 上有三种部署方式，即基于硬件描述语言(hardware description language，HDL)、基于 HLS、基于厂商提供的工具链。

HDL 是一种用形式化方法描述逻辑电路和系统的语言。该语言使开发人员可以从上到下模块化设计逻辑电路系统。HDL 是底层硬件描述语言，相较其他两种方式，HDL 可以实现更细节化、更加底层的设计，设计人员可以更为精细地控制电路的各个部分，如时序、资源使用等。同时，HDL 具有更好的可移植性，可以在不同厂商的 FPGA 上进行综合。当然，该方式的开发难度也更大。

HLS 是一种综合工具，其部署流程如图 2-46 所示。整体分为高级语言仿真、综合、联合仿真，以及导出 IP 核四个步骤。用户需要进行源码和测试平台的设计。源码是对模块的功能性描述。测试平台主要用于在高级语言仿真和联合仿真阶段对模块进行功能性验证。用户源码在经过高级语言仿真之后由综合器综合为 HDL 代码。综合出的 HDL 代码再经过高级语言和硬件电路的联合仿真，以 IP 核的形式导出。导出的 IP 核可以直接在整体系统设计中实例化使用。相较 HDL 方式，该方式开发难度更低，部署周期更短，能够实现算法的快速部署，常用于算法的验证工作。

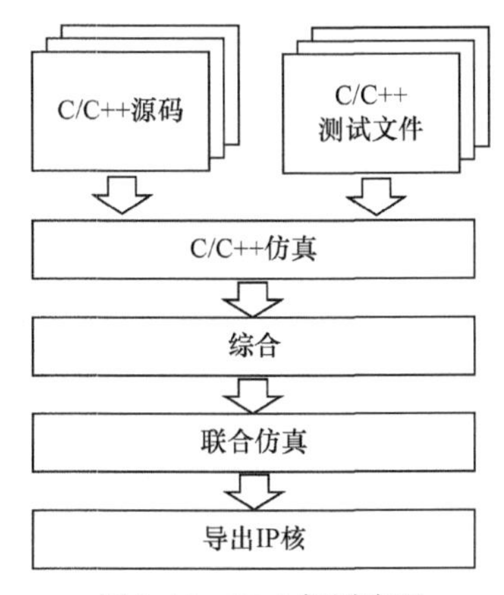


图 2-46　HLS 部署流程

为了使软件工程师同样可以实现算法的部署，AMD 推出了 Vitis AI 工具链。该工具链可以实现从模型压缩到编译的整个流程，最终部署在 AMD 提供的深度学习处理单元(deep-learning processing unit，DPU)上。若存在基础平台，则开发人员完全不需要进行 HDL 编程。该流程可以最大限度地降低算法部署的难度。与之相应的是硬件实现由 FPGA 厂商提供，灵活度较低。本节采用 HLS 进行深度学习算法部署。

4. 系统搭建

系统搭建使用的开发板是 ALINX 生产的，搭载 AMD UltraScale+ MPSoC 系列芯片 XCZU5EV-2SFVC784I 的开发套件 AXU5EVB-P。该芯片采用 ARM+FPGA 的异构片上系统(system on chip，SoC)设计，使复杂控制部分可以在 ARM 中进行部署，同时兼容 FPGA 可编程的灵活性。开发工具使用 AMD 的 Vitis 2020.2 统一软件平台。

系统结构如图 2-47 所示。相较 2.5.1 节介绍的基于软件无线电平台的系统，该系统将 DNN 推理部分部署在 FPGA 中，其中 FPGA 与 PC 通过网线连接。发射机对信道进行估计，将估计所得的信道状态发至 FPGA 开发板。开发板进行前向推理获取星座映射图，同时发送给发送机和接收机。发送机根据接收到的星座映射信息，对待发送比特流进行映射，之后驱动通用软件无线电平台进行发送；接收机收到信号后发送给 FPGA 进行解映射，完成整个通信流程。

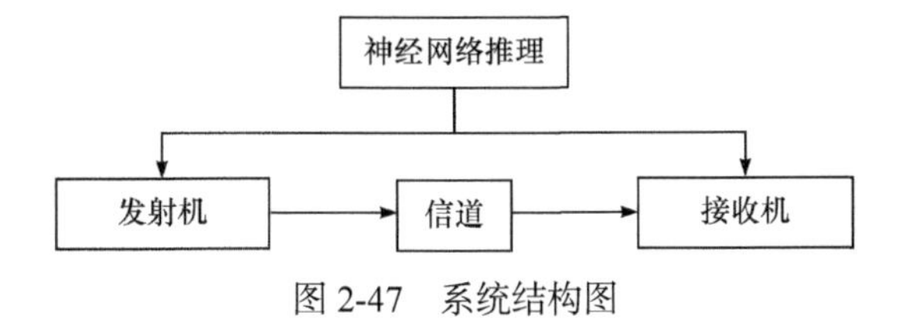


图 2-47　系统结构图

## 2.6 本章小结

本章主要介绍端到端通信系统的相关概念及技术方案。区别于传统通信系统的模块化设计，以及基于神经网络的系统局部优化，端到端通信系统通过将系统整体视为自编码器，实现发送端、信道与接收端的联合优化。基于端到端通信的编码与译码方案分别利用 BNN 与基于超网络的 RNN 实现，均可实现通信性能的提升。在调制解调方面，利用 DNN 实现从信息序列到调制符号的映射，代替传统的调制解调方案，可以使系统根据实际通信环境灵活调整映射方式，实现更优的通信性能。此外，还利用 HyperRNN 完成信道估计与端到端波束赋形设计，实现更优越的和速率性能。最后，通过介绍端到端通信系统基于软件无线电平台的实现，以及基于 FPGA 的实现，说明端到端系统的可实现性。

### 参考文献


[1] He K M, Zhang X Y, Ren S Q, et al. Delving deep into rectifiers: Surpassing human-level performance on imagenet classification//Proceedings of the IEEE International Conference on Computer Vision, Santiago, 2015: 1026-1034.

[2] Shea T O, Hoydis J. An introduction to deep learning for the physical layer. IEEE Transactions on Cognitive Communications and Networking, 2017, 3(4): 563-575.

[3] Ng A. Sparse autoencoder. CS294A Lecture Notes, 2011, 72: 1-19.

[4] Zhai J H, Zhang S F, Chen J F, et al. Autoencoder and its various variants//2018 IEEE International Conference on Systems, Man, and Cybernetics, Miyazaki, 2018: 415-419.

[5] Aoudia F A, Hoydis J. Model-free training of end-to-end communication systems. IEEE Journal on Selected Areas in Communications, 2019, 37(11): 2503-2516.

[6] Kim M, Lee W, Cho D H. A novel PAPR reduction scheme for OFDM system based on deep learning. IEEE Communications Letters, 2017, 22(3): 510-513.

[7] Wu N, Wang X D, Lin B, et al. A CNN-based end-to-end learning framework toward intelligent communication systems. IEEE Access, 2019, 7: 110197-110204.

[8] Ye H, Liang L, Li G Y, et al. Deep learning-based end-to-end wireless communication systems with conditional GANs as unknown channels. IEEE Transactions on Wireless Communications, 2020, 19(5): 3133-3143.

[9] Arikan E. Channel polarization: A method for constructing capacity-achieving codes for symmetric binary-input memoryless channels. IEEE Transactions on Information Theory, 2009, 55(7): 3051-3073.

[10] Mori R, Tanaka T. Performance of polar codes with the construction using density evolution. IEEE Communications Letters, 2009, 13(7): 519-521.

[11] Trifonov P. Efficient design and decoding of polar codes. IEEE Transactions on Communications, 2012, 60(11): 3221-3227.

[12] Niu K, Chen K, Lin J, et al. Polar codes: Primary concepts and practical decoding algorithms.

IEEE Communications Magazine, 2014, 52(7): 192-203.
[13] Tal I, Vardy A. List decoding of polar codes. IEEE Transactions on Information Theory, 2015, 61(5): 2213-2226.
[14] Rasamoelina A D, Adjailia F, Sinčák P. A review of activation function for artificial neural network//2020 IEEE 18th World Symposium on Applied Machine Intelligence and Informatics, Herlany, 2020: 281-286.
[15] Courbariaux M, Bengio Y, David J P. Binaryconnect: Training deep neural networks with binary weights during propagations. Advances in Neural Information Processing Systems, 2015, 28(2): 3123-3131.
[16] Ebada M, Cammerer S, Elkelesh A, et al. Deep learning-based polar code design//2019 57th Annual Allerton Conference on Communication, Control, and Computing, Monticello, 2019: 177-183.
[17] Sendera M, Przewięźlikowski M, Karanowski K, et al. HyperShot: Few-shot learning by kernel hypernetworks// IEEE/CVF Winter Conference on Applications of Computer Vision, Waikoloa, 2023: 2469-2478.
[18] Wu Z H, Pan S R, Chen F W, et al. A comprehensive survey on graph neural networks. IEEE Transactions on Neural Networks and Learning Systems, 2020, 32(1): 4-24.
[19] Teng C F, Wu C H D, Ho A K S, et al. Low-complexity recurrent neural network-based polar decoder with weight quantization mechanism//2019 IEEE International Conference on Acoustics, Speech and Signal Processing, Brighton, 2019: 1413-1417.
[20] Xu W H, Wu Z Z, Ueng Y L, et al. Improved polar decoder based on deep learning//2017 IEEE International Workshop on Signal Processing Systems, Lorient, 2017: 1-6.
[21] Doan N, Hashemi S A, Mambou E N, et al. Neural belief propagation decoding of CRC-polar concatenated codes//2019 IEEE International Conference on Communications, Shanghai, 2019: 1-6.
[22] 3rd Generation Partnership Project. Technical Specification Group Radio Access Network. Technical Reports TS 38.212 v16. 5.0, 2021.
[23] Guo J J, Wen C K, Jin S. CANet: Uplink-aided downlink channel acquisition in FDD massive MIMO using deep learning. IEEE Transactions on Communications, 2022, 70(1): 199-214.
[24] Liu Y S, Simeone O. Learning how to transfer from uplink to downlink via hyper-recurrent neural network for FDD massive MIMO. IEEE Transactions on Wireless Communications, 2022, 21(10): 7975-7989.
[25] Sohrabi F, Attiah K M, Yu W. Deep learning for distributed channel feedback and multiuser precoding in FDD massive MIMO. IEEE Transactions on Wireless Communications, 2021, 20(7): 4044-4057.

# 第 3 章　基于深度神经网络的数字孪生网络

本章主要介绍通信场景中基于 DNN 的数字孪生网络技术及性能仿真。通常来讲，数字孪生体是物理实体的高保真数字映射，是一种数据驱动的物理实体的数字建模。在整个生命周期内，借助孪生体与物理实体间的双向通信保持精准同步运行。相比传统数学方法，它基于 DNN 进行预测与策略部署，有助于提升通信链路层的传输精确度与网络层的吞吐量。

## 3.1　数字孪生网络概述

链路及网络的提前规划是保证实际通信网络建设高效执行的必要措施。通常情况下，运营商采用计算机仿真和数学建模的方式给出在一定信道传播环境、网络干扰环境、用户移动行为等条件下的最优发送策略方案或网络部署方案。例如，在给定某一信道模型下，通过仿真的方式确定最优的编码、调制方案，满足用户的通信吞吐量和可靠性需求，并在实际网络中进行部署。此外，通过仿真，模拟用户分布行为，利用基站多天线波束赋形技术，确定最优扇区，完成单蜂窝小区的最优通信覆盖，并将波束方案部署在实际基站中；根据用户的移动模型，通过仿真确定基站间的切换策略，并在实际蜂窝网络中进行部署；通过建模基站的分布情况，得到蜂窝网络中的干扰统计模型，指导基站的实地部署[1]。

针对传统无线蜂窝网络的计算机仿真，主要采用如下步骤建立。

(1) 针对确定性功能模块的计算机语言重述，包括编码、调制、波束赋形等物理层功能模块，以及认证、握手、重传等网络层功能模块。

(2) 针对非确定性功能模块的统计建模，以及数据再生成，包括物理层信道衰落系数的统计建模(瑞利衰落、莱斯衰落等)、网络层用户业务的到达模型(泊松分布、对数正态分布等)，以及用户移动行为模型(曼哈顿模型，随机路点模型等)。

步骤(2)的经典实例就是各类信道建模。每当一个全新频段被用于移动通信系统时，学术界和工业界要做的第一件事情就是通过信道测量获取大量信道信息，利用数学工具分析信道信息的统计特性，建立数学统计模型。采用数学统计模型，生成符合相同统计特性的随机信道信息，用于无线通信网络的仿真。但是，这种方法产生的信道信息的统计特性，只与用于建模的信道测量数据统计特性保持一致。由于信道测量通常是在某种特定环境下进行，并不具备一般性，这使计算机仿真与实际网络之间产生巨大的性能差异。尤其是，未来 6G 采用高频传输，高频信道对外部环境更加敏感。当天气发生变化或者环境中散射体数目发生变化时，都会剧烈影响信道统计特性。

业务建模和用户移动行为建模也存在同样的问题。例如，话音业务可以建模为泊松分布。因此，研究人员可以利用经典排队论进行话务量分析，指导网络业务规划。这种方式只对承载话音业务的 1G/2G，以及有线电话网络有效。随着各类异构数据业务成为网络主要负载，现有的技术手段已经无法采用统计建模的方式完成网络业务量分析。城市环境复杂、用户种类众多，没有任何一种移动模型能够精确反映实际用户的移动行为，因此对于实际网络切换策略的设计贡献不大。

数字孪生技术已经广泛应用于工业场景，利用大量部署在生产装备物理实体上的传感器，对物理实体的状态信息进行大规模采集。根据采集数据建立孪生体，并根据物理实体状态演进，利用 AI 算法进行学习，建立孪生体的状态自演进。利用物理实体和孪生体之间的双向通信，孪生体可以获得物理实体的精确状态数据，对自身状态的自演进进行加强学习，保证孪生体和物理实体的精确同步[2]。

建立数字孪生无线网络的主要步骤如下。

(1) 根据孪生需求，选取孪生对象，对确定性功能模块进行数字孪生建模。例如，链路级传输模拟，需要建立发送机和接收机的数字孪生体，并且发送机和接收机的基本功能模块需要完成数字化，如调制/解调、编码/解码、波束赋形/接收合并、均衡等。又如，网络级传输模拟需要建立基站和用户的网络功能数字孪生体、用户认证、业务请求发送模块、基于队列的业务发送行为等。

(2) 根据孪生需求，进行基于 AI 算法的非确定数据预测性再生成，实现孪生体自演进。例如，在链路级传输模拟中的非确定数据是随机变化的信道信息。利用物理实体采集的信道信息，对神经网络进行训练，可以使神经网络输出的信道数据具备相似统计特性，从而实现链路级数字孪生体的高精度自演进。又如，在网络级传输模拟中的非确定数据为随机到达的用户业务。利用物理基站采集到的用户业务信息，对神经网络进行训练，神经网络可以输出具备相似统计特性的业务流，从而实现网络级数字孪生体的高精度自演进。另外，在多小区传输模拟中的非确定数据为用户的移动行为。利用物理网络采集到的用户移动信息，对神经网络进行训练，神经网络可以输出具备相似特性的用户移动轨迹，从而实现用户数字孪生体的高精度自演进。

(3) 根据孪生需求，确定数字孪生体与物理实体之间的信息交互机制。由于数字孪生体的自演进取决于非确定数据预测性再生成，再生成数据与实际数据必然存在误差，随着自演进时间的推移，数字孪生体的运行将逐渐偏离物理实体系统。因此，一方面，在设计 AI 算法时，需要保证非确定数据的精度，另一方面，在给定数字孪生同步精度、AI 算法的预测精度、通信负载要求的前提下，设计孪生体与物理实体之间的信息交互机制，对数字孪生体进行实时数据补充，对数字孪生体自演进进行有效更新，利用尽量少的通信资源开销，完成数字孪生体的高精度运行。

建立数字孪生无线网络可以带来如下好处。

(1) 与物理实体网络相比，数字孪生网络更加透明。通信传输的各个环节清晰可见。物理实体网络中只能获得吞吐量、误比特率、业务阻塞率、切换成功率等关键性能指标，难以获得与之对应的编码调制方案、具体波束方案、业务优先发送机制等隐含策略指标。数字孪生体固有的透明特征可以获取此类参数。

(2) 数字孪生网络的建立无需特殊数学模型。在数字孪生网络中，非确定数据的再生成不是依赖某一特定的统计模型，而是依赖无模型自学习的机制预测产生非确定数据(信道信息、业务流、用户移动轨迹)。与传统计算仿真相比，数字孪生网络能够快速适应外部环境的变化，与物理实体网络保持高精度同步。

(3) 依赖数字孪生网络的高精度自演进，研究人员可以在孪生体进行网络发送策略的部署，并得到精确的网络性能结果，高效、便利地辅助未来无线网络规划。

## 3.2 数字孪生信道

### 3.2.1 数字孪生信道需求分析

数字孪生是对物理世界的数字镜像，借助数据驱动的方法对物理实体的历史数据和实时数据进行分析与挖掘，从而对物理实体进行高精度模拟和预测。同时，数字孪生需要具备强大的智能纠错和数据自生成能力。当前数字孪生已经开始应用在各个领域中，为各项技术提供模拟、验证和试错的高精度孪生环境。在工业领域，文献[3]提出一种数据驱动的工业设备数字孪生结构和维护框架，为发电厂的风力涡轮机开发了一个数字孪生体，以便进行故障预测与检测。在电力和能源领域，文献[4]提出一种采用前馈神经网络的冷却器数字孪生方法，将孪生体收集到的数据提供给遗传算法，从而进行多目标优化，以最大化冷却效率、性能系数和湿球效率。在医疗与健康领域，文献[5]提出一种模拟患者的头部行为的数字孪生模型，并在该模型上检测患者颈动脉狭窄的严重程度，实现非侵入式的检测。

IMT-2030(6G)推进组在《6G 总体愿景与潜在关键技术白皮书》[6]中指出，未来 6G 时代将进入虚拟化的数字孪生世界，实现“万物智联，数字孪生”的愿景。当前，基于数字孪生的移动通信网络受到学术界和工业界的广泛关注，正在成为一个热门研究方向。数字孪生需要建立物理通信网络与孪生通信网络之间的高精度映射。在单个运行周期内，两者之间需要保持精确同步。在运行周期之间，数字孪生体需要在交互机制的指导下与物理实体展开数据交互，以保证下一周期能与物理世界保持高度一致。未来 6G 网络需要兼容海量异构通信设备和满足亚毫秒级时延要求，这对未来网络数字孪生体的构建提出巨大挑战。因此，移动通信网络中的数字孪生环境生成问题是当前亟待攻克的技术难点。

为了减轻 DRL 算法在训练期间反复试验导致的性能损失，本节设计了一种新的实用数字孪生辅助自主无线链路控制框架。该框架考虑数字孪生与其物理对等体之间的周期性交互机制。在数字孪生层实现一种基于无线通信生成对抗网络(wireless communication generative adversarial network，WCGAN)的信道生成器，在未来的传输帧中生成大量的虚拟 CSI。此外，DRL 智能体在虚拟数字孪生信道上预先训练，并在现实 OFDM 系统中执行，考虑数字孪生与物理对口的交互机制，生成最优传输策略。

### 3.2.2　基于神经网络的无线信道孪生方案设计

本节考虑一种基于单输入单输出(single input single output，SISO)的 OFDM 系统。考虑用户移动性引起的多普勒效应，假设信道在相干时间 $T_c$ 内是不变的[7]，可以表示为

$$T_c \approx \frac{0.5c}{vf_c} = \frac{1}{2f_d} \tag{3-1}$$

其中，$c$、$v$、$f_c$、$f_d$ 分别为光速、用户速度、载波频率、多普勒频移。

当相干时间 $T_c$ 大于单个传输帧的长度 $T_s$ 时，可以避免单个传输帧的信道老化问题。同时，当相干带宽 $B_c$ 小于信号总带宽 $B_s$ 时，有一个选频信道，这会导致 OFDM 系统中不同子载波之间存在不同的 CSI。

本章的目的是生成虚拟的 CSI 数据 $\{\hat{\boldsymbol{h}}_t \mid \forall t \in [t_0+1, t_0+L_J]\}$，它应该在时间上与真实 CSI 数据 $\{\boldsymbol{h}_t \mid \forall t \in [t_0+1, t_0+L_J]\}$ 对齐，其中 $t_0$ 和 $L$ 分别表示当前传输帧和生成传输帧的长度。长时间的 CSI 数据集可以表示为 $\boldsymbol{H} \in \mathbb{C}^{N_f \times N_t}$，其中 $N_f$ 和 $N_t$ 分别表示子载波数和总传输帧数。

为了满足决策过程的通用性和长批量预测需求，在最新传输帧 $P$ 中真实 CSI 的基础上生成下一个传输帧 $L$ 中的虚拟 CSI 数据。因此，虚拟信道的生成可以表述为一个长批序列预测问题，即

$$(\mathrm{P1}): \min_{\boldsymbol{\Theta}} \mathcal{N}(\boldsymbol{\Theta}) = E\left\{ \frac{\sum_{t=1}^{L} \| \hat{\boldsymbol{H}}[:,(t_0+t)] - \boldsymbol{H}[:,(t_0+t)] \|_2^2}{\sum_{t=1}^{L} \| \boldsymbol{H}[:,(t_0+t)] \|_2^2} \right\} \tag{3-2a}$$

$$\text{s.t.} \quad (\hat{\boldsymbol{H}}[:,(t_0+1)],\cdots,\hat{\boldsymbol{H}}[:,(t_0+L)]) = f_{\boldsymbol{\Theta}}(\boldsymbol{H}[:,(t_0-P+1)],\cdots,\boldsymbol{H}[:,(t_0)]) \tag{3-2b}$$

问题(P1)通过优化神经网络模型中的一组参数$\boldsymbol{\Theta}$，使虚拟 CSI 数据矩阵$\hat{\boldsymbol{H}}$与真实 CSI 数据矩阵$\boldsymbol{H}$之间的 NMSE $\mathcal{N}(\boldsymbol{\Theta})$最小化。模型的输入是最新传输帧$P$中的真实 CSI，输出是未来传输帧$L$中的虚拟 CSI。需要注意的是，$f_{\boldsymbol{\Theta}}(\cdot)$表示神经网络模型的输入输出关系。

本章提出一种有条件的 WCGAN 作为虚拟信道数据生成的神经网络模型。WCGAN 对抗训练框架如图 3-1 所示。该框架基于历史真实 CSI 数据。生成器使用过去传输帧$P$的真实 CSI 数据$\{\boldsymbol{H}[:,t] \mid \forall t \in [t_0-P+1,t_0]\}$作为条件信息，并生成下一传输帧$L$的虚拟 CSI 数据$\{\hat{\boldsymbol{H}}[:,t] \mid \forall t \in [t_0+1,t_0+L]\}$。将真实的 CSI 数据和生成的虚拟 CSI 数据，以及条件信息一起输入 WCGAN 的判别器，以区分生成的 CSI 数据是真实的还是虚拟的。通过对抗性训练和有监督学习，基于 WCGAN 的生成器能够生成更精确的虚拟 CSI 数据$\hat{\boldsymbol{H}}$。注意，CSI 数据的实部和虚部的生成是分离的，但是它们共享相同的神经网络架构和参数。为了使生成器和判别器相对应，将生成器和判别器的损失函数表示为$\mathcal{L}_G$和$\mathcal{L}_D$，即

$$\mathcal{L}_G = \min_{\boldsymbol{\Theta}_G} \ E_{z\sim p_z}[\ln(1-D(G(\boldsymbol{z},\boldsymbol{H}),\boldsymbol{H}))] \tag{3-3}$$

$$\mathcal{L}_D = \max_{\boldsymbol{\Theta}_D} \left\{ E_{z\sim p_{\text{data}}}[\ln D(x,\boldsymbol{H})] + E_{z\sim p_z}[\ln(1-D(G(\boldsymbol{z},\boldsymbol{H}),\boldsymbol{H}))] \right\} \tag{3-4}$$

其中，$p_z$和$p_{\text{data}}$为随机噪声$\boldsymbol{z}$的概率密度和真实 CSI 的概率密度；$\boldsymbol{\Theta}_G$和$\boldsymbol{\Theta}_D$为生成器$G$的参数集和判别器$D$的参数集；$G(\cdot)$表示生成器的输出，即虚拟 CSI 数据$\hat{\boldsymbol{H}}$；$D(\cdot)$表示判别器的输出，即生成数据的真实概率。

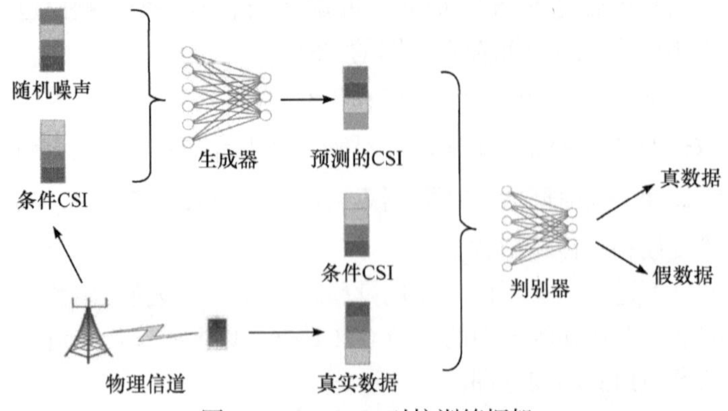


图 3-1　WCGAN 对抗训练框架

然而，GAN 的训练过程非常难收敛[8-10]。受文献[11]的启发，在生成器的损失函数中加入 L2 损失，即 $(\boldsymbol{H}-\hat{\boldsymbol{H}})^2$，以稳定 WCGAN 的训练阶段，保证生成精度。其表达式为

$$\mathcal{L}_G'=\min_{\boldsymbol{\Theta}_G}\left\{E_{z\sim p_z}[\ln(1-D(G(\boldsymbol{z},\boldsymbol{H}),\boldsymbol{H}))]+\lambda(\boldsymbol{H}-\hat{\boldsymbol{H}})^2\right\} \tag{3-5}$$

其中，$\lambda$ 为控制 L2 损失比例的系数。L2 损失引导生成器在训练阶段生成虚拟 CSI 数据 $\hat{\boldsymbol{H}}$，它与真实的 CSI 数据 $\boldsymbol{H}$ 在时间上是一致的。

因此，合成损失函数 $\mathcal{L}_G'$ 不仅可以帮助生成器欺骗判别器，而且可以减少真实值与预测值之间的欧氏距离。注意，判别器 $\mathcal{L}_D$ 的损失函数保持不变。

大多数基于 GAN 的模型只能满足相同概率分布的要求[12-14]。然而，还需要赋予模型精确批量预测的能力。在图像处理方面，由于 CNN 具有参数共享和空间不变性[15-17]的特点，在局部区域(即接受域)提取特征和预测时被证明是有效的。因此，选择 CNN 作为模型的主要结构。CSI 数据 $\boldsymbol{H}$ 在时域和频域的相关性是不同的。在时域，多帧 CSI $\{\boldsymbol{H}[f,:]\mid\forall f\in[1,N_f]\}$ 是一个长期相关序列。在频域 $\{\boldsymbol{H}[:,t]\mid\forall t\in[1,N_t]\}$，相邻的子载波高度相关，而相隔较广的子载波相关性较差。因此，本章将时域视为卷积层的不同神经网络通道。此外，本章还设计了专门的层通过减少或增加神经网络通道来控制预测长度 $L$，降低模型的复杂性。

生成器 $G$ 的主要功能是利用历史 CSI $\boldsymbol{H}\in\mathbb{C}^{N_f\times L}$ 作为条件信息，将随机噪声 $\boldsymbol{z}$ 转换为虚拟 CSI $\hat{\boldsymbol{H}}\in\mathbb{C}^{N_f\times P}$。$G$ 的主要结构是一维 CNN，如图 3-2(a)所示。首先实现卷积层、批归一化(batch normalization，BN)层及漏整流线性单元(LeakyReLU)层三个层，在时域提取特征并降维。核大小为 1 × 1 的卷积层，对 CSI 批处理进行如下转换，即

$$\boldsymbol{h}_{\text{conv}}=\sum_{k=0}^{c_{\text{in}}-1}(\boldsymbol{h}_{\text{batch}}*w_{c_{\text{out}},k})+b_{c_{\text{out}}} \tag{3-6}$$

其中，$\boldsymbol{h}_{\text{batch}}$、$\boldsymbol{h}_{\text{conv}}$ 分别为卷积层的输入、输出；$c_{\text{in}}$、$c_{\text{out}}$、$k$ 分别为输入、输出神经网络信道数和对应的指标数；$w_{c_{\text{out}},k}$、$b_{c_{\text{out}}}$ 分别为卷积层的权值和偏差。

经过卷积层后，BN 层可以对每个卷积层的输出进行归一化，以加快收敛速度[18]，即

$$\boldsymbol{h}_{\text{bn}}=\beta_w\times\frac{\boldsymbol{h}_{\text{conv}}-\mu_h}{\sqrt{\sigma_h^2+\varepsilon}}+\beta_b \tag{3-7}$$

其中，$\boldsymbol{h}_{\text{bn}}$ 为 BN 层的输出向量；$\mu_h$、$\sigma_h^2$ 分别为 $\boldsymbol{h}_{\text{conv}}$ 的均值、方差；$\beta_w$、$\beta_b$ 分别为归一化和去归一化过程的权重和偏倚因子；$\varepsilon$ 为避免 $\sigma_h^2=0$ 的最小值。

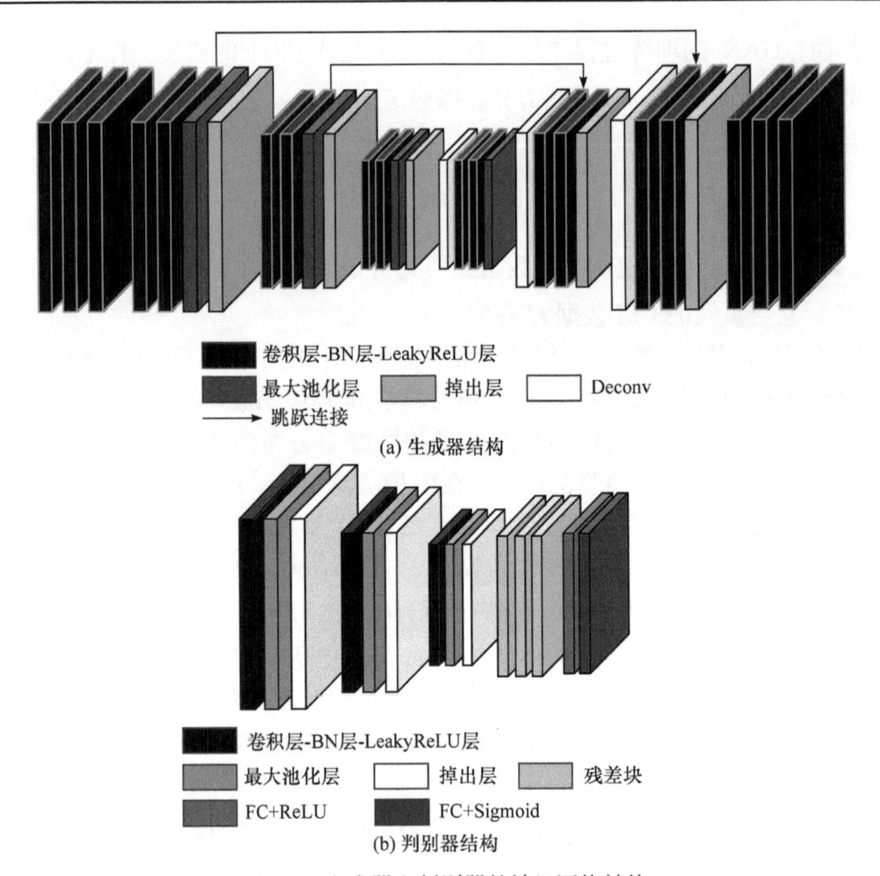


(a) 生成器结构

(b) 判别器结构

图 3-2　生成器和判别器的神经网络结构

在每层 BN 后，采用 LeakyReLU 作为激活函数[19]，而不是经典的 ReLU 函数[20]，即

$$\boldsymbol{h}_{\text{relu}} = \max(\boldsymbol{0}, \boldsymbol{h}_{\text{bn}}) + \alpha \min(\boldsymbol{0}, \boldsymbol{h}_{\text{bn}}) \tag{3-8}$$

其中，$\boldsymbol{h}_{\text{relu}}$ 和 $\boldsymbol{0}$ 分别为 LeakyReLU 层的输出向量和零向量；$\alpha$ 为负输入值时负斜率的梯度。

为了提取频域特征并进一步解决时域相关问题，本章采用编码器-解码器模式[21,22]实现子网络。该编码器有 6 个卷积层-BN 层-LeakyReLU 层，在第 2 层、第 4 层和第 6 层末端有最大池化层。池化层可以帮助扩大卷积层的接受域，从而更好地进行特征融合[16]。该解码器还配备了 6 个卷积层-BN 层-LeakyReLU 层，并存在反卷积层，以恢复第 1 层、第 3 层和第 5 层开始的子载波数量。本章在一些层的末尾添加掉出层，而不是直接向生成器[23]添加随机噪声。对于模型退化和梯度消失问题[24]，编码器和解码器之间存在跳跃连接。最后，本章实现 3 个卷积层-BN 层-LeakyReLU 层提高维数。

判别器的网络结构如图 3-2(b)所示。由于判别器的任务比生成器简单得多，其结构也简单得多。它由 3 个卷积层-BN 层-LeakyReLU 层-最大池化层-掉出层、相同的残差块[24]和 2 个全连接层组成。卷积网络不再是一维的生成器，而是二维的，因为本节将 $\boldsymbol{H}\in\mathbb{C}^{N_f\times P}$ 的虚部和实部连接起来，生成一个新的数据集 $\boldsymbol{H}_{\text{dis}}\in\mathbb{R}^{N_f\times P\times 2}$ 用于判别过程。二维卷积层后变换后的矩阵沿频率维 $\text{fl}(\cdot)$ 和沿时间维 $\text{tl}(\cdot)$ 的长度为

$$\text{fl}(\boldsymbol{H}_{\text{conv}})=\left\lfloor\frac{\text{fl}(\boldsymbol{H}_{\text{dis}})-\text{dila}[0]\times(\text{ksize}[0]-1)-1}{\text{stride}[0]}+1\right\rfloor \tag{3-9}$$

$$\text{tl}(\boldsymbol{H}_{\text{conv}})=\left\lfloor\frac{\text{tl}(\boldsymbol{H}_{\text{dis}})-\text{dila}[1]\times(\text{ksize}[1]-1)-1}{\text{stride}[1]}+1\right\rfloor \tag{3-10}$$

其中，$\boldsymbol{H}_{\text{conv}}$ 和 $\boldsymbol{H}_{\text{dis}}$ 分别为二维卷积层的输出矩阵和输入矩阵；数组 $\text{dila}[\cdot]$、$\text{ksize}[\cdot]$ 和 $\text{stride}[\cdot]$ 分别为卷积运算的扩张、核大小和步幅。

二维卷积层在时域和频域同时提取特征。残差块的作用是进一步扩大接受域，从 $\boldsymbol{H}_{\text{conv}}$ 中提取更好的特征，缓解梯度消失问题。最后，两个全连接层对提取的特征进行聚合，并做出最终判断。Sigmoid 函数作为二进制分类任务[25]的最后一个激活函数。

注意，时间和频率的相关性是由卷积层同时捕获的。如图 3-3 所示，包含时域和频域的 OFDM CSI 矩阵 $\boldsymbol{H}$ 输入卷积层。对应的核在一定大小的正方形内连续遍历 $\boldsymbol{H}$ 并进行卷积计算。通过在矩阵中移动核，在训练过程中提取两个域的高维特征。

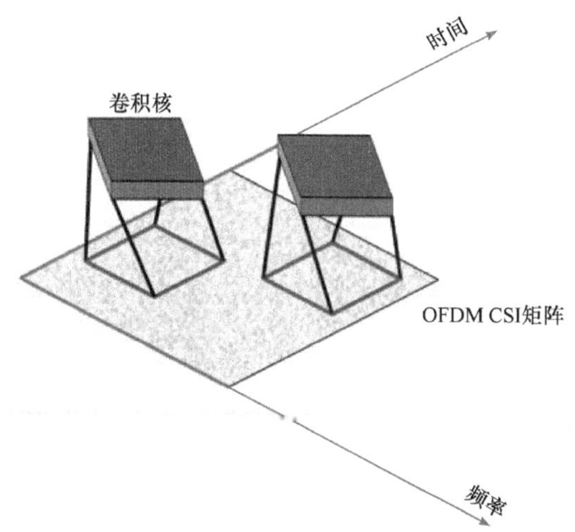


图 3-3　捕获时频域相关性的机制

### 3.2.3　仿真结果

基于 3GPP TR 38.901 tapped delay line-A(TDL-A) 5G 新空口信道模型[26,27]进行信道数据生成。本节选择 N3 上行工作频带作为载波频率[27]。载波间隔设置为

60kHz，其中一传输帧持续 0.25ms。子载波数设置为 48 个。时延扩展 $\tau_m$ 设为 1000ns。为了更好地适应现实场景，假设通信系统部署在 Urban Micro[26]，其中基站高度为 20m，设备高度为 10m，两者水平距离为 10m。多普勒频移从 10～30Hz 不等。假设相干时间 $T_c$ 大于帧周期 $T_s$，相干带宽小于信号总带宽 $B_s$。

为了展示信道生成器的性能，本节首先将采样的数字孪生和物理信道的振幅可视化。从图 3-4(a)和图 3-4(b)可以看出，多普勒频移 10Hz 的数字孪生信道在时域和频域上与物理信道非常相似。随着多普勒频移的增大，时域数字孪生和物理通道的波动都变得更加严重。如图 3-4(e)和图 3-4(f)所示，30Hz 多普勒频移的数字孪生通道产生的误差大于 10Hz 多普勒频移的数字孪生通道产生的误差。多普勒频移变大时，时域相似度显著降低。WCGAN 很难捕捉到时间相关性。然而，在频域，卷积层仍然能够学习到相关性，即使图 3-4(e)中的多普勒频移更高，也会产生类似的垂直波纹。

然后，计算 WCGAN 生成的数字孪生通道与图 3-5 中真实通道之间的 NMSE。从图 3-5 可以看出，随着多普勒频移和预测长度的增加，NMSE 也随之增加。更高的多普勒频移意味着更快的信道变化，这降低了信道的时间相关性。因此，虚拟通道的生成变得更加不准确。随着预测长度的增加，未来 CSI 数据与历史 CSI 数据之间的时间相关性变弱，导致虚拟信道生成不准确。然而，虽然预测长度越长，准确率越低，但是它可以为后续的 DRL 训练提供更多的未来 CSI 数据，加速收敛过程，减轻在 DRL 训练阶段试错造成的性能损失。

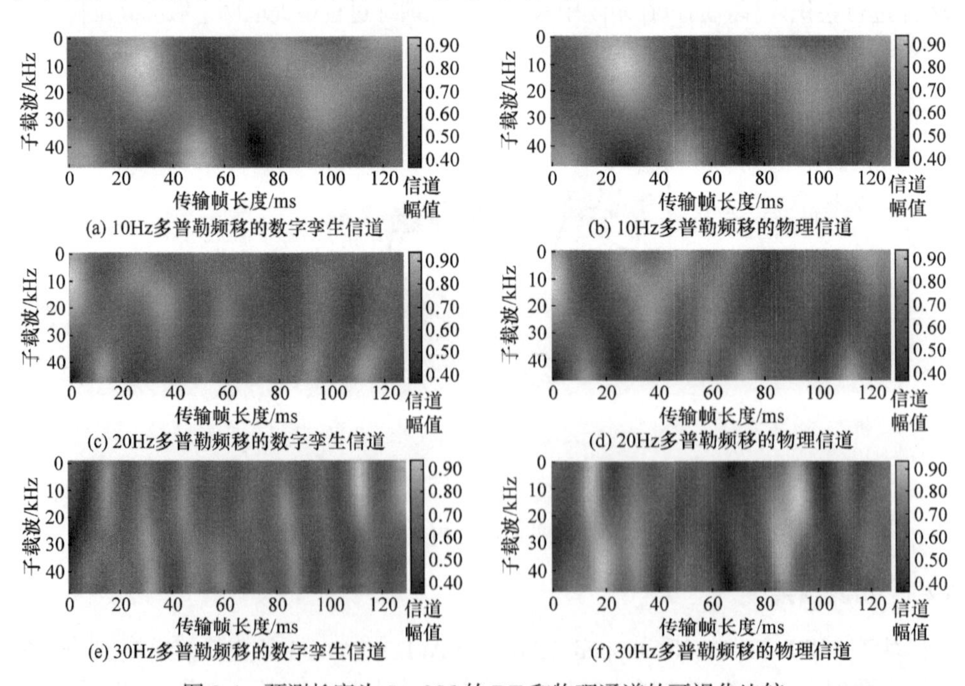


(a) 10Hz多普勒频移的数字孪生信道　(b) 10Hz多普勒频移的物理信道

(c) 20Hz多普勒频移的数字孪生信道　(d) 20Hz多普勒频移的物理信道

(e) 30Hz多普勒频移的数字孪生信道　(f) 30Hz多普勒频移的物理信道

图 3-4　预测长度为 $L = 256$ 的 DT 和物理通道的可视化比较

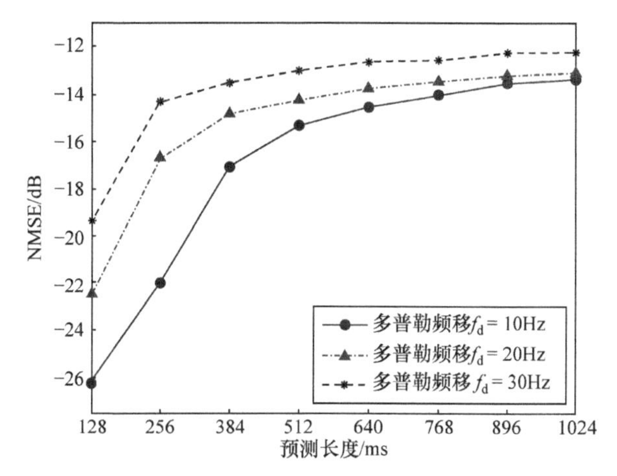


图 3-5　NMSE 对预测长度和多普勒频移的趋势

## 3.3　数字孪生移动网络

数字孪生是一种新的移动网络测试和保证技术，通过为移动网络提供模拟软件副本，实现网络的原型设计、测试和优化。随着 5G 和 6G 技术的发展，移动网络会变得愈发密集，对于快速响应的要求更高，网络的微小变化会在短时间内产生级联效应。移动网络的规模巨大、复杂性高，并且移动网络出现故障的后果十分严重，因此数字孪生为移动网络提供的帮助就显得非常重要。数字孪生可以为移动网络供应商预测和评估网络事件、执行测试、提供网络更新等，对于移动网络的开发和运营具有重大的意义。数字孪生移动网络还能实现更完善的功能、提供更全面的服务，包括在移动网络中嵌入 AI 等。数字孪生使移动网络运营商有机会模拟不同的场景，测试解决方案，促进网络分析，并找到最佳的移动网络运营方案。

### 3.3.1　网络级性能指标概述

真实的移动网络数据集往往会采集大量来自用户平面的网络性能指标，包括 N4、N6 等接口的各类消息、报文数据量、数据包转发控制协议(packet forwarding control protocol，PFCP)会话相关的一系列网络数据、某区域在某时间段的用户数量等。这些指标的数据是直接由用户的行为决定的，但是也有不少指标从名称上就很难直观判断其影响因素。如 QPSK、16QAM、64QAM 等调制方式在上行链路或下行链路的使用次数、初传失败次数，单码字、双码字在全带宽周期信道质量指示(channel quality indicator，CQI)在不同区间的使用次数等。这些指标与用户密切相关。图 3-6～图 3-9 为通信企业采集的真实移动网络数据集。从指标名称来看，图 3-6 和图 3-7 的指标似乎与用户关系较小，而图 3-8 和图 3-9 反映的指标与用户关系较大。

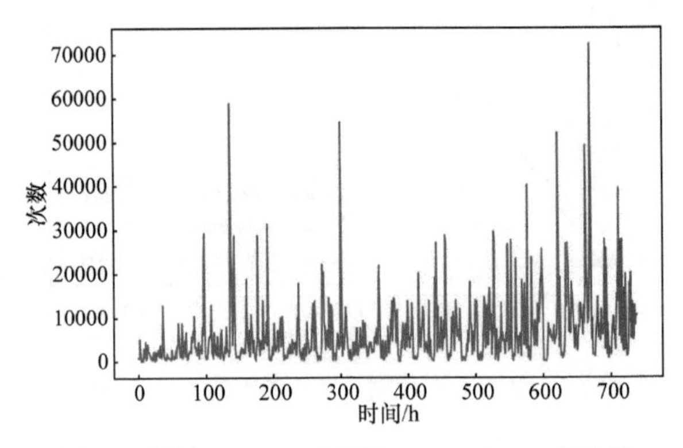


图 3-6　调度 PDSCH 时选择 MCS index 25 的次数

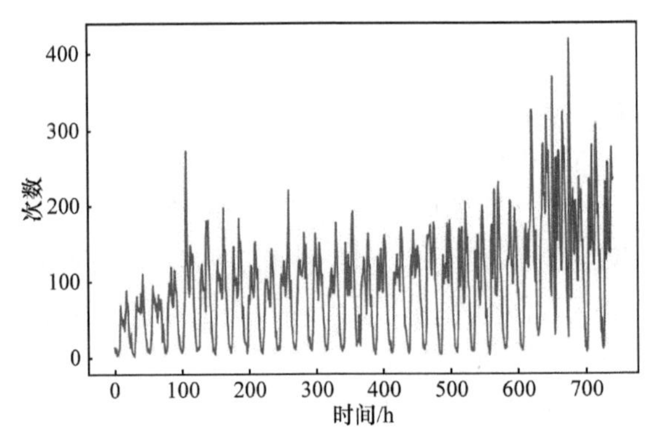


图 3-7　eNodeB 间同频切换出尝试次数

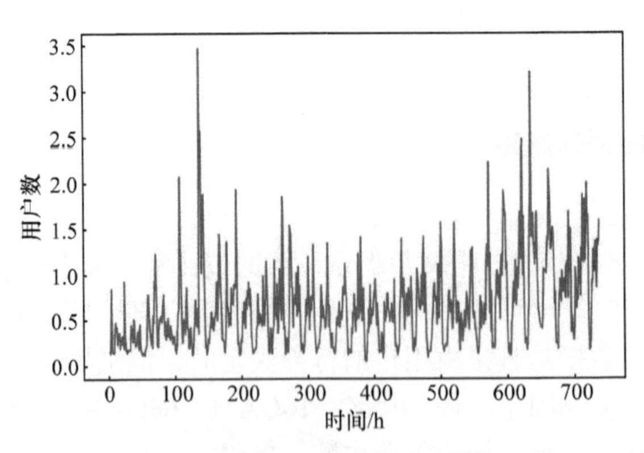


图 3-8　A 区内有业务待发的平均用户数

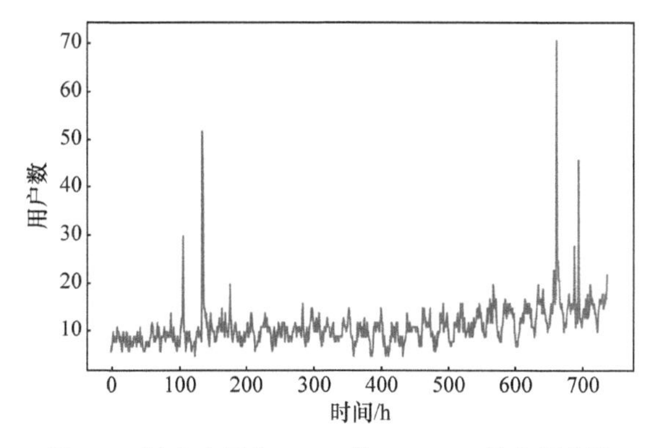


图 3-9　以本小区为 PCell 的 NSA DC 最大用户数

网络指标都是在为用户服务的过程中展现出的数据，这些指标都会受到用户行为的影响。例如，用户的行为往往是具有周期性的。一般而言，人的作息以 24h 为周期，人的行为往往也在一周、一月的时间间隔上呈现一定的往复性。从图像上看，图 3-6～图 3-9 反映的四个指标都有用户行为重复性导致的周期性，也有用户随机行为导致的随机值(图像中异常高的尖峰值)。除此之外，数据也和硬件设备、物理环境相关。不过这些影响因素都是在时间上连续变化的。由此看来，采集的指标数据，也是在时间上有相关性的时序数据。因此，数字孪生移动网络可以采用传统的数学模型对这些时序指标进行建模预测，也可以使用新兴的机器学习方法(包括深度学习)对这些数据进行学习、预测。通过这种方法，数字孪生移动网络可以预测未来数据及对应的事件，提前预警，准备并预测结果。

### 3.3.2　基于 Transformer 的数字孪生网络方案

目前，有许多数字孪生移动网络方案采用 AI 技术，通过对已有网络性能指标数据的分析和建模，预测未来数据并提前做出应对。在现实应用中，多地点中多项网络数据指标需要实时高精度预测性生成，以协助决策者做出更优的策略，减少告警风险并优化资源分配。

然而当前的多数方案并未考虑以下因素。

(1) 实时性。在机器学习领域，预测网络模型为了追求高精度预测效果，网络模型趋于复杂且难以快速训练至收敛，部署后的数据生成时延较高。但是，在通信网络中，预测网络模型的生成时间过长，会导致生成数据时效性差，决策者无法及时进行调整，提前做出准备，不宜用于实际生产应用。

(2) 多指标相关性。在移动网络中，同一类型指标之间具有相关性，在计算机领域的研究文章中较少研究同类型指标的并行预测。若利用不同指标之间的相关性进行预测，可以降低每个指标依次进行预测的时间成本，同时也不会牺牲指标的预测精度。

(3) 复杂度。随着深度学习模型的发展，大算力需求的模型是目前主流的发展趋势。但是在实际的移动网络应用中，为每个地区或者部分区域部署大算力设备的成本极高，因此应在不过度损失模型精度的情况下，通过大幅降低模型复杂度来满足实际的应用。

本节介绍一种基于 Transformer 改进而来的数字孪生网络方案。该方案可以进行多指标并行、实时的高精度指标预测，采用 $P$ 个采集时隙的多指标数据，预测未来 $L$ 个时隙的多指标数据，其中，$P$ 和 $L$ 的数值均可以根据实际需求进行变化。针对现有模型的缺陷，该方案具有支持秒级预测、多指标时序相关性特征预测以及复杂度低的特点。

首先是嵌入的设计。目前有许多基于 Transformer 的时序预测工作，均是将每个时隙采集的指标数据作为嵌入向量输入模型。但是，移动网络采集频率高，时隙数多，每个时隙的数据单独具有的信息量较少。如果采用这种处理方法，会导致计算复杂度陡增，精度提升却不显著，得不偿失。因此，在移动网络指标数据嵌入设计时，应将长时间序列分为不同的段后结合多指标数据进行嵌入。

具体而言，模型输入为历史指标矩阵 $\boldsymbol{X}_{1:P} \in \mathbb{R}^{P\times D}$，沿着时间尺度以长度 $S$ 进行划分，最大划分为 $P/S$ 段。因此，对于不同的位置 $i$ (即段序号编码)和指标 $d$，不同段内的时序数据元素的集合可表示为

$$\boldsymbol{x}_{i,d}^{(s)} = \left\{ x_{i,d} \quad 1 \leqslant i \leqslant \frac{P}{S}, 1 \leqslant d \leqslant D \right\} \tag{3-11}$$

其中，$P$ 为用于预测的历史时隙数；$D$ 为指标数量。

因此，通过自然语言处理领域通常使用的位置嵌入线性映射方法，即可将嵌入向量表示为 $\boldsymbol{t}_{i,d} = \boldsymbol{E}x_{i,d}^{(s)} + \boldsymbol{E}_{i,d}^{(\text{pos})}$，其中 $\boldsymbol{t}_{i,d}$ 表示位置 $(i,d)$ 的时序段，即后续输入模型的嵌入向量，$\boldsymbol{E}$ 表示线性映射矩阵，$\boldsymbol{E}_{i,d}^{(\text{pos})}$ 表示 $(i,d)$ 的位置嵌入矩阵。

因此，将嵌入向量 $\boldsymbol{t}_{i,d}$ 的集合整理成二维矩阵 $\boldsymbol{T}$ 可得

$$\boldsymbol{T} = \left\{ \boldsymbol{t}_{i,d} \quad 1 \leqslant i \leqslant \frac{P}{S}, 1 \leqslant d \leqslant D \right\} \tag{3-12}$$

其次是注意力机制的设计。注意力机制是 Transformer 模型的核心组件，在现今的大部分工作中，嵌入向量组成的嵌入矩阵可视为二维图像，由计算机视觉领域的模型进行处理。例如，TimesNet[28]虽然没有采用 Transformer 架构，但其将时间序列做傅里叶变换后，该序列的主要周期呈现对应的高幅值频率分量。TimesNet 通过将一维时间序列整理成多种不同的二维矩阵，再交由视觉骨干网络进行处理[29]。

在移动网络中，指标时序数据的维度往往不像图像那样具有横竖“像素点”

可以随意切换的特性，并且模型长时间记忆的数据量庞大，对算力需求较高，因此不宜直接照搬计算机图像领域的二维数据特征提取方法。该方案借鉴 TimesNet 中二维矩阵处理的思想，将多指标数据嵌入二维矩阵，对其应用自定义的注意力机制设计，如图 3-10 所示。

由上节知，嵌入向量 $\boldsymbol{t}_{i,d}$ 被整理为二维矩阵 $\boldsymbol{T}$ 。$\boldsymbol{T}$ 具有段数 $P/S$ 和指标数 $D$ 两个维度，即 $\boldsymbol{T}\in\mathbb{R}^{P/S\times D}$ ，作为注意力机制层的输入。

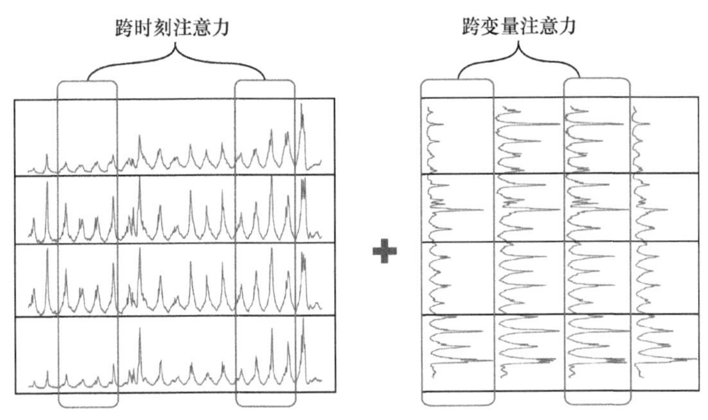


图 3-10　二维注意力机制设计

在时间维度，假定指标维度 $d$ 一定，首先将输入矩阵 $\boldsymbol{T}$ 输入多头注意力(multi-head self-attention，MHA)层，其中 MHA 的 $\boldsymbol{Q}$、$\boldsymbol{K}$、$\boldsymbol{V}$ 矩阵均为输入矩阵本身，进行层标准化(layer normalization，LN)后通过 MLP 层，然后将输出与输入求和后再进行 LN 即可完成时间维度的处理。公式可以表示为

$$\boldsymbol{T}^{(\text{time-att})}=\text{LN}(\text{LN}(\boldsymbol{T}[:,d]+\text{MHA}(\boldsymbol{T}[:,d]))+\text{MLP}(\text{LN}(\boldsymbol{T}[:,d]+\text{MHA}(\boldsymbol{T}[:,d]))))\tag{3-13}$$

其中，$\boldsymbol{T}[:,d]$ 表示指标确定时，对应的时序维度的数据；LN 、MHA 和 MLP 表示层标准化、多头注意力层处理和多层感知机层处理。

通过以上操作步骤，同一指标中按照时间维度划分的不同段之间的时间相关性被提取，之后 $\boldsymbol{T}^{(\text{time-att})}$ 将输出至指标维度的注意力层。

在指标维度上，假定时间维度 $i$ 一定，即段序号编号一定，将矩阵 $\boldsymbol{T}^{(\text{time-att})}$ 输入 MHA 层，其中 $\boldsymbol{Q}$、$\boldsymbol{K}$、$\boldsymbol{V}$ 均为输入矩阵本身，进行 LN 后通过 MLP 层，将 MLP 层的输出与输入求和后再进行 LN 处理，即完成指标维度的处理。公式可以表示为

$$\begin{aligned}\boldsymbol{T}^{(\text{dim-att})}&=\text{LN}(\text{LN}(\boldsymbol{T}^{(\text{time-att})}[i,:]+\text{MHA}(\boldsymbol{T}^{(\text{time-att})}[i,:]))\\&\quad+\text{MLP}(\text{LN}(\boldsymbol{T}^{(\text{time-att})}[i,:]+\text{MHA}(\boldsymbol{T}^{(\text{time-att})}[i,:]))))\end{aligned}\tag{3-14}$$

其中，$\boldsymbol{T}[i,:]$ 表示段确定时，对应的所有指标维度的数据。

综上所述，自注意力机制分别通过提取时间维度(即段维度)和指标维度的特征，获得最终注意力机制层 Att(·) 的输出。

最后是方案的编解码器设计。从整体上看，Transformer[30]是由编码器和解码器组成的架构，编码器负责对输入序列进行编码，捕捉输入序列中的信息并生成有意义的表示，解码器负责根据编码器的输出和先前的预测，逐步生成目标序列。

Transformer 架构图如图 3-11 所示，左侧为编码器，由多个相同的层(通常是 $N$ 层)组成，每层都有两个子层，即 MHA 层和全连接前馈神经网络层(feed-forward neural network，FNN)；右侧为解码器，每个解码器层包括三个子层，即掩码 MHA 层、编码器-解码器注意力层、FNN 层。其中，编码器和解码器之间通过编码器-

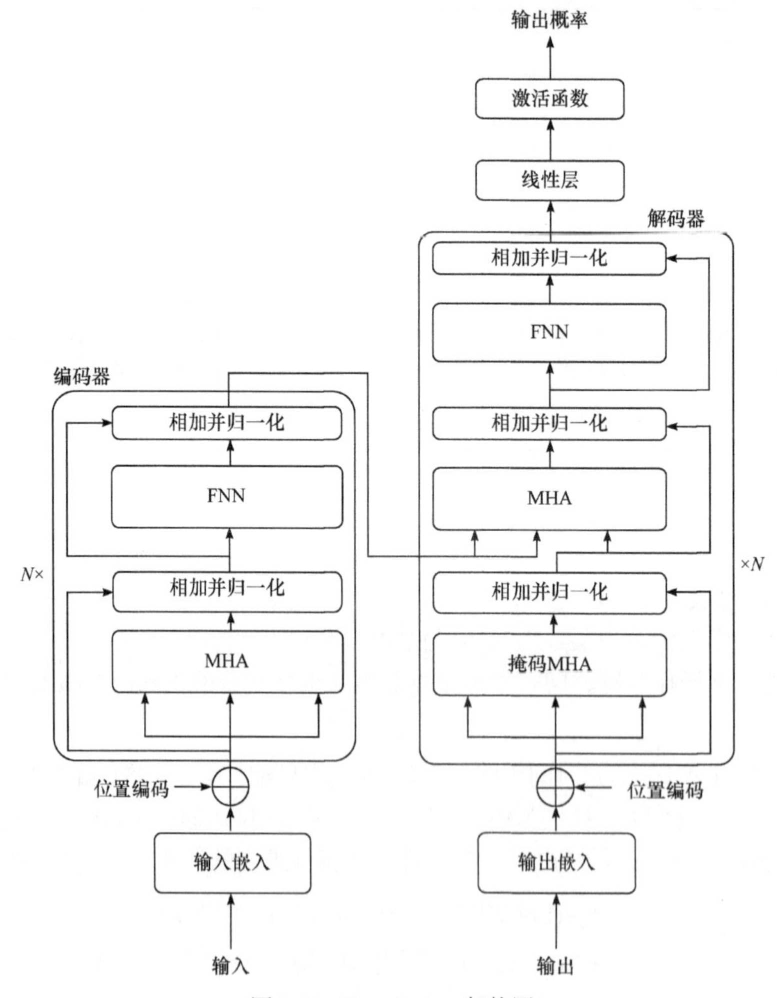


图 3-11　Transformer 架构图

解码器注意力层建立联系，编码器的输出作为解码器的输入，解码器通过自注意力机制关注自身之前生成的部分，以及编码器的输出。

本方案的编解码器基于经典模型进行自定义设计，其中编码器和解码器分别表示为 $\text{Enc}(\cdot)$ 和 $\text{Dec}(\cdot)$。编码器负责对输入序列矩阵 $\boldsymbol{T}$ 进行编码，通过 MHA 并行计算不同位置(第 $i$ 段)之间的关联性，然后将加权信息进行拼接，得到每个位置的前后向量。

因此，不同段之间由编码器进行拼接，每经过一层，段数减半，编码器第 $l$ 层的输出 $\boldsymbol{T}_{i,:}^{\text{enc},l}$ 由第 $(l-1)$ 层的输出 $\boldsymbol{T}_{(2i-1),:}^{\text{enc},l-1}$ 和 $\boldsymbol{T}_{2i,:}^{\text{enc},l-1}$ 决定，即

$$\boldsymbol{T}_{i,:}^{\text{enc},l} = \boldsymbol{C}(\text{conc}(\boldsymbol{T}_{2i-1,:}^{\text{enc},l-1}, \boldsymbol{T}_{2i,:}^{\text{enc},l-1})) \tag{3-15}$$

其中，conc 表示段拼接操作；$\boldsymbol{C}$ 表示段拼接参数矩阵，若段数无法整除则通过 padding 补全。

初始状态下，编码器的第一层输入为初始嵌入矩阵 $\boldsymbol{T}$，编码器层数为 $N$，第 $N$ 层的输出表示为 $\boldsymbol{T}^{\text{enc},N}$。结合图 3-11，由编码器层数为 $N$ 易知，解码器特征输入数量为 $N+1$，因此可以将解码器数量设置为 $N+1$ 来实现一一对应。

解码器通过自注意力机制来关注目标序列中不同位置的相关信息，其输入除了自身的上一层外，还包含编码器的同一层输出，即 $\boldsymbol{T}^{\text{dec},l}$ 取决于 $\boldsymbol{T}^{\text{dec},l-1}$ 和 $\boldsymbol{T}^{\text{enc},l}$。具体而言，在 MHA 层，通过式(3-16)构建编码器和解码器之间的桥梁，即

$$\boldsymbol{T}_{:,d}^{\text{dec},l} = \text{MHA}(\text{Att}(\boldsymbol{T}_{:,d}^{\text{dec},l-1}), \boldsymbol{T}_{:,d}^{\text{enc},l}, \boldsymbol{T}_{:,d}^{\text{enc},l}) \tag{3-16}$$

其中，$\text{MHA}(\cdot)$ 的三个参数分别为 $\boldsymbol{Q}$、$\boldsymbol{K}$、$\boldsymbol{V}$ 矩阵；$\text{Att}(\cdot)$ 表示注意力机制层的处理。

在解码器中，经过 MHA 层、跳跃连接和 MLP 层的输出 $\boldsymbol{T}^{\text{dec},l}$ 可表示为

$$\begin{aligned}\boldsymbol{T}^{\text{del},l} = {} & \text{LN}(\text{LN}(\text{Att}(\boldsymbol{T}_{:,d}^{\text{dec},l-1}) + \text{MHA}(\text{Att}(\boldsymbol{T}_{:,d}^{\text{dec},l-1}), \boldsymbol{T}_{:,d}^{\text{enc},l}, \boldsymbol{T}_{:,d}^{\text{enc},l})) \\ & + \text{MLP}(\text{LN}(\text{Att}(\boldsymbol{T}_{:,d}^{\text{dec},l-1}) + \text{MHA}(\text{Att}(\boldsymbol{T}_{:,d}^{\text{dec},l-1}), \boldsymbol{T}_{:,d}^{\text{enc},l}, \boldsymbol{T}_{:,d}^{\text{enc},l}))))\end{aligned} \tag{3-17}$$

如图 3-11 所示，最后的线性映射部分将对解码器每一层的输出计算概率分布值，对其求和可得最终的预测序列矩阵，即

$$\boldsymbol{X}_{(P+1):(P+L)} = \sum_{l=0}^{N} \boldsymbol{W}^{l} \boldsymbol{T}^{\text{dec},l} \tag{3-18}$$

其中，$\boldsymbol{W}^{l}$ 为第 $l$ 层的线性映射矩阵。将解码向量还原为时间序列，对所有层的输出进行求和，即可获得最终的预测序列矩阵 $\boldsymbol{X}_{(P+1):(P+L)}$。

### 3.3.3　仿真结果

本节基于通信企业采集的真实移动网络数据集，验证 3.3.2 节提出方案的有效性。实验设置为 5 个变量同时预测(空口上报全带宽 CQI 为 9、10、11、12、13 的次数)，

训练集、验证集、测试集的比例为 7：1：2，时间窗口历史时隙数 $P$ =24，未来时隙数 $L$ =1，切片段长度设置为 48，多次运行取平均结果，如图 3-12～图 3-16 所示。

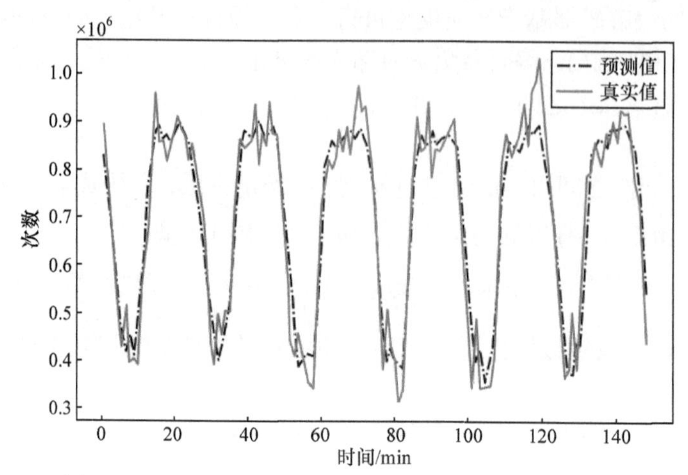


图 3-12　空口上报全带宽 CQI=9 的次数预测指标走势图

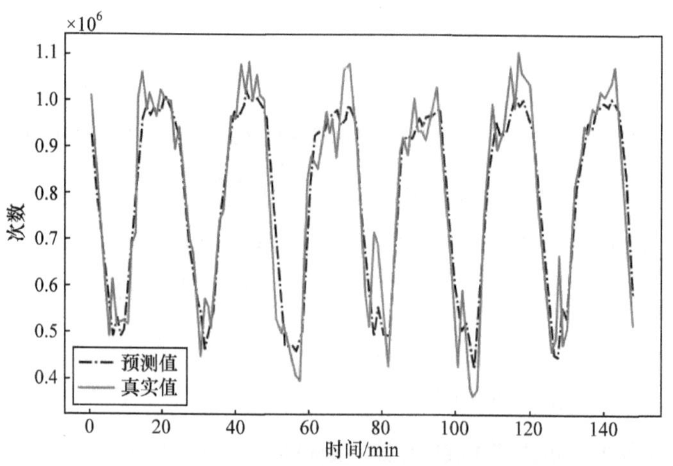


图 3-13　空口上报全带宽 CQI=10 的次数预测指标走势图

在以上五个变量的误差计算结果中，平均绝对百分比误差(mean absolute percentage error，MAPE)为 7.314%。由图 3-12～图 3-16 可以看出，除图 3-15 之外，真实值和预测值之间的差距较小，即预测值和真实值整体贴合，而图 3-15 中真实值和预测值之间的差距相对而言较大。这是由于空口上报全带宽 CQI=12 的次数呈现的规律与其他四者差异较大，其他四者和它之间的时序相关性对预测的帮助较小，所以相对其他四者而言会产生略大的偏差。实际上，在多指标预测下，图 3-12～图 3-16 的预测误差分别为 7.403%、7.303%、6.390%、8.222%和 7.254%，表明预测指标之间的误差略有波动，但大体相同。

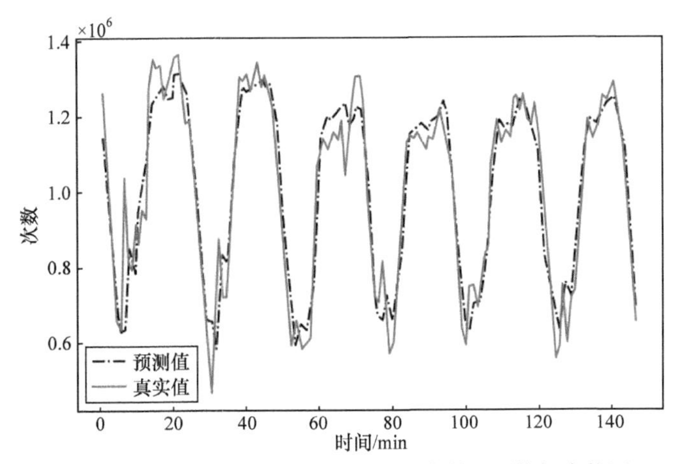


图 3-14　空口上报全带宽 CQI=11 的次数预测指标走势图

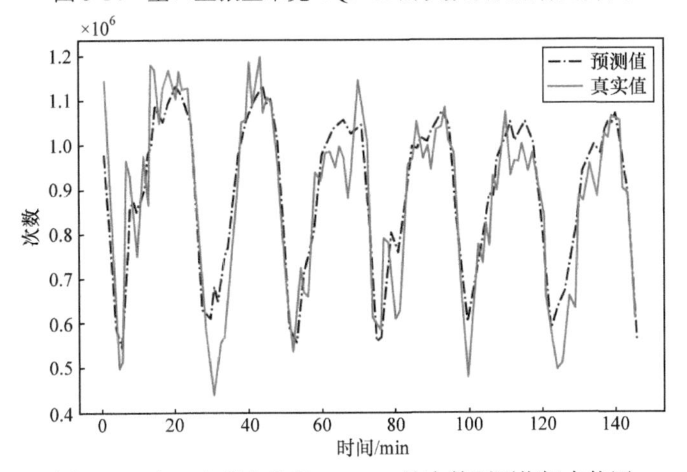


图 3-15　空口上报全带宽 CQI=12 的次数预测指标走势图

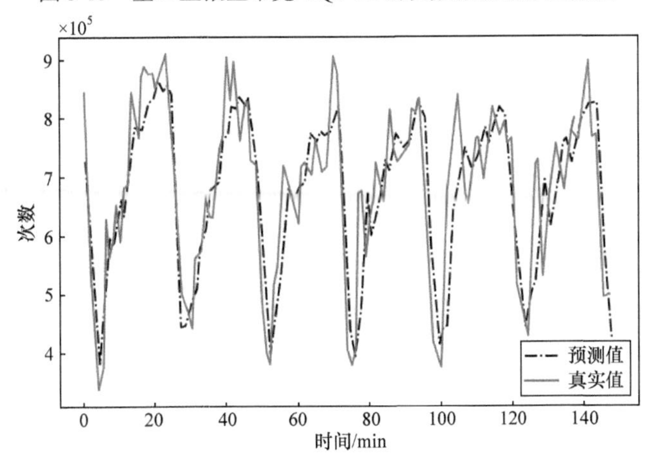


图 3-16　空口上报全带宽 CQI=13 的次数预测指标走势图

接下来选取随机性更强的指标进行预测、分析。设置总预测变量指标数 $D$=2，训练集、验证集、测试集比例为 7∶1∶2，时间窗口历史时隙数 $P$=24，未来时隙数 $L$=1，切片段长度设置为 48，多次运行取平均结果，预测结果如图 3-17 和图 3-18 所示。

显然，上行用户流量需求随机性更强，不易进行预测，模型能够学习到上升趋势和下降趋势，但是无法针对随机性较强的剧烈波动进行预测。相比之下，下行指标的预测效果良好，预测值基本可以还原真实值的波动规律。为保证模型拥有更加良好的泛化性能，模型趋于保守，不会针对真实值的上升或下降进行巨幅波动。在这种随机性较强的情况下，两变量整体 MAPE=15.188%。

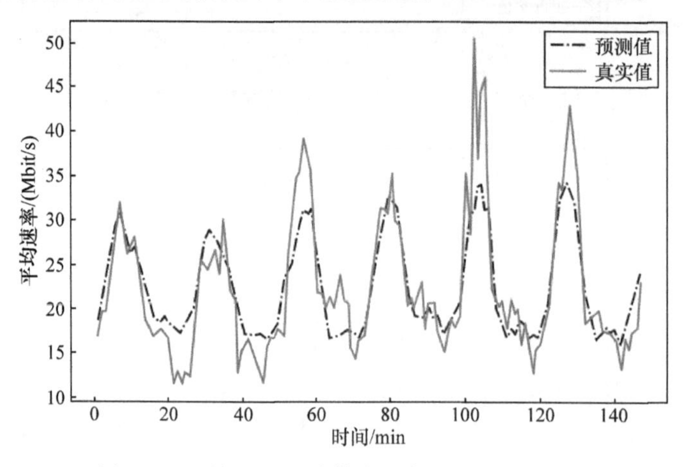


图 3-17　下行用户平均体验速率预测指标走势图

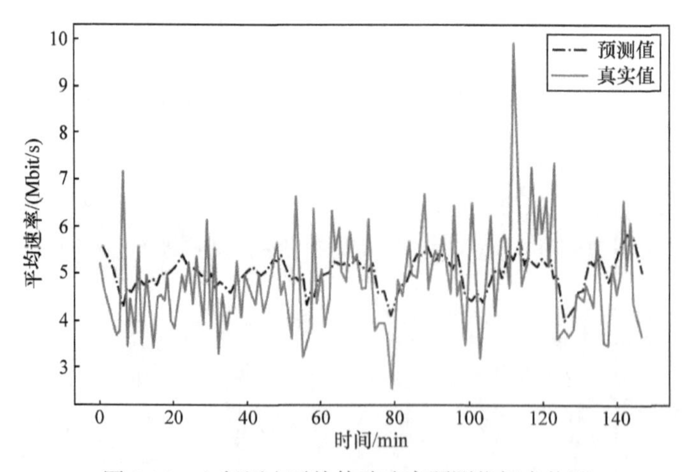


图 3-18　上行用户平均体验速率预测指标走势图

为了更清晰地得出结论，下面针对预测性生成的数据误差波动情况进行分析，并对上述实验的结果进行误差分布分析。

首先是空口上报全带宽 CQI 等多重指标的预测，实验设置为 5 个变量同时预测(CQI 为 9、10、11、12、13 的次数)，误差分布如图 3-19～图 3-23 所示。图 3-24 所示为整体预测误差。

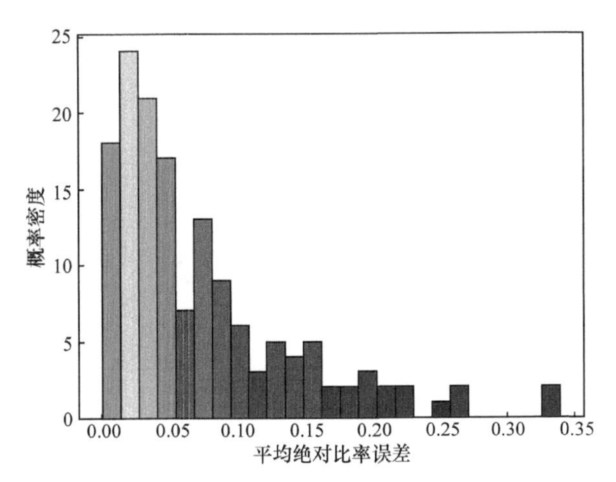


图 3-19　CQI=9 的次数 MAPE 预测误差分布图

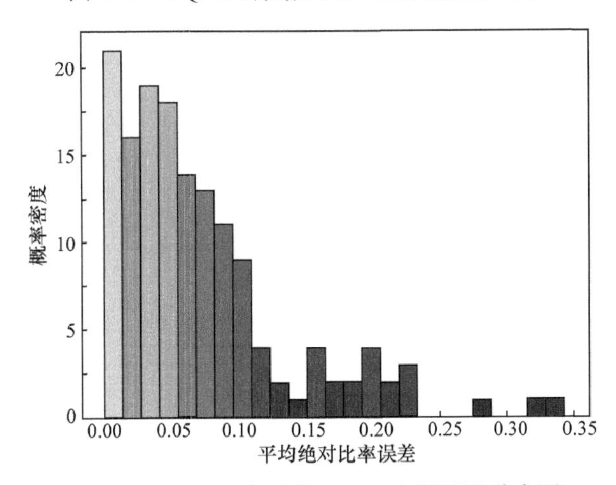


图 3-20　CQI=10 的次数 MAPE 预测误差分布图

从图 3-22 可以看出，部分预测误差已经超出 50%，因此将该指标的预测精确度拉低至五个指标中的最低水平，而其他四者在低误差区域具有较高分布，时序相关性较强，预测性能稳定。从图 3-24 可以看出，五个指标的误差整体符合较多数据分布于高精确度区域的结果，并且随着 MAPE 误差降低，数据预测误差分布呈现增加的趋势。

下面对随机性较强的指标，即上/下行用户平均体验速率进行误差分析，测量指标的具体情况如图 3-25 和图 3-26 所示。整体预测误差分布如图 3-27 所示。

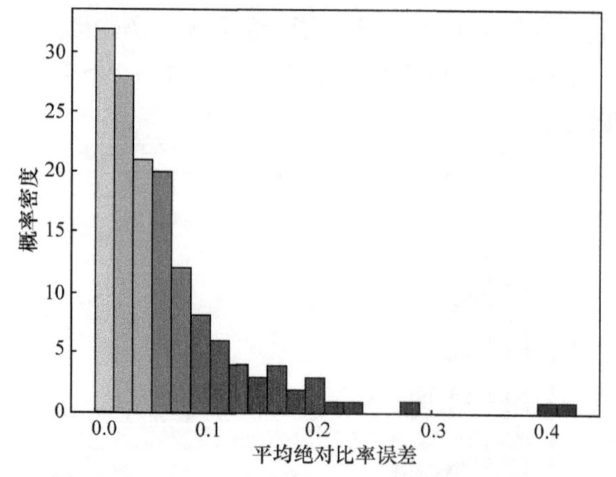


图 3-21　CQI=11 的次数 MAPE 预测误差分布图

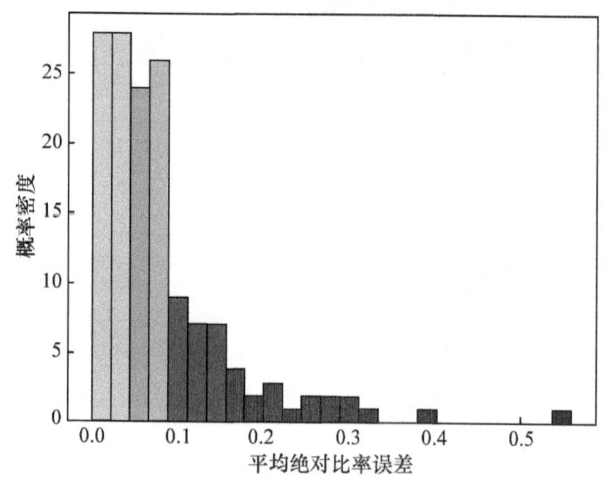


图 3-22　CQI=12 的次数 MAPE 预测误差分布图

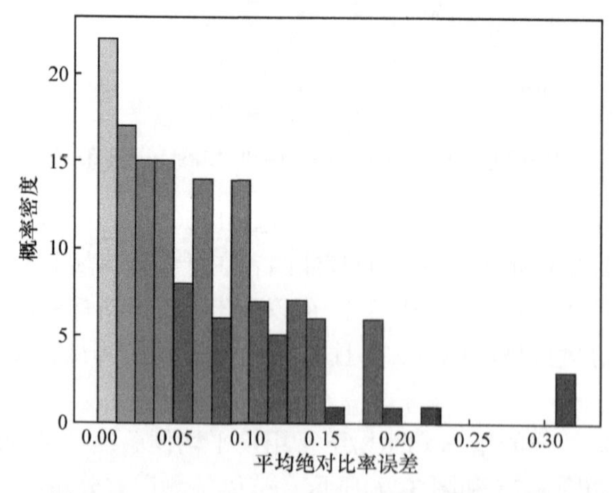


图 3-23　CQI=13 的次数 MAPE 预测误差分布图

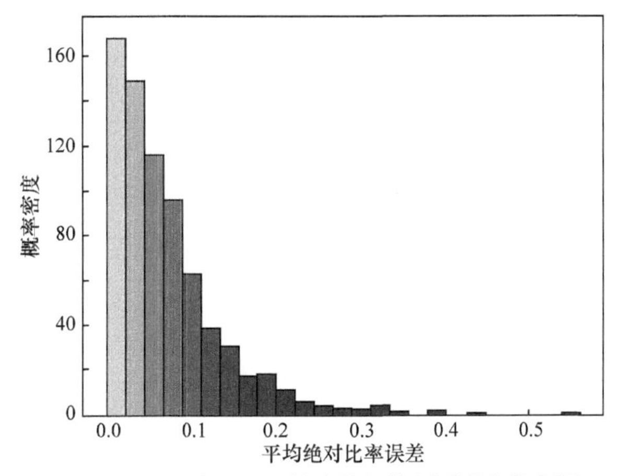


图 3-24　CQI 为 9～13 的次数整体预测误差分布图

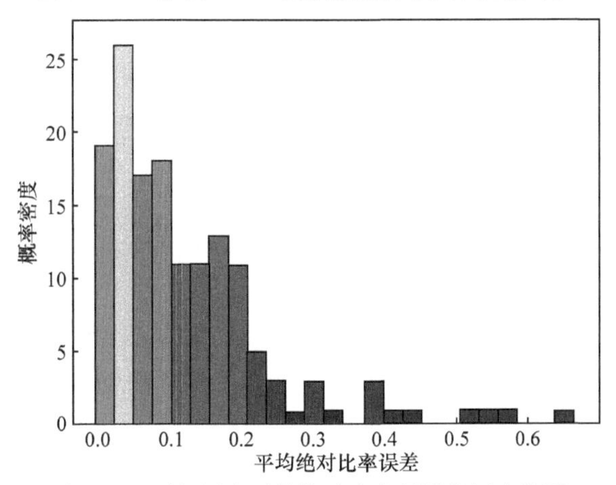


图 3-25　下行用户平均体验速率预测指标走势图

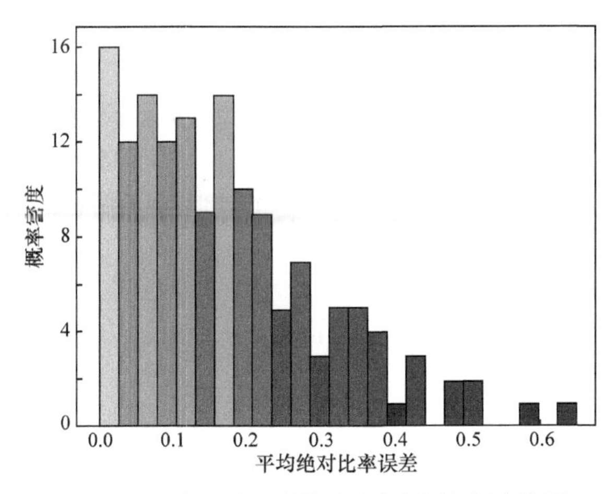


图 3-26　上行用户平均体验速率预测指标走势图

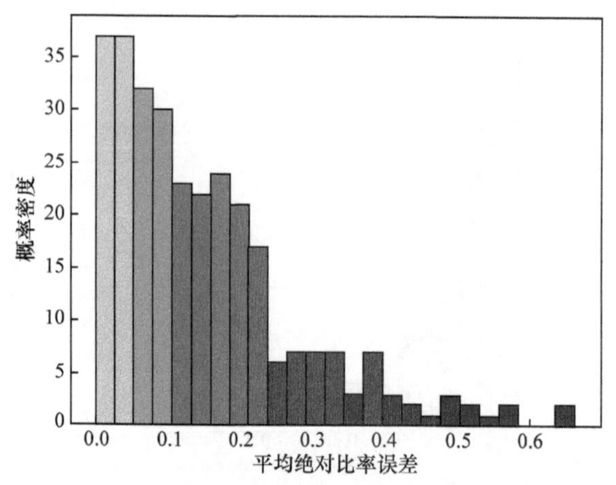


图 3-27　上/下行用户平均体验速率整体预测误差分布图

从图 3-26 可以看出，上行用户流量需求随机性强，采样点预测误差均值较大。相对而言，图 3-25 下行用户流量需求预测效果更为理想，大部分预测误差集中在小数值区域。从图 3-27 可以看出，大部分预测结果误差集中在 20%以内，上行用户流量的强随机性未对整体预测误差分布造成较大影响。

## 3.4　基于数字孪生网络的网络资源动态管理

随着 5G 技术的广泛应用，网络的复杂性和规模都得到前所未有的提升。为了能够在不过多增加网络资源开销的情况下，给用户提供高速、低延迟、稳定的网络服务，就需要网络能够进行及时高效的网络资源动态管理。数字孪生网络对于达成这个目标具有重要的作用。

### 3.4.1　网络架构设计

动态资源管理数字孪生网络架构主要由预测和决策两部分组成，如图 3-28 所示。该架构基于通信企业采集的真实网络业务流数据。预测部分主要使用数学模型和深度学习算法，根据历史业务流数据，及时并精准地预测未来时刻的业务流数据，预测结果提供给决策部分使用。决策部分根据预测部分计算预测数据，动态分配单个基站的功率资源。

预测部分使用傅里叶变换将原始数据分解为周期分量和非周期分量。周期分量可以直接通过数学计算根据先前的值预测未来的值。非周期分量由训练好的长短期记忆(long short term memory，LSTM)网络进行预测，输入与输出的差值则由高斯过程回归(Gaussian process regression，GPR)进行处理。三者输出之和为最终的业务流数据预测结果。决策部分提供了三种功率分配方案，可以显示出数字孪生网络在资源动态分配上的有效性。

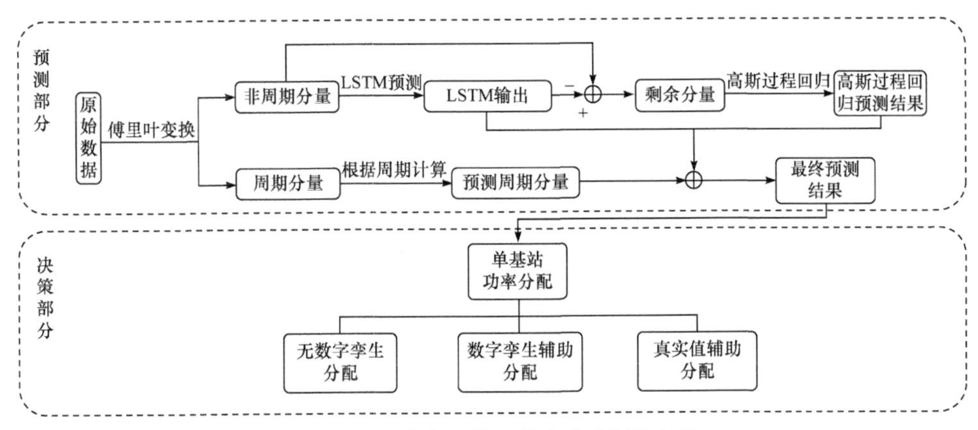


图 3-28　动态资源管理数字孪生网络架构

### 3.4.2　网络资源管理方案

本节选取哈佛大学公开的基站流量数据集。该数据集记录了意大利电信公司于 2013 年 11 月 1 日～2014 年 1 月 1 日在米兰市采集的区域流量信息。该数据集将区域划分为 100×100 个小区，每隔 10min 记录一次当前区域内用户的短信业务、话音业务、互联网业务的流量数据(用户可能关联不同的基站)。每一条数据由小区编号、时间戳、国家代码、短信接收(传入)流量、短信发出(传出)流量、电话呼入流量、电话呼出流量，以及互联网流量构成，如图 3-29 所示。

| 小区编号 | 时间戳 | 国家代码 | 短信传入 | 短信传出 | 电话呼入 | 电话呼出 | 互联网业务 |
|---|---|---|---|---|---|---|---|
| 1 | 1383260400000 | 0 | 0.08136262351125882 | | | | |
| 1 | 1383260400000 | 39 | 0.14186425470242922 | 0.15678700503902460 | 0.16093793691701822 | 0.05227484852857320 | 11.02836638168102 |
| 1 | 1383261000000 | 0 | 0.13658782275823106 | 0.02730046487718618 | | | |
| 1 | 1383261000000 | 33 | 0.02613742426428660 | | | | |
| 1 | 1383261000000 | 39 | 0.27845207746066025 | 0.11992572014174135 | 0.18877717291450410 | 0.13363747203983203 | 11.10096345140938 |
| 1 | 1383261600000 | 0 | 0.05343788914147278 | | | | |
| 1 | 1383261600000 | 39 | 0.33064142761693330 | 0.17095202968511480 | 0.13417624316013174 | 0.05460092975437236 | 10.89277060279109 |
| 1 | 1383262200000 | 0 | 0.02613742426428660 | | | | |
| 1 | 1383262200000 | 39 | 0.68143407968905510 | 0.22081529861558874 | 0.02730046487718618 | 0.05343788914147278 | 8.622424590989748 |
| 1 | 1383262800000 | 0 | 0.02730046487718618 | | | | |
| 1 | 1383262800000 | 39 | 0.24337810266887647 | 0.19289056424580270 | 0.05343788914147278 | 0.08073835401865896 | 8.009927462445750 |
| 1 | 1383263400000 | 0 | 0.02730046487718618 | | | | |
| 1 | 1383263400000 | 39 | 0.05638823985987180 | 0.24337810266887647 | 0.02730046487718618 | 0.02730046487718618 | 8.118419554089610 |
| 1 | 1383264000000 | 0 | 0.02971204447528540 | 0.00357462021099887 | | | |
| 1 | 1383264000000 | 39 | 0.13533928377303134 | 0.08493724372225770 | 0.05343788914147278 | 0.00178731010549943 | 8.026269748512151 |
| 1 | 1383264600000 | 0 | 0.02730046487718618 | | | | |
| 1 | 1383264600000 | 39 | 0.18877717291450410 | 0.02613742426428660 | 0.00178731010549943 | 0.05460092975437236 | 8.514178577183893 |
| 1 | 1383265200000 | 39 | 0.24221506205597687 | 0.16031366742441833 | 0.10803881889584513 | 0.02613742426428660 | 6.833424896384050 |
| 1 | 1383265800000 | 0 | 0.02730046487718618 | 0.02730046487718618 | | | |
| 1 | 1383265800000 | 39 | 0.29448991058455010 | 0.24570418389467560 | 0.02730046487718618 | 0.08073835401865896 | 6.554605044547690 |
| 1 | 1383266400000 | 0 | 0.02613742426428660 | | | | |
| 1 | 1383266400000 | 39 | 0.10803881889584513 | 0.10803881889584513 | 7.33871601281609201 | | |
| 1 | 1383267000000 | 0 | 0.02730046487718618 | | | | |
| 1 | 1383267000000 | 39 | 0.05701250935247166 | 0.14490010379312837 | 6.77970473123917802 | | |
| 1 | 1383267600000 | 39 | 0.13953817347663006 | 0.05522519924697222 | 7.19216205511537010 | | |
| 1 | 1383268200000 | 39 | 0.05343788914147278 | 0.02730046487718618 | 7.50331406831640910 | | |
| 1 | 1383268800000 | 39 | 0.02730046487718618 | 0.05460092975437236 | 0.02792473436978604 | 6.16953368392098510 | |
| 1 | 1383269400000 | 0 | 0.02730046487718618 | | | | |
| 1 | 1383269400000 | 39 | 0.05996286007087068 | 0.05638823985987180 | 0.02908777498268561 | 7.60545218577545610 | |
| 1 | 1383270000000 | 39 | 0.13417624316013174 | 0.05343788914147278 | 0.05343788914147278 | 6.56956533543098002 | |
| 1 | 1383270000000 | 49 | 0.02730046487718618 | | | | |
| 1 | 1383270600000 | 39 | 0.02730046487718618 | 0.02730046487718618 | 0.02613742426428660 | 6.13982163944569914 | |
| 1 | 1383271200000 | 0 | 0.02730046487718618 | | | | |
| 1 | 1383271200000 | 39 | 0.19351483373840256 | 0.21902798851008930 | 0.02613742426428660 | 6.02758393084625521 | |
| 1 | 1383271800000 | 39 | 0.24632845338727550 | 0.27300464877186180 | 5.68630414096862610 | | |
| 1 | 1383272400000 | 39 | 0.10920185950874473 | 0.10803881889584510 | 0.00178731010549943 | 5.95739844071599213 | |

图 3-29　原始数据集示例

由于短信业务和话音业务的缺失值较多，并且无法判断是记录失误导致的缺失还是当前时刻小区没有短信和话音业务的发生，因此只选取互联网业务的流量用于分析。由于该数据集的数据量较大，这里选取 10000 个小区中的部分小区，然后对每个小区的数据单独进行处理。将被选小区的互联网数据分离出来，其中编号 4960 的小区在 30 天内的互联网流量如图 3-30 所示。

从图 3-30 可以直观地观察到，小区的互联网流量具有明显的周期性、时间相关性和随机性。这是由于用户具有周期性行为，例如，许多人都有在吃饭，以及睡前浏览短视频的习惯。同时，由于用户的互联网业务大部分情况下在时间上是连续的，因此具有时间相关性；用户的突发性行为使互联网流量中不可避免地具有随机性。

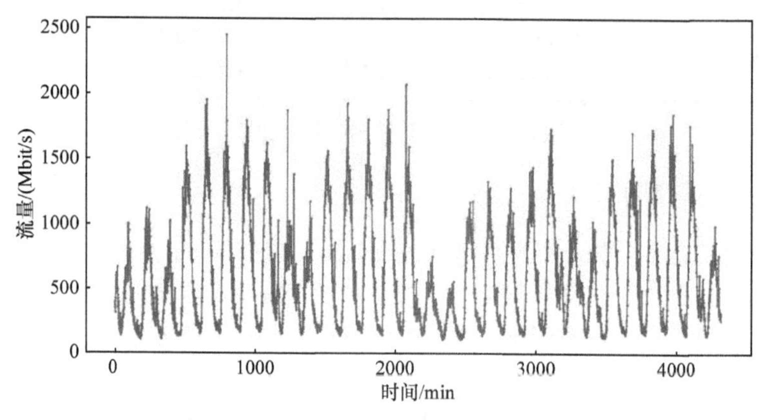


图 3-30　小区互联网流量

由于用户的周期性行为，小区的互联网流量中包含大周期分量。小区 4960 的互联网流量在频域上展开，如图 3-31 所示，小区互联网流量在 24h 和 12h 附近具有较强的分量。通过将这些周期分量从原始信号中去除，可以促进后续的 LSTM 神经网络训练[31]。

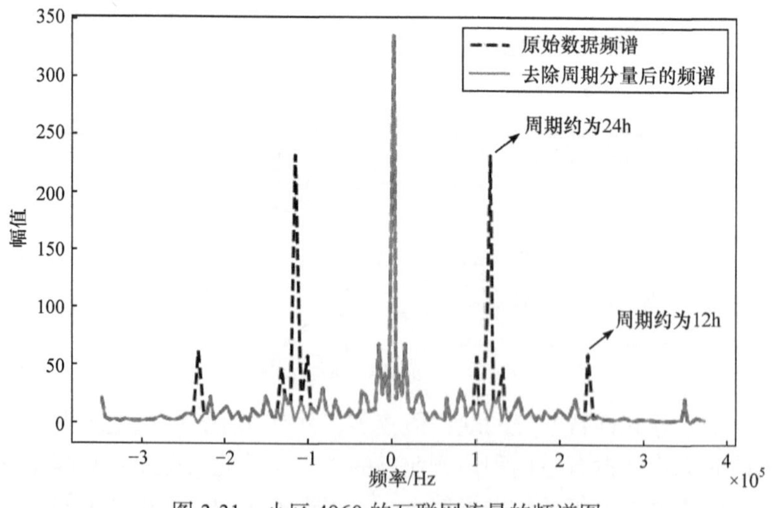


图 3-31　小区 4960 的互联网流量的频谱图

由于数据是 10min 采样一次的离散数据，因此需要使用离散傅里叶变换分离周期分量。离散傅里叶变换公式为

$$\boldsymbol{X}_k = \sum_{n=0}^{N-1} \boldsymbol{x}_n \mathrm{e}^{-\frac{\mathrm{j}2\pi nk}{N}}, \quad k = 1,2,\cdots,N-1 \tag{3-19}$$

其中，$\boldsymbol{x}_n$ 为输入的原始时域信号；$\boldsymbol{X}_k$ 为频域信号；$N$ 为数据点数；$0 \leqslant n \leqslant N-1$。

同时域中的时间间隔对应的频域间隔 $\Delta w$ 为

$$\Delta w = \frac{f_s}{N} = \frac{1}{N\Delta t} \tag{3-20}$$

其中，$f_s$ 为数据采样率；$\Delta t$ 为采样间隔。

将频域信号减去周期分量可以得到频域信号 $\{\boldsymbol{X}_l, l = 1,2,\cdots,N-1\}$，对 $\{\boldsymbol{X}_l, l = 1,2,\cdots,N-1\}$ 做离散傅里叶变换的逆变换，即可得到去除周期分量的时域信号 $\boldsymbol{x}_m$。离散傅里叶变换的逆变换为

$$\boldsymbol{x}_m = \frac{1}{N} \sum_{n=0}^{N-1} \boldsymbol{X}_l \mathrm{e}^{\frac{\mathrm{j}2\pi ml}{N}}, \quad l = 1,2,\cdots,N-1 \tag{3-21}$$

小区 4960 的互联网流量与周期分量如图 3-32 所示。小区 4960 互联网流量减去周期分量后的剩余分量如图 3-33 所示。可以看到，减去周期分量后的剩余分量中已经看不到明显的周期性了。

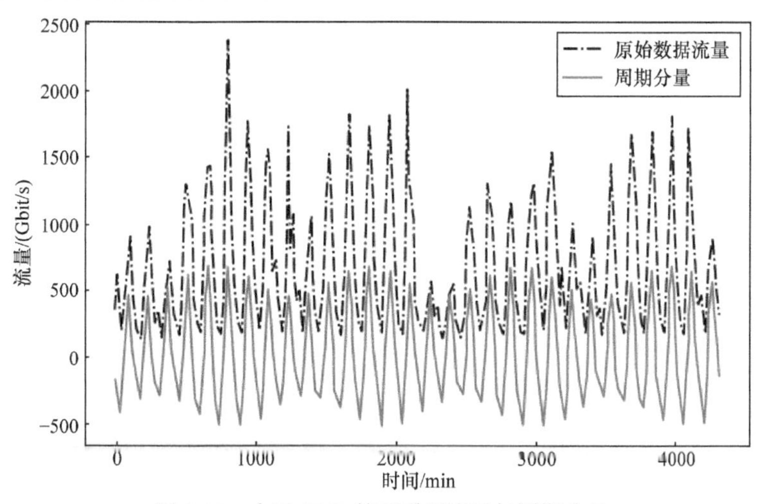


图 3-32　小区 4960 的互联网流量与周期分量

随后使用 LSTM 网络，基于 Python 编程环境下的 PyTorch 深度学习框架搭建 LSTM 网络，进行业务流数据预测。LSTM 序列预测模型框架如图 3-34 所示。

方案使用的 LSTM 结构包括两层。隐藏层设置 200 个神经元，输入数据长度为 144(24h)，输出数据长度为 12(2h)。优化器为 Adam 优化器，学习率设为 0.001，采用 MSE 损失函数。LSTM 训练参数如表 3-1 所示。

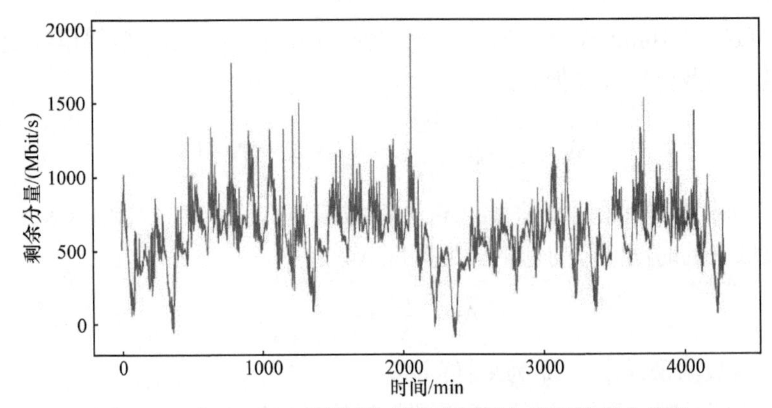


图 3-33 小区 4960 互联网流量减去周期分量后的剩余分量

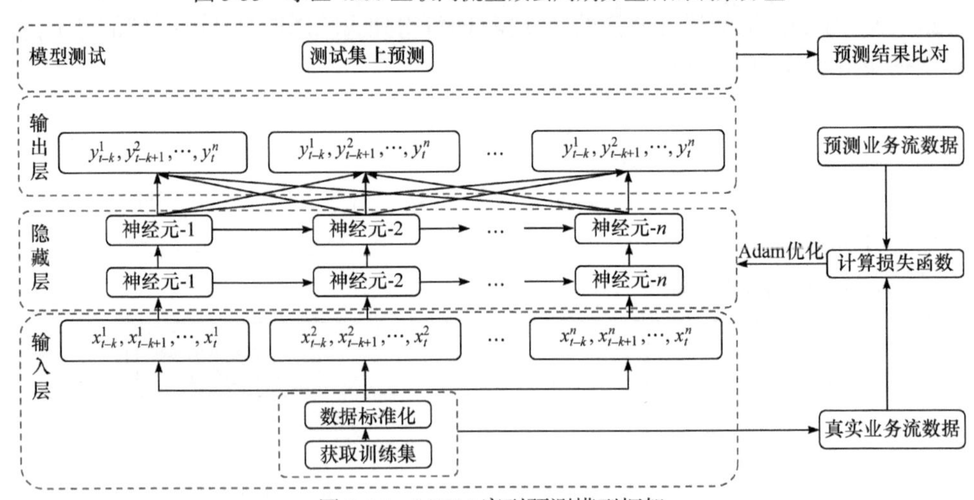


图 3-34 LSTM 序列预测模型框架

**表 3-1 LSTM 训练参数**

| 参数 | 对应方法与数值 |
|---|---|
| 输入维度 | 144 |
| 隐藏层维度 | 200 |
| 层数 | 2 |
| 输出维度 | 12 |
| 优化器 | Adam |
| 学习率 | 0.001 |
| 训练轮数 | 300 |
| 损失函数 | MSE |
| 训练集数量 | 4176 |
| 测试集数量 | 144 |

将去除周期分量的剩余分量输入LSTM神经网络，训练300轮，最终可以得到loss=0.000143的模型。LSTM在测试集上的预测效果如图3-35所示。训练完成的模型可以准确地预测数据的走势。LSTM的loss变化曲线如图3-36所示。可见，模型已经趋于收敛。

将LSTM神经网络模型的输入减去输出可以得到剩余分量$\boldsymbol{x}_g(t)$，然后将其作为高斯过程回归的输入。高斯输入数据图像如图3-37所示。$\boldsymbol{x}_g(t)$基本都是随机分量，以及一些LSTM未能学习到的时间相关性分量，借用高斯过程回归，可以进一步优化测试集上的预测效果。

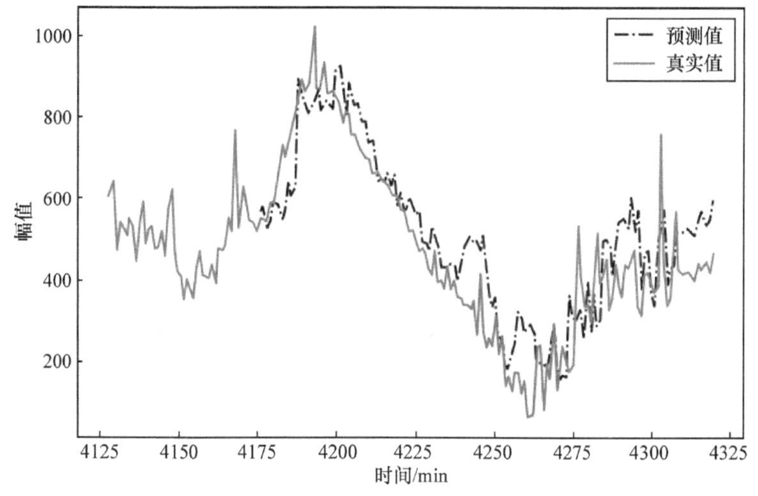


图3-35　LSTM在测试集上的预测效果

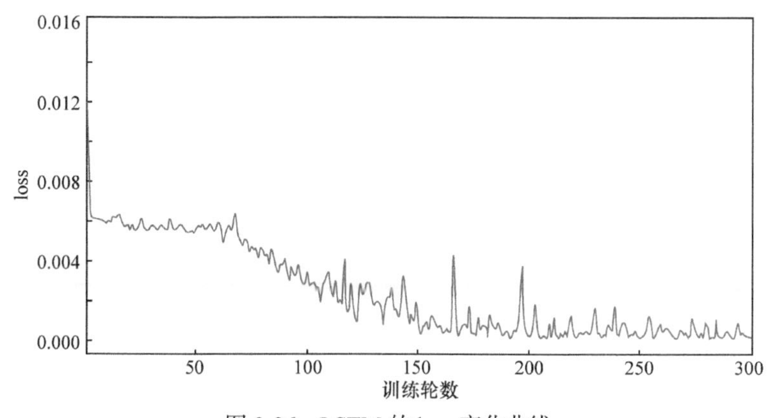


图3-36　LSTM的loss变化曲线

GPR是使用高斯过程先验对数据进行回归分析的非参数模型[32]。将输入数据的最后144个值作为测试集，验证高斯过程回归在测试集上的表现，绘制高斯过程回归输入数据$\boldsymbol{x}_g(t)$的直方图。如图3-38所示，可以看到$\boldsymbol{x}_g(t)$大体上服从高斯分布。

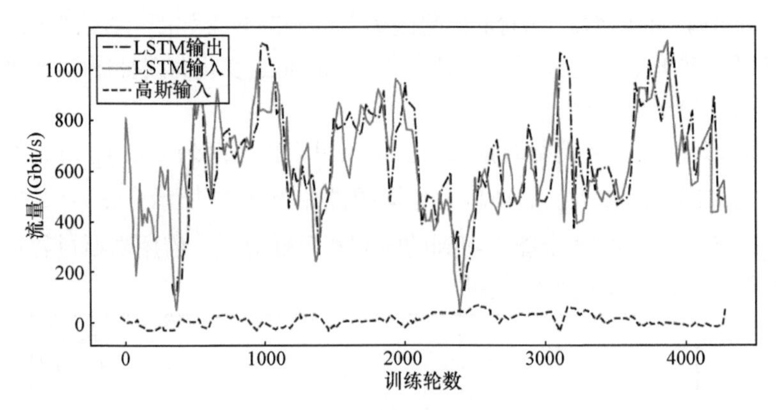


图 3-37　高斯输入数据图像

对于输入 $\boldsymbol{x}_g(t)=[x_1,x_2,\cdots,x_n]$，它服从高斯分布 $\boldsymbol{X}\sim N(\mu,\Sigma)$。令已观测的变量 $\boldsymbol{X}_1=[x_1,x_2,\cdots,x_m]$，未知变量 $\boldsymbol{X}_2=[x_{m+1},x_{m+2},\cdots,x_n]$，则

$$\boldsymbol{X}=\begin{bmatrix}\boldsymbol{X}_1\\ \boldsymbol{X}_2\end{bmatrix} \tag{3-22}$$

$$\boldsymbol{\mu}=\begin{bmatrix}\mu_1\\ \mu_2\end{bmatrix} \tag{3-23}$$

$$\Sigma=\begin{bmatrix}\Sigma_{11} & \Sigma_{12}\\ \Sigma_{21} & \Sigma_{22}\end{bmatrix} \tag{3-24}$$

$$\mu_{2|1}=\mu_2+\Sigma_{21}\Sigma_{11}^{-1}(X_1-\mu_1) \tag{3-25}$$

$$\Sigma_{2|1}=\Sigma_{22}-\Sigma_{21}\Sigma_{11}^{-1}\Sigma_{12} \tag{3-26}$$

其中，$\boldsymbol{\mu}$ 为输入数据的均值向量；$\Sigma$ 为方差矩阵。

高斯过程回归预测的内插预测效果好，但是外推效果不好。为了提升 GPR 预测在测试集上的表现，模仿 LSTM 训练时的方式，在测试集上选取 12 个值作为测试数据，选取前 144 个真实值作为高斯过程回归模型的输入。GPR 预测如图 3-39 所示。在最后的 144 长度的测试集上，GPR 可以大体上预测曲线的走向，对于提升最后总的预测效果有积极的意义。

### 3.4.3　仿真结果

首先，将傅里叶变换、LSTM 和 GPR 在测试集上的预测叠加在一起，即可得到最终的业务流数据预测结果，如图 3-40 所示。最终的预测结果在测试集上取得 81.2%的准确率。

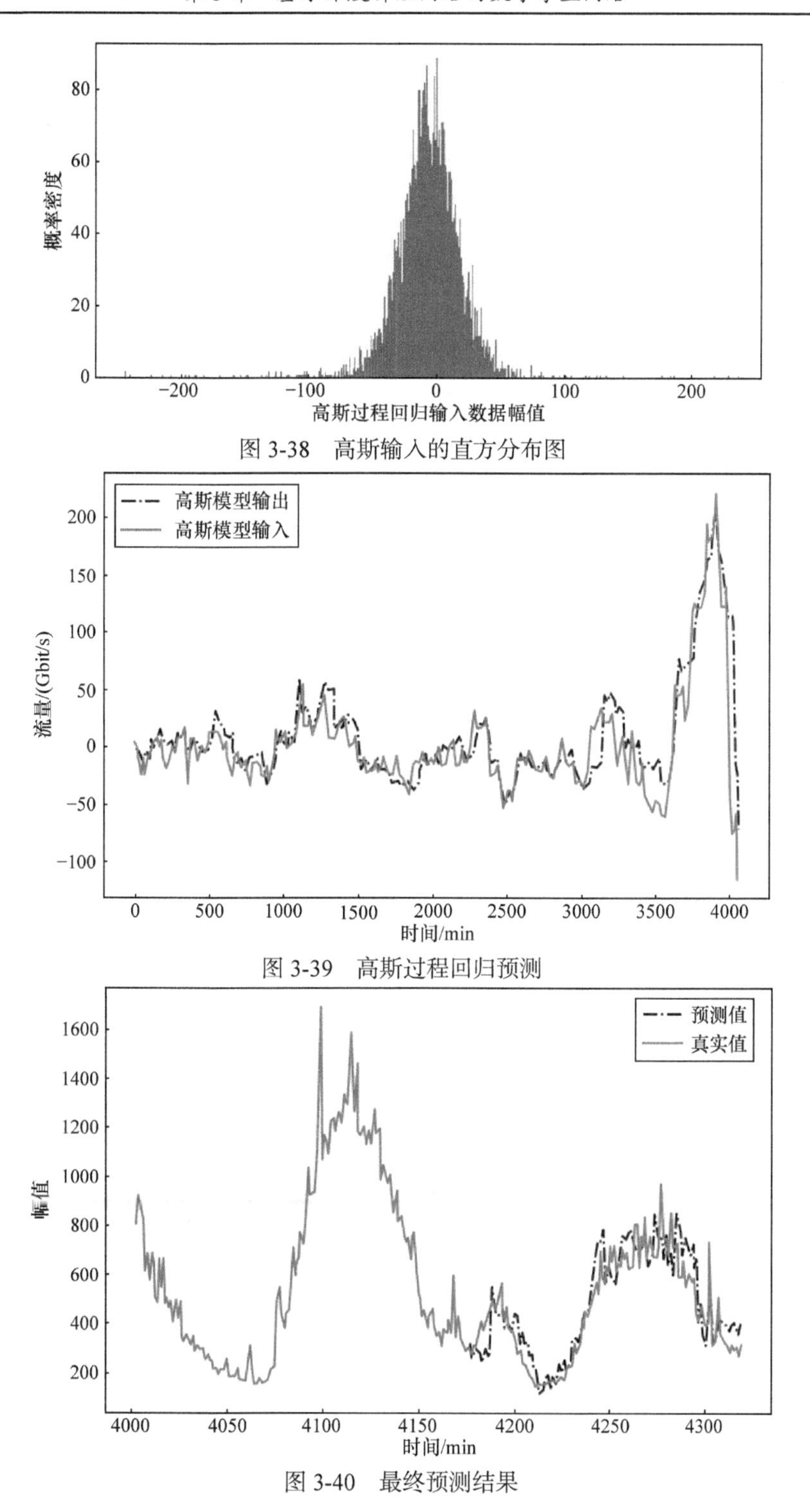


图 3-38　高斯输入的直方分布图

图 3-39　高斯过程回归预测

图 3-40　最终预测结果

下面进行先预测后决策的资源分配方案仿真。本次仿真设计三种策略。

(1) 无孪生。由于功率需要提前分配，因此根据上一个时隙的业务流大小为未来 12 个时隙的业务流大小进行功率分配。

(2) 非完美的数字孪生。采用业务流数字孪生的方法，用过去 144 个时隙的业务流预测未来 12 个时隙的业务流，根据预测的业务流为当前时隙进行功率分配。

(3) 理论上完美的数字孪生。直接使用真实数据代替预测数据，用于基站功率分配的决策。

中断主要由两种情况引起。第一种情况是，满足当前业务流需求采用的功率大于基站最大发射功率限制。另一种情况是，存在误差效应，根据策略 1 和策略 2 获得的未来业务流大小，计算出的发射功率远远满足不了未来业务流的真实需求。单基站功率分配参数设置如表 3-2 所示。

**表 3-2　单基站功率分配参数设置**

| 参数 | 值 |
|---|---|
| 信号带宽/kHz | 15 |
| 中心频率/GHz | 5 |
| 噪声功率/W | $10^{-8}$ |
| 基站最大发射功率限制/W | 1～4 |
| 用户距离基站的平均距离/m | 300 |

不同策略下的基站功率分配效果如图 3-41 所示。在相同的基站功率下，业务流数字孪生方案相比无数字孪生方案可以极大地降低中断率，并且效果和完美数字孪生的效果接近。这表明，本节提出的用于动态资源管理的“预测+决策”数字孪生方案十分有效，具有优越的性能。

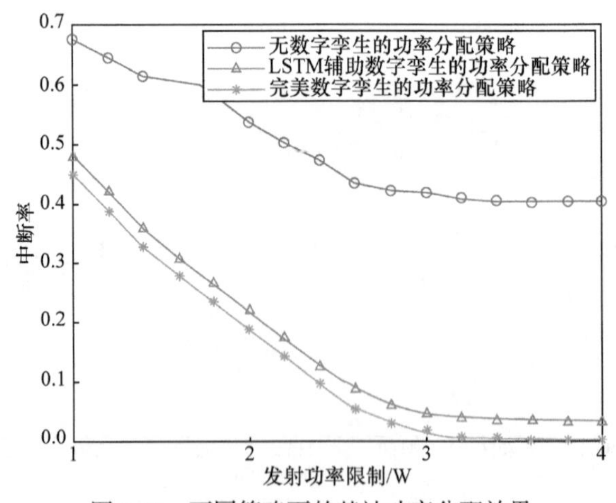


图 3-41　不同策略下的基站功率分配效果

# 3.5　基于数字孪生网络的 Cell-free 网络接入控制

## 3.5.1　系统模型

基于数字孪生的双参数深度 Q 网络(double parametrized-deep Q-network，DP-DQN)支持的无蜂窝网络如图 3-42 所示。接入点(access point，AP)的位置固定，构成集合 $\mathcal{L}=\{\mathrm{AP}_l|l=1,2,\cdots,L\}$，每个 AP 都配备 $N$ 根天线。所有 AP 通过容量有限的前端与集中智能核心处理器(intelligent core processor，ICP)相连。ICP 同时协助所有的 AP 向数据用户(data user，DU) $\mathcal{K}=\{\mathrm{DU}_k|k=1,2,\cdots,K\}$ 和能量用户(energy user，EU) $\mathcal{M}=\{\mathrm{EU}_m|m=1,2,\cdots,M\}$ 提供服务。所有的 DU 和 EU 通常为仅配备一根天线的小传感器。

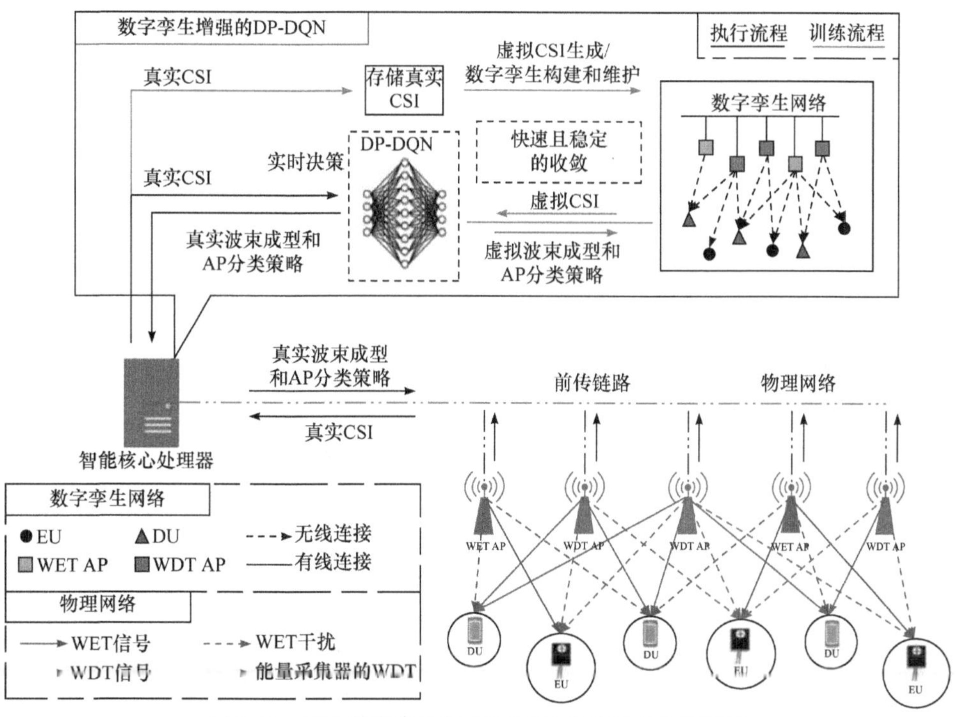


图 3-42　基于数字孪生的 DP-DQN 支持的无蜂窝网络

在给定传输帧 $t$ 的情况下，将所有 AP 动态划分为两个集合，也就是面向 DU 的集合 $\mathcal{L}_{\mathrm{WDT}}$ 即无线数据传输(wireless data transmission，WDT)和面向 EU 的集合 $\mathcal{L}_{\mathrm{WET}}$ 即无线能量传输(wireless energy transmission，WET)。值得注意的是，AP 的分类不会在一个传输帧内立即发生改变，以避免给 ICP 带来过多的计算负担。波束赋形的设计根据每个传输帧的瞬时 CSI 进行动态调整。在实际网络中，ICP 通过前端收集传输帧，然后根据计算结果为网络提供具体的设计方案。$\mathcal{L}_{\mathrm{WDT}}$ 中的 AP 只需要接收 ICP 下行链路 WET 的控制信号，$\mathcal{L}_{\mathrm{WET}}$ 中的 AP 还需要对数据流进行请求。

对于时变信道，设 $\boldsymbol{h}_{l,k}(t)\in\mathbb{C}^{1\times N}$ 表示 $\mathrm{AP}_l$ 和 $\mathrm{DU}_k$ 之间的信道，可以表示为

$$\boldsymbol{h}_{l,k}(t)=\sqrt{\frac{1}{\mathrm{PL}_{l,k}}}\boldsymbol{g}_{l,k}(t) \tag{3-27}$$

其中，$\mathrm{PL}_{l,k}$ 为相应的路径损耗；$\boldsymbol{g}_{l,k}(t)$ 为衰落系数。

相同的信道模型同样适用于 $\mathrm{AP}_l$ 与 $\mathrm{EU}_m$ 之间。假设无蜂窝网络的所有信道存在块衰落，两个相邻传输帧间的时间关系为

$$\boldsymbol{g}_{l,k}(t)=\lambda\boldsymbol{g}_{l,k}(t-1)+\sqrt{1-\lambda^2}\boldsymbol{\delta} \tag{3-28}$$

其中，$\lambda$ 为时间相关因子；$\boldsymbol{\delta}\in\mathcal{CN}(0,\boldsymbol{I}_N)$ 表示随机变量 $\boldsymbol{\delta}$ 遵循均值为 0，方差为 $\boldsymbol{I}_N$ 的标准复高斯分布；$\boldsymbol{I}_N$ 表示一个 $N\times N$ 的单位矩阵。

ICP 可以实现物理无蜂窝网络的数字孪生，其中所有的 AP、DU 和 EU 都有自己的孪生体，如图 3-42 所示。数字孪生根据上传的真实 CSI 作为网络模型输入生成虚拟 CSI，然后根据数字孪生生成虚拟 CSI 动态修改 AP 的分类和波束赋形的策略。虽然生成的虚拟 CSI 与相应的真实 CSI 在精度上存在的差距可能导致系统性能下降，但是大量生成的虚拟 CSI 为策略选择提供了更多样化的训练空间。这种数据驱动形成的策略能更快地收敛，得到的策略在物理无蜂窝网络中实现的速度比通过真实 CSI 得到的更快。孪生体生成的虚拟 CSI 存在误差，可以表示为

$$\hat{\boldsymbol{h}}_{l,k}(t)=\sqrt{1-\zeta}\boldsymbol{h}_{l,k}(t)+\sqrt{\zeta}\boldsymbol{\delta}_{l,k}^{\mathrm{DT}} \tag{3-29}$$

其中，$\sqrt{\zeta}\boldsymbol{\delta}_{l,k}^{\mathrm{DT}}$ 为虚拟 CSI 与真实 CSI 之间的误差；$\zeta$ 为标准化误差系数，且误差满足 $\boldsymbol{\delta}_{l,k}^{\mathrm{DT}}\in\mathcal{CN}\left(0,\sqrt{\frac{1}{\mathrm{PL}_{l,k}}}\boldsymbol{I}_N\right)$。

因此，本节利用数字孪生生成的虚拟 CSI 训练智能体进行 AP 分类和波束赋形策略学习。由于虚拟 CSI 存在误差，基于数字孪生生成数据进行学习可能导致一定的性能下降。但是，利用时间序列数据生成技术，真实 CSI 与虚拟 CSI 间的这种误差可以被限制在很小的范围内。例如，可以通过 $T^R=200$ 帧的真实 CSI 生成 $T^{\mathrm{DT}}=500$ 帧的虚拟 CSI，其数据误差仅 3%[33]。在相同帧数的情况下，数字孪生可以提供比真实 CSI 更多的数据用于训练。在大量虚拟 CSI 数据的基础上，传输策略智能体训练可以很快收敛。

### 3.5.2 数学优化模型

当给定传输帧时，定义 $\mathrm{AP}_l$ 到 $\mathrm{DU}_k$ 的波束赋形向量为 $\boldsymbol{\omega}_{l,k}\in\mathbb{C}^{N\times 1}$，因此 $\mathrm{AP}_l$ 的波束赋形矩阵可表示为

$$\boldsymbol{\Omega}_{l,t}=(\boldsymbol{\omega}_{l,1},\boldsymbol{\omega}_{l,2},\cdots,\boldsymbol{\omega}_{l,k}) \tag{3-30}$$

根据下行链路模型，令 $\boldsymbol{x}_k(t)$ 和 $\boldsymbol{x}(t)$ 分别表示 DU 的调制信号和 EU 的能量传输信号，$\boldsymbol{n}_k(t)\sim\mathcal{CN}(0,\sigma_k^2)$ 表示加性噪声，则 $\mathrm{DU}_k$ 接收的信号可以表示为

$$\begin{aligned}\boldsymbol{y}_k(t)=&\sum_{l\in\mathcal{L}_{\mathrm{WDT}}(t)}\sqrt{1-\zeta}\boldsymbol{h}_{l,k}(t)\boldsymbol{\omega}_{l,k}(t)\boldsymbol{x}_k(t)+\sum_{l\in\mathcal{L}_{\mathrm{WDT}}(t)}\sum_{k'\neq k}^{K}\sqrt{1-\zeta}\boldsymbol{h}_{l,k}(t)\boldsymbol{\omega}_{l,k'}(t)\boldsymbol{x}_{k'}(t)\\&+\sum_{l\in\mathcal{L}_{\mathrm{WET}}(t)}\sum_{k'=1}^{K}\sqrt{1-\zeta}\boldsymbol{h}_{l,k}(t)\boldsymbol{\omega}_{l,k'}(t)\boldsymbol{x}(t)+\sum_{l\in\mathcal{L}_{\mathrm{WDT}}(t)}\sum_{k'=1}^{K}\sqrt{\zeta}\delta_{l,k}^{\mathrm{DT}}\boldsymbol{h}_{l,k}(t)\boldsymbol{\omega}_{l,k'}(t)\boldsymbol{x}_{k'}(t)\\&+\sum_{l\in\mathcal{L}_{\mathrm{WET}}(t)}\sum_{k'=1}^{K}\sqrt{\zeta}\delta_{l,k}^{\mathrm{DT}}\boldsymbol{h}_{l,k}(t)\boldsymbol{\omega}_{l,k'}(t)\boldsymbol{x}(t)+n_k(t)\end{aligned} \tag{3-31}$$

将 $\mathrm{DU}_k$ 的接收信号划分为目标信号、干扰信号 $I_k$ 和数字孪生信道误差不确定度 $U_k$，$\gamma_k$ 表示 $\mathrm{DU}_k$ 的信干噪比，则下行链路的吞吐量 $R_k(t)=B\log(1+\gamma_k)$。

根据下行链路模型，$\mathrm{EU}_m$ 接收的信号可以表示为

$$\boldsymbol{y}_m(t)=\sum_{l\in\mathcal{L}_{\mathrm{WET}}(t)}\sum_{k=1}^{K}\hat{\boldsymbol{h}}_{l,m}(t)\boldsymbol{\omega}_{l,k}(t)\boldsymbol{x}(t)+\sum_{l\in\mathcal{L}_{\mathrm{WDT}}(t)}\sum_{k=1}^{K}\hat{\boldsymbol{h}}_{l,m}(t)\boldsymbol{\omega}_{l,k}(t)\boldsymbol{x}_k(t) \tag{3-32}$$

根据射频信号线性能量收集模型，令 $\tau_s$ 表示传输帧的长度，$\mu_e$ 表示能量转换效率[34]，则 $\mathrm{EU}_m$ 收集的能量可以表示为

$$E_m(t)=\tau_s\mu_e\left[\sum_{l\in\mathcal{L}}\sum_{k=1}^{K}(\hat{\boldsymbol{h}}_{l,m}(t)\boldsymbol{\omega}_{l,k}(t)\boldsymbol{\omega}_{l,k}(t)^*\hat{\boldsymbol{h}}_{l,m}(t)^*)\sigma_m^2\right] \tag{3-33}$$

前端存在两种类型的数据流，分别是关于 AP 分类和波束赋形方案的控制信令流和数据流。值得注意的是，所有 DU 请求的数据信息流可能被下发到 $\mathcal{L}_{\mathrm{WDT}}$ 集合中的所有 AP，因此前端的总吞吐量可以表示为[35]

$$R_f(t)=\left|\mathcal{L}_{\mathrm{WDT}}\right|\sum_{k=1}^{K}R_k(t) \tag{3-34}$$

定义一个二进制指示器 $v(t)$ 表示 AP 分类是否被更改，即

$$v(t)=\begin{cases}1, & \mathcal{L}_{\mathrm{WET}}(t)=\mathcal{L}_{\mathrm{WET}}(t-1);\mathcal{L}_{\mathrm{WDT}}(t)=\mathcal{L}_{\mathrm{WDT}}(t-1)\\0, & \text{其他}\end{cases} \tag{3-35}$$

AP 分类及其更新如图 3-43 所示。无蜂窝网络的能耗由信号传输和网络更新构成。单帧信号传输中所有 AP 的能耗为

$$E_{\mathrm{AP}}(t)=\tau_s\left[\sum_{l\in\mathcal{L}_{\mathrm{WET}}}\left(t\sum_{k=1}^{K}\mathrm{Tr}(\boldsymbol{\omega}_{l,k}(t)\boldsymbol{\omega}_{l,k}(t)^*)\right)+\sum_{l\in\mathcal{L}_{\mathrm{WDT}}}\left(t\sum_{k=1}^{K}\mathrm{Tr}(\boldsymbol{\omega}_{l,k}(t)\boldsymbol{\omega}_{l,k}(t)^*)\right)\right] \tag{3-36}$$

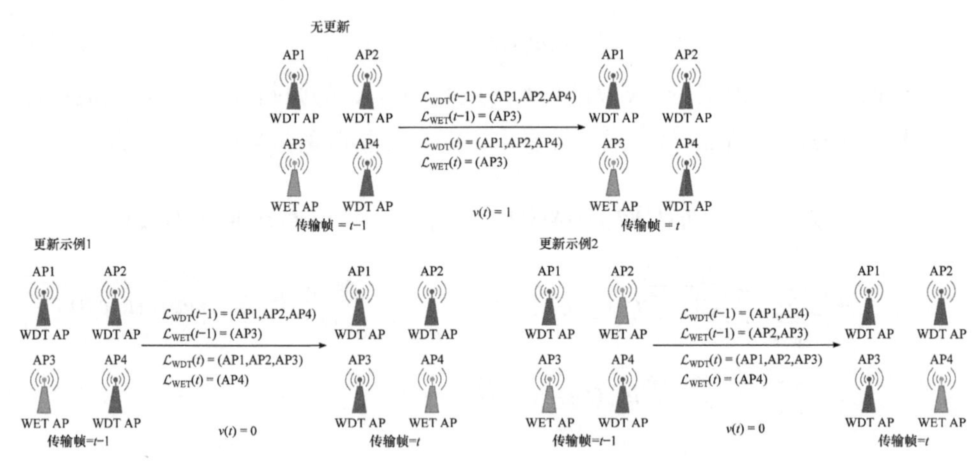


图 3-43　AP 分类及其更新

通常采用二维相关系数 $r(\boldsymbol{A}(t),\boldsymbol{A}(t-1))$ 表示时间序列之间的相关性[36]，即

$$r(\boldsymbol{A}(t),\boldsymbol{A}(t-1))=\frac{\sum_m\sum_n(\boldsymbol{A}_{mn}^t-\bar{\boldsymbol{A}}(t))(\boldsymbol{A}_{mn}^{t-1}-\bar{\boldsymbol{A}}(t-1))}{\sqrt{\left[\sum_m\sum_n(\boldsymbol{A}_{mn}^t-\bar{\boldsymbol{A}}(t))^2\right]\left[\sum_m\sum_n(\boldsymbol{A}_{mn}^{t-1}-\bar{\boldsymbol{A}}(t-1))^2\right]}} \tag{3-37}$$

因此，定义波束赋形之间的相关系数 $\mu_l(t)$ 为

$$\mu_l(t)=\frac{r(\boldsymbol{\Omega}_l(t-1),\boldsymbol{\Omega}_l(t))+1}{2},\quad l\in\mathcal{L} \tag{3-38}$$

定义信号传输帧中改变 AP 分类的能耗为 $\rho_v$，只更新 AP 的波束赋形设计而不改变 AP 的分类，则消耗的能量更少，定义为 $\rho_{u,l}$，因此第 $t$ 个传输帧的网络更新总能耗为

$$E_{\text{updata}}(t)=\rho_v(1-v(t))+\sum_{l}^{L}\rho_{u,l}(1-\mu_l(t)) \tag{3-39}$$

综上所述，最终网络能耗可表示为

$$E_{\text{net}}(t)=E_{\text{AP}}(t)+E_{\text{updata}}(t) \tag{3-40}$$

因此，优化问题可以表述为，在满足 DU 的 WDT 要求和 EU 的 WET 要求时，通过优化每个传输帧的 AP 分类及其波束赋形的设计，最大限度地降低长期网络能耗。在保证所有 AP 得到充分使用的情况下，仅将 AP 划分为 $\mathcal{L}_{\text{WET}}$ 与 $\mathcal{L}_{\text{WDT}}$。此外，下行链路的总吞吐量 $R_f(t)$ 不超过最大信道容量 $R_f^{\max}$，瞬时发射功率不超过最大值 $P_l^{\max}$。优化问题可以表示为

$$\text{(P1)*}\quad\min_{\{\mathcal{L}_{\text{WET}},\mathcal{L}_{\text{WDT}},W(t),\forall t=\{1,2,\cdots,T\}}\lim_{T\to\infty}\frac{1}{T}\sum_{t=1}^{T}E_{\text{net}}(t) \tag{3-41a}$$

$$\text{s.t.} \quad *\lim_{T\to\infty}\frac{1}{T}\sum_{t=1}^{T}R_k(t) \geqslant R_k^{\min}, \quad k \in \mathcal{K} \tag{3-41b}$$

$$*\lim_{T\to\infty}\frac{1}{T}\sum_{t=1}^{T}E_m(t) \geqslant E_m^{\min}, \quad m \in \mathcal{M} \tag{3-41c}$$

$$*\mathcal{L}_{\text{WET}}(t) \cap \mathcal{L}_{\text{WDT}}(t) = \varnothing, \quad t = \{1,2,\cdots,T\} \tag{3-41d}$$

$$*\mathcal{L}_{\text{WET}}(t) \cup \mathcal{L}_{\text{WDT}}(t) = \mathcal{L}, \quad t = \{1,2,\cdots,T\} \tag{3-41e}$$

$$*R_f(t) \leqslant R_f^{\max}, \quad t = \{1,2,\cdots,T\} \tag{3-41f}$$

$$\sum_{t=1}^{T}\text{TR}[\omega_{l,k}\omega_{l,k}^{*}] \leqslant P_l^{\max}, \quad l \in \mathcal{L}; t = \{1,2,\cdots,T\} \tag{3-41g}$$

强化学习的序贯决策问题可以表述为一个离散的马尔可夫模型决策过程(Markov decision process，MDP)[37]，而 MDP 可以描述为一个元组$\langle \mathcal{S},\ \mathcal{A},\ \mathcal{R} \rangle$，即状态、动作、奖励。将优化问题看作马尔可夫决策过程，并调用基于 DRL 的算法作为解决方案。根据(P1)的具体状态、动作、奖励设计如下。

(1) 状态。根据第$t-1$帧的 DU 信噪比$\gamma_k(t-1)$和 EU 收集的能量$E_m(t-1)$，模拟第$t$帧的环境状态，即

$$s_t = [\gamma_1(t-1),\cdots,\gamma_K(t-1),E_1(t-1),\cdots,E_M(t-1)] \in \mathcal{S} \tag{3-42}$$

(2) 动作。根据第$t$帧的 AP 分类与波束赋形是否发生变化，定义$t$帧的动作为

$$a_t = [\{\mathcal{L}_{\text{WET}},\mathcal{L}_{\text{WDT}}\},W(t)\} = [c(t),W(t)] \in \mathcal{A}$$

(3) 奖励。根据第$t$帧网络能耗的改变量与是否满足优化问题的约束条件，制定相应的奖励与惩罚。令第$t$帧的网络能耗改变量$\Delta E_{\text{net}}(t)$为第$t$帧的$E_{\text{net}}$与长度为$T_0$的观察窗口内平均值的差值。奖励公式可以表示为

$$\phi_0(t) = \begin{cases} \psi_0^{+}\left|\Delta E_{\text{net}}(t)\right|, & \Delta E_{\text{net}}(t) \leqslant 0 \\ -\psi_0^{-}\left|\Delta E_{\text{net}}(t)\right|, & \text{其他} \end{cases} \tag{3-43}$$

根据是否满足 DU 的 WDT 要求，奖励公式可以为

$$\phi_{\text{WDT},k}(t) = \begin{cases} \psi_{\text{WDT},k}^{+}\left|R_k(t) - R_k^{\min}\right|, & R_k(t) - R_k^{\min} \geqslant 0 \\ -\psi_{\text{WDT},k}^{-}\left|R_k(t) - R_k^{\min}\right|, & \text{其他} \end{cases} \tag{3-44}$$

根据是否满足 EU 的 WET 要求，奖励公式可以表示为

$$\phi_{\text{WET},m}(t) = \begin{cases} \psi_{\text{WET},m}^{+}\left|E_m(t) - E_m^{\min}\right|, & E_m(t) - E_m^{\min} \geqslant 0 \\ -\psi_{\text{WET},m}^{-}\left|E_m(t) - E_m^{\min}\right|, & \text{其他} \end{cases} \tag{3-45}$$

根据是否满足 AP 发射功率的要求，奖励公式可以表示为

$$\phi_{\mathrm{AP},l}(t)=\begin{cases}0, & \mathrm{TR}[\boldsymbol{\omega}_{l,k}\boldsymbol{\omega}_{l,k}^{*}]-P_l^{\max}\leqslant 0\\ -\psi_{\mathrm{AP},l}^{-}\left|\mathrm{TR}[\boldsymbol{\omega}_{l,k}\boldsymbol{\omega}_{l,k}^{*}]-P_l^{\max}\right|, & 其他\end{cases} \tag{3-46}$$

根据是否满足总吞吐量的要求，奖励公式可以表示为

$$\phi_f(t)=\begin{cases}0, & R_f(t)-R_f^{\max}\leqslant 0\\ -\psi_f^{-}\left|R_f(t)-R_f^{\max}\right|, & 其他\end{cases} \tag{3-47}$$

综上所述，第 $t$ 帧的某一特定动作 $a_t=[c(t),W(t)]$，总奖励可以表示为

$$r_t=\phi_0(t)+\sum_{k=1}^{K}\phi_{\mathrm{WDT},k}(t)+\sum_{m=1}^{M}\phi_{\mathrm{WET},m}(t)+\sum_{l=1}^{L}\phi_{\mathrm{AP},l}(t)+\phi_f(t) \tag{3-48}$$

如果一个特定的行为有助于实现长期目标和约束条件，智能体将获得奖励；当它暂时违反这些目标和约束时将受到惩罚。值得注意的是，惩罚行为是可以接受的，即使违反当前帧的长期目标和约束条件，也可以在下一帧得到补偿。

### 3.5.3 基于数字孪生的 DRL 算法

由于需要同时考虑离散动作 $\{c(t)\}$ 和连续动作 $\{W(t)\}$，优化问题不能直接采用经典的深度 Q 网络(deep Q-network，DQN)和深层确定性策略梯度(deep deterministic policy gradient，DDPG)算法。因此，本节设计了一种新的 DRL 算法——参数化深度 Q 网络(parametrized-deep Q-network，P-DQN)，但是该算法在稳定性和收敛性方面存在很大的问题。通过调用双网络结构和使用软替换方法，本节进一步提出一种增强型 DP-DQN。通过在网络中部署数字孪生，DRL 算法在收敛速度和稳定性得到巨大的提升。

Q 学习是一种基于值的强化学习算法，通过提前估计 $Q$ 值，采用贪婪的方式选择动作。给定传输帧 $t$ 的状态 $s$ 和动作 $a$，相应的 $Q$ 为目前平均折现总奖励 $r_t^{\gamma}=\sum_{k=t}^{\infty}\gamma^{k-t}r(s_k,a_k)$，即 $Q(s,a)=E\{r_1^{\gamma}\mid s_1=\mathrm{s},a_1=a_t\}$，其中 $r(s_k,a_k)$ 为瞬时奖励，$\gamma\in[0,1]$ 为折现因子。通过 Bellman 方程迭代计算 $Q$ 值，其表达式为

$$Q(s,a)=\underset{s_{t+1}}{E}\{r(s_k,a_k)+\gamma\max_{a'\in\mathcal{A}}Q(s_{t+1},a')\mid s=s_t,a=a_t\} \tag{3-49}$$

根据 $Q$ 值的表达式寻找使 $Q$ 值最大化的最佳动作。当状态空间 $\mathcal{S}$ 和动作空间 $\mathcal{A}$ 的大小非常大时，调用 DNN 将 $Q$ 值近似为 $Q(s,a;\theta)\approx Q(s,a)$，其中向量 $\theta$ 为 DNN 中的连接权值[38]，通过最小化损失函数，更新 $t$ 帧的 $\theta_t$，其表达

式为

$$L_t(\theta)=[Q(s_t,a_t;\theta)-(r(s_t,a_t)+\max_{a'\in\mathcal{A}}\gamma Q(s_{t+1},a';\theta_{t-1}))]^2 \tag{3-50}$$

$Q$ 函数相对于动作 $a$ 通常是非凸的，求解 $Q$ 的最大值是一个 NP 困难的问题。因此，$Q$ 值最大化 DQN 难以处理连续的动作空间。相反，策略梯度算法能更好地应对连续动作空间。当调用确定性策略梯度(deterministic policy gradient，DPG)，策略 $\mu_\theta:\mathcal{S}\to\mathcal{A}$ 直接返回动作 $a$ 和状态 $s$，策略 $\mu_\theta$ 对应的目标函数 $J(\mu_\theta)$ 为

$$J(\mu_\theta)=\int_{\mathcal{S}}\rho^{\mu_\theta}(s)r(s,\mu_\theta(s))\mathrm{d}s \tag{3-51}$$

在梯度 $\nabla_\theta J(\mu_\theta)$ 中调用 $Q$ 函数，将策略梯度算法与基于 $Q$ 值的方法结合可以形成 DDPG 算法[39]。结合经典的 DQN 和 DDPG 算法，文献[40]提出具有混合动作的参数化 DQN(记为 P-DQN)。数字孪生增强型 P-DQN 算法如图 3-44 所示。

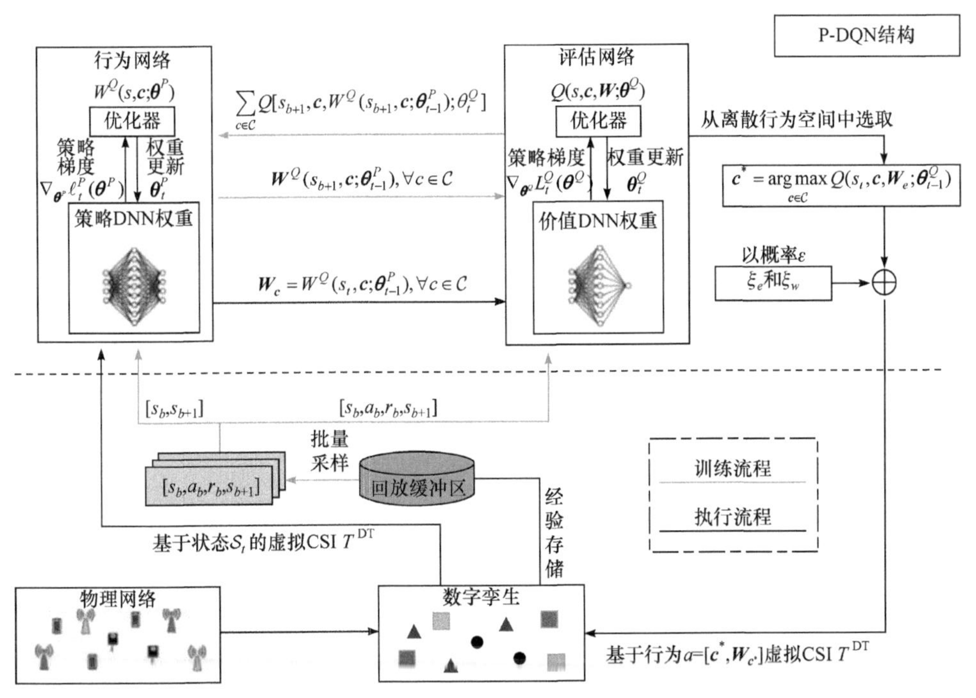


图 3-44　数字孪生增强型 P-DQN 算法

$Q$ 值重新表示为 $Q(s,a)=Q(s,\boldsymbol{c},\boldsymbol{W})$，其中离散变量 $\boldsymbol{c}\in\mathcal{C}$ 表示 AP 的分类方案，连续变量 $\boldsymbol{W}\in\mathcal{W}$ 表示所有 AP 的波束赋形矩阵。Bellman 方程可以重新表示为

$$Q(s,\boldsymbol{c},\boldsymbol{W})=\underset{s_{t+1}}{E}\left\{r(s,a)+\gamma\max_{c'\in\mathcal{C}}\sup_{W'\in\mathcal{W}}Q(s_{t+1},\boldsymbol{c}',\boldsymbol{W}')\,|\,s=s_t,a=(\boldsymbol{c},\boldsymbol{W})\right\} \tag{3-52}$$

给定 AP 的分类方案 $\boldsymbol{c}_i\in\mathcal{C}$，寻找使 $Q(s_{t+1},\boldsymbol{c}_i,\boldsymbol{W}')$ 最大的波束赋形矩阵 $\boldsymbol{W}_i$ 为

$\sup\limits_{\boldsymbol{W}'\in\mathcal{W}} Q(s_{t+1},\boldsymbol{c}_i,\boldsymbol{W}')=Q(s_{t+1},\boldsymbol{c}_i,\boldsymbol{W}_i)$。由于离散空间$|C|$有限，可能存在对应的 AP 分类方案$\boldsymbol{c}^*$，波束形成矩阵$\boldsymbol{W}^*$，使$Q(s_{t+1},\boldsymbol{c}^*,\boldsymbol{W}^*)$最大化。

给定环境状态为 $s$ 时，寻找 AP 的分类方案$\boldsymbol{c}_i$对应的最优波束赋形矩阵$\boldsymbol{W}_i=\arg\sup\limits_{\boldsymbol{W}'\in\mathcal{W}} Q(s,\boldsymbol{c}_i,\boldsymbol{W}')$。最优波束赋形矩阵可视为函数$W^Q(s,\boldsymbol{c}_i;\theta^Q):\mathcal{S}\times\mathcal{C}\to\mathcal{W}$，即

$$Q(s,\boldsymbol{c},\boldsymbol{W})=\underset{s_{t+1}}{E}\left\{r(s,a)+\gamma\max_{c'\in\mathcal{C}}Q(s_{t+1},\boldsymbol{c}',W^Q(s_{t+1},\boldsymbol{c}'))\,|\,s=s_t,a=(\boldsymbol{c},\boldsymbol{W})\right\} \tag{3-53}$$

P-DQN 根据 DQN 和 DDPG 的原理，通过具有权重向量$\boldsymbol{\theta}^Q$的$Q$值和权重向量的$\boldsymbol{\theta}_t^P$的波束赋形矩阵，不断更新网络寻找最优值。对于 DNN 的权重向量$\boldsymbol{\theta}^Q$和$\boldsymbol{\theta}_t^P$，使用$Q(s,\boldsymbol{c},\boldsymbol{W};\boldsymbol{\theta}^Q)\approx Q(s,\boldsymbol{c},\boldsymbol{W})$与$W^Q(s,\boldsymbol{c}_i;\boldsymbol{\theta}_t^P)\approx W^Q(s,\boldsymbol{c}_i)$近似。在实际操作中，可以先暂时固定其中一个权值，根据梯度下降法更新另一个权值。

P-DQN 具有的确定性策略$W^Q(s,\boldsymbol{c}_i;\boldsymbol{\theta}_t^P)$作为一个行为(actor)输出动作，也有一个$Q$值$Q(s,\boldsymbol{c},\boldsymbol{W};\boldsymbol{\theta}^Q)$的输出判断标准作为评估网络(critic-network)。因此，P-DQN 具有天然的行为-评估(actor-critic)的结构。

在 DNN 中的$W^Q(s,\boldsymbol{c}_i;\boldsymbol{\theta}_t^P)$和$Q(s,\boldsymbol{c},\boldsymbol{W};\boldsymbol{\theta}^Q)$，由于 P-DQN 算法中的权值$\boldsymbol{\theta}_t^P$和$\theta_t^Q$高度相关，这将导致权值更新期间的收敛性能较差。为了提高收敛性，本节进一步将目标评估结构应用在 P-DQN 中。DNN 中原始的$Q$值$Q(s,\boldsymbol{c},\boldsymbol{W};\boldsymbol{\theta}^Q)$作为与目标$Q'(s,\boldsymbol{c},\boldsymbol{W};\boldsymbol{\theta}^{Q'})$同样重要的参数共同评估网络。同时，DNN 中原始的策略$W^Q(s,\boldsymbol{c}_i;\boldsymbol{\theta}_t^P)$也与目标$W^{Q'}(s,\boldsymbol{c}_i;\boldsymbol{\theta}_t^{P'})$共同合作。具体而言，评估$Q(s,\boldsymbol{c},\boldsymbol{W};\boldsymbol{\theta}^Q)$与$W^Q(s,\boldsymbol{c}_i;\boldsymbol{\theta}_t^P)$，计算输入动作的$Q$值，通过最大化$Q$值决定最佳动作。此外，目标 DNN 在训练过程的一个片段中被部分替换为评估指标，称为软目标更新。

评估 DNN 与目标之间的联合可以减少估计过度现象，从而使学习更加稳定和可靠[41]。在 P-DQN 中，通过最小化损失函数来更新基于$Q$值的 DNN。本节根据不稳定的值更新基于$Q$值的 DNN，该值与基于$Q$值的 DNN 本身密切相关，紧密的相关性导致估计过度和实践中的收敛困难。通过调用双 DNN，可以仅通过部分替换参数的目标 DNN 更新评估 DNN。

在系统模型中，虽然搜索最大$Q$值的复杂度不能得到很好地改善，但是本节的算法能够通过调用确定性策略网络$W^Q(s,\boldsymbol{c}_i;\boldsymbol{\theta}_t^P)$降低波束形成设计$\boldsymbol{W}_{c^*}$的复杂性。因为 DP-DQN 结合了 DQN 和 DDPG 的思想，所以能够解决混合动作空间的 MDP 问题。由于双 DNN 结构，DP-DQN 在不影响最佳性能的情况下，其收敛速度和稳定性都大大超过了 P-DQN。但是，应谨慎选择重要的超参数折扣因子$\gamma$，折扣因子$\gamma$过高或过低都会导致双 DNN 结构效率低下。

### 3.5.4　仿真结果

仿真中存在 3 个 AP、2 个 DU 和 2 个 EU。AP 均配置 3 根天线，而 DU 和 EU 仅配置 1 根天线。$\mathrm{AP}_l$ 和 $\mathrm{DU}_k$ 之间的路径损失模型可以表示为

$$\mathrm{PL}_{l,k} = 32.45 + 20\lg f + 20\lg d_{l,k} \tag{3-54}$$

DP-DQN 部署于 TensorFlow1.0。所有结果在一轮内平均。该轮包含 $T^{\mathrm{DT}}$ 传输帧，并用于性能评估。观察帧长度设置为 $T_0 = T^{\mathrm{DT}}$，确定性策略 DNN 的密集层为 $256\times128$，$Q$ 值 DNN 的密集层为 $256\times128\times64$。

首先将 DP-DQN 算法与 3 个基准进行比较，即 P-DQN、FIXED + CB(AP 分类是固定的，一个 WDT AP 和两个 WET AP，采用共轭波束赋形)、RAND + CB(AP 分类是随机的，经过一定帧的共轭波束赋形后周期性变化[42])。需要注意的是，这里没有应用数字孪生，而是关注算法本身的性能。这 4 种算法都与相同的环境交互，收集真实的 CSI。

网络能耗和平均奖励的算法性能如图 3-45 所示。从图 3-45(a)可以看出，两种基于 DRL 的算法都经历了一个学习过程，并且都能智能适应时变信道，比其他两种静态算法节约约 0.5mJ 的能耗。

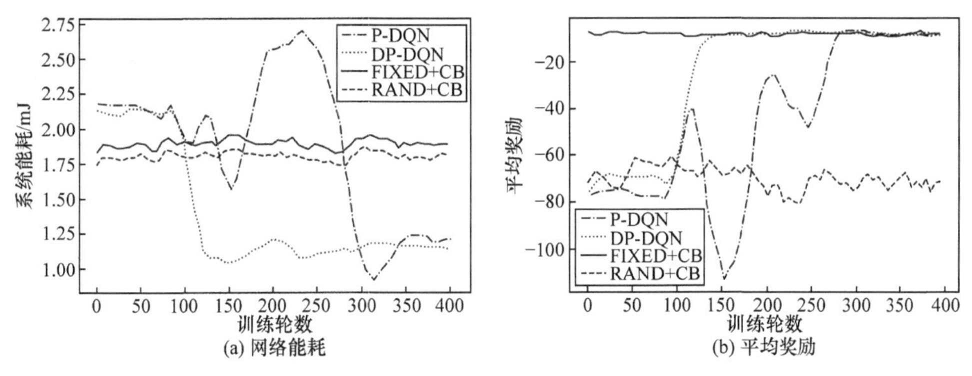


图 3-45　网络能耗和平均奖励的算法性能

虽然它们都在 400 轮后趋于一致，但是 DP-DQN 能更快、更稳定地达到最优策略。另外两种算法没有这样的学习进度，需要更高的能耗维护系统模型。图 3-45(b)分析了能耗对应的平均奖励。除 RAND + CB，所有算法都能达到相对满意的性能。这说明，这三种算法都满足前传链路、DU 和 EU 的要求和一系列约束。综上所述，在调用双 DNN 结构时，DP-DQN 算法在收敛性和稳定性上都超过了 P-DQN 算法，并且由于基于智能 DRL 的结构，比 FIXED + CB 节省了更多的能耗。

此外，本节还关注了前传链路吞吐量、AP 分类和波束赋形策略的更新。如图 3-46(a)所示，基于 DQN 的两种算法都通过学习经验和动态调整策略控制前

传链路吞吐量，而其他两种静态算法都无法实现这一点。然后，讨论 AP 的分类和波束赋形在 P-DQN 和 DP-DQN 中的更新。从图 3-46(b)可以看出，这两种基于 DQN 的算法都随着无蜂窝网络环境的动态变化而动态调整波束赋形的策略。然而，DP-DQN 在相邻传输帧中选择相关性较小的波束赋形策略，如图 3-46(b)所示。可以看出，DP-DQN 比 P-DQN 改变 AP 分类的频率更低。综上所述，DP-DQN 倾向于保持 AP 分类不变，因为这样更消耗能量，但它倾向于动态更新波束赋形策略。因此，调用 DP-DQN 会使更新波束赋形策略的能耗增加，但是更新 AP 分类的能耗降低，而前传链路吞吐量可以保持在最大前端容量以下，如图 3-46(a)所示。从图 3-46(c)可以看出，P-DQN 收敛速度较慢。因此，网络更新会消耗更多的能量，由此产生的前端吞吐量超过了之前 300 轮的最大容量。

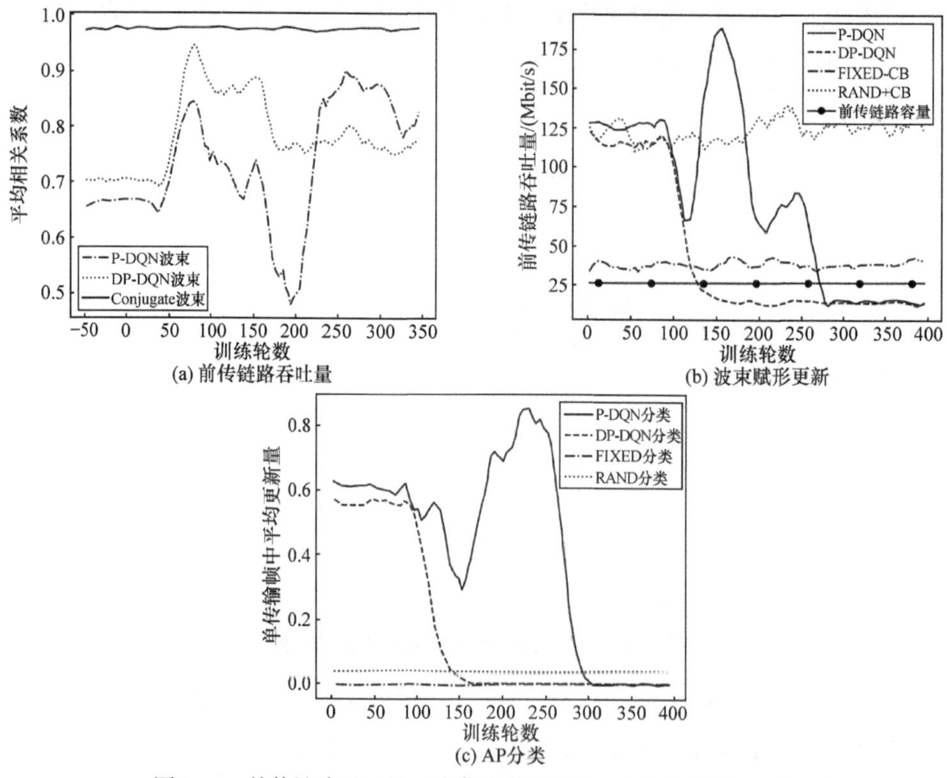


(a) 前传链路吞吐量　　(b) 波束赋形更新

(c) AP分类

图 3-46　前传链路吞吐量、波束赋形更新和 AP 分类的算法性能

图 3-47 描述了 DP-DQN 策略指导下 AP、DU 和 EU 的性能。从图 3-47(a)可以看出，DP-DQN 训练 300 轮后，每轮的平均发射功率收敛，且该指标基本不变。从图 3-47(b)可以看出，在训练过程中偶尔会出现违反 AP 最大发射功率约束的情况，因为 DP-DQN 会探索所有可能的动作来找到更好的策略。在训练 100 轮之后，这些约束违反现象不再发生。从图 3-47(c)和图 3-47(d)可以看出，在大多数情

况下，DU 的 WDT 要求和 EU 的 WET 要求都得到了满足，但是也有违反约束的情况。因为优化方程约束条件中存在理想长期指标约束。此外，与约束条件相比，DU 和 EU 的位置分布对其个体性能也有影响。在实际部署中，开发人员可以适当地加强这些长期约束，实现灵活性和健壮性。

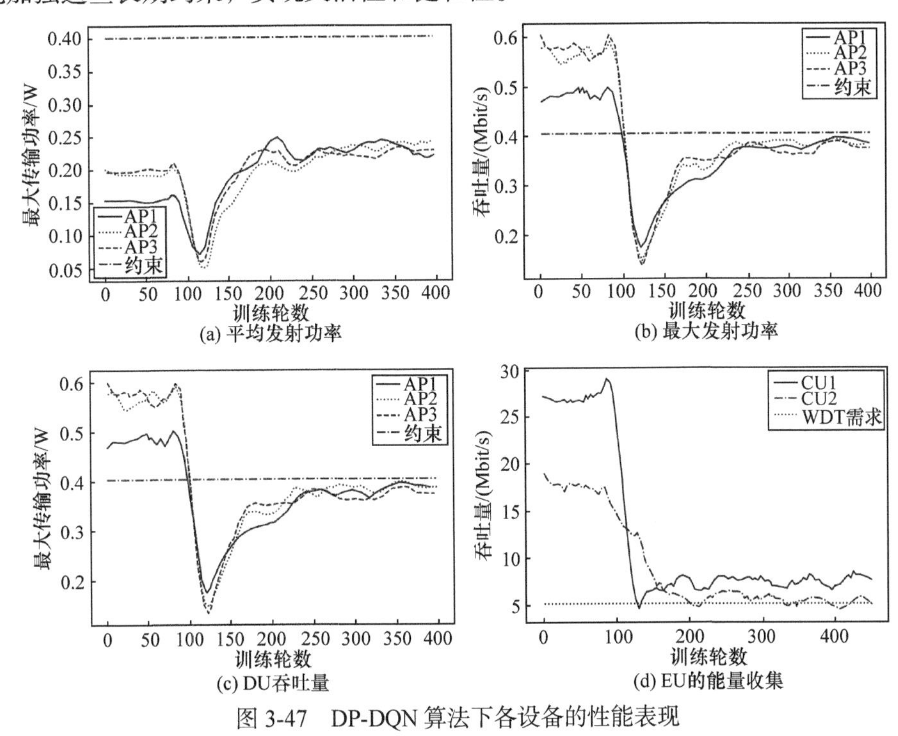


图 3-47　DP-DQN 算法下各设备的性能表现

# 3.6　基于数字孪生网络的多基站功率调度

## 3.6.1　轨迹孪生方案

轨迹孪生方案使用韩国科学技术学院的公开数据集。该数据集包含多名学生的真实移动轨迹。对其进行预处理和区域划分后，使用 LSTM 中对不同区域内人数进行预测，在基站尺度下进行预测性的数字孪生，在数字孪生辅助下进行功率分配。最终在某仿真软件与网络模拟器-3 平台进行仿真实验。仿真结果表明，有轨迹孪生协助的网络吞吐量与没有孪生协助的网络相比均有一定程度的性能提升。

## 3.6.2　网络模型构建及预测

1. 数据预处理

真实世界的用户移动轨迹会记录移动对象的时空分布足迹，是移动对象活动特征的真实反映。真实世界的时空数据具有空间特征和时间特征，同时数据中隐藏着方向、速度、用户聚集性等重要的属性信息。虽然直接发现其中蕴含的规律较为困难，但是轨迹数据本身具有时空特征和一定的相关性，因此可以对其进行孪生与预测。

本节更倾向于使用公开的用户轨迹数据集，而非基于公式与概率生成的轨迹。对于轨迹孪生与预测，本节对某些具有一定规律的区域进行预测，即用户在移动过程中具有一定聚集性与时间相关性。本节选择 3 份来自 Data.World 网站公开的真实用户轨迹数据集，即来自北卡罗来纳州立大学、纽约某城市公园和韩国科学技术院的数据集。其中，韩国科学技术院记录的用户数目及时长相对较多，总人数为 92 人，最短记录时长为 4h，因此选择该数据集作为后续研究的基础。图 3-48 所示为其中一位用户的轨迹记录文件内容，图中三列数据分别为时间戳、$x$ 坐标与 $y$ 坐标。

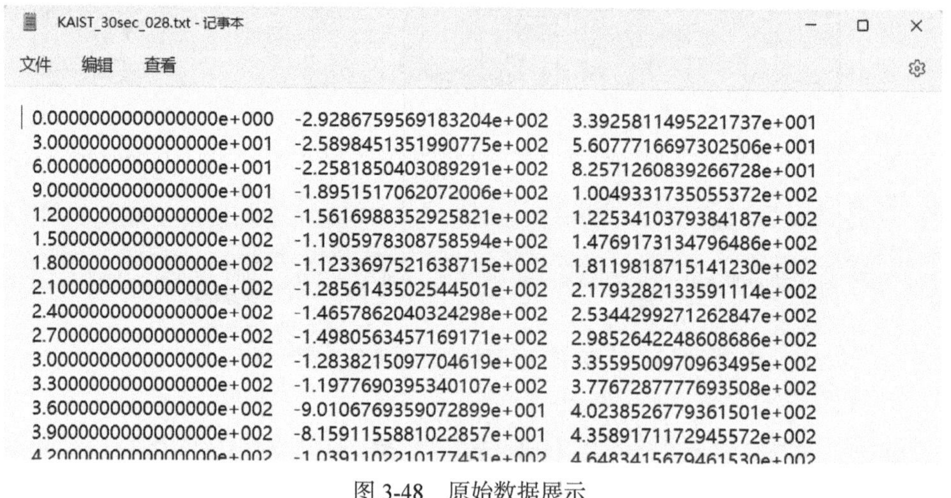
KAIST_30sec_028.txt - 记事本

文件　编辑　查看

```
0.0000000000000000e+000  -2.9286759569183204e+002  3.3925811495221737e+001
3.0000000000000000e+001  -2.5898451351990775e+002  5.6077716697302506e+001
6.0000000000000000e+001  -2.2581850403089291e+002  8.2571260839266728e+001
9.0000000000000000e+001  -1.8951517062072006e+002  1.0049331735055372e+002
1.2000000000000000e+002  -1.5616988352925821e+002  1.2253410379384187e+002
1.5000000000000000e+002  -1.1905978308758594e+002  1.4769173134796486e+002
1.8000000000000000e+002  -1.1233697521638715e+002  1.8119818715141230e+002
2.1000000000000000e+002  -1.2856143502544501e+002  2.1793282133591114e+002
2.4000000000000000e+002  -1.4657862040324298e+002  2.5344299271262847e+002
2.7000000000000000e+002  -1.4980563457169171e+002  2.9852642248608686e+002
3.0000000000000000e+002  -1.2838215097704619e+002  3.3559500970963495e+002
3.3000000000000000e+002  -1.1977690395340107e+002  3.7767287777693508e+002
3.6000000000000000e+002  -9.0106769359072899e+001  4.0238526779361501e+002
3.9000000000000000e+002  -8.1591155881022857e+001  4.3589171172945572e+002
4.2000000000000000e+002  -1.0391102210177451e+002  4.6483415679461530e+002
```

图 3-48　原始数据展示

本节需要对基站尺度下的用户数目进行预测，因此选择合适的区域切割方式是进行有效预测的关键一环。对此，应进行如下两步处理。

(1) 定界。Data.World 网站中公开的数据集中并不包含韩国科学技术院的围墙长度与大小信息，因此需要划分校园区域。假定校园为一个矩形区域，本节统计了全部 92 个人的最大横纵坐标，如果将校园的长和宽设定为学生轨迹的最大横纵坐标，则所有学生一定在校园内，但在后续的研究工作中发现绝大多数学生更加偏向于在某些区域内活动，只有极少数的学生会前往那些较远的区域。若以最大横纵坐标划分区域，可能造成只有某些区域有人出现，其他大部分区域没人的情况，因此缩小学校的范围，将其划分为一个 2.4km×2.4km 的标准正方形。

(2) 切分。将 2.4km×2.4km 区域划分为 3×3 的九宫格。区域切分示意图如图 3-49 所示。

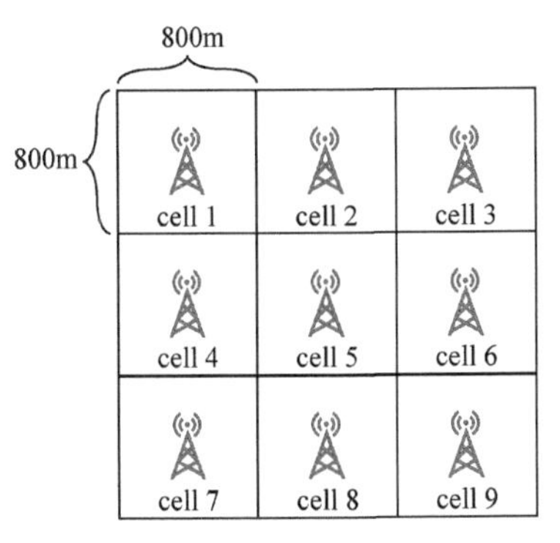


图 3-49　区域切分示意图

对于用户的归属问题，即用户何时何地应该接入哪个基站的问题，本节遵循就近原则，即就近接入对应基站，其中超出 2.4km×2.4km 区域的校园用户则不接入任何基站，以实现校园中随时有学生流入流出的效果。

若将区域进一步切分为 48m×48m 的小格子，将每个小格子内的人数以图像灰度编码，可视化用户流动，结果如图 3-50 所示。

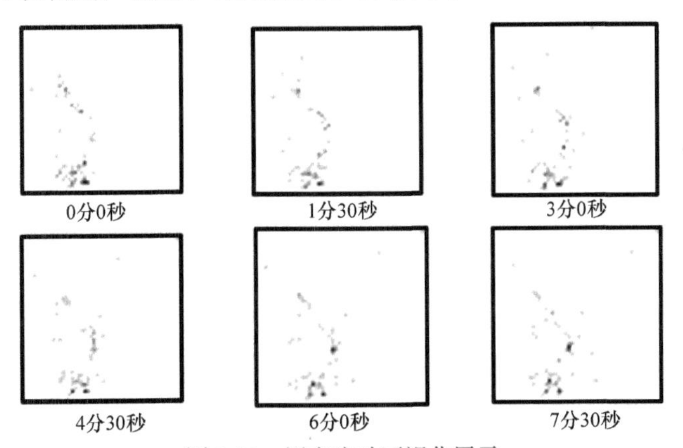


图 3-50　用户流动可视化展示

2. LSTM 网络构建及预测

将多名用户移动轨迹的基站区域划分结果输入 LSTM 网络进行训练。神经网络的输入为前一段时间每个区域的人数，输出为未来某一段时间每个区域人数的预测值。

方案使用的 LSTM 网络是基于 Python 编程环境下的 PyTorch 深度学习框架搭建的，用于用户人数预测。原始数据经处理后得到预测模型的训练数据集，然后通过输入层、隐藏层、输出层组成的 LSTM 神经网络时间序列预测模型，对训练集进行训练，在测试集上进行测试。LSTM 网络结构及训练方案如图 3-51 所示。

对原始数据处理完毕后，可以获得 9 个区域 500min 内的人数变化，然后将前 450min 的作为神经网络的训练集，最后 50 组数据作为神经网络的测试集。将前 450 组数据做标准化(归一化)处理后，便可送入神经网络训练。

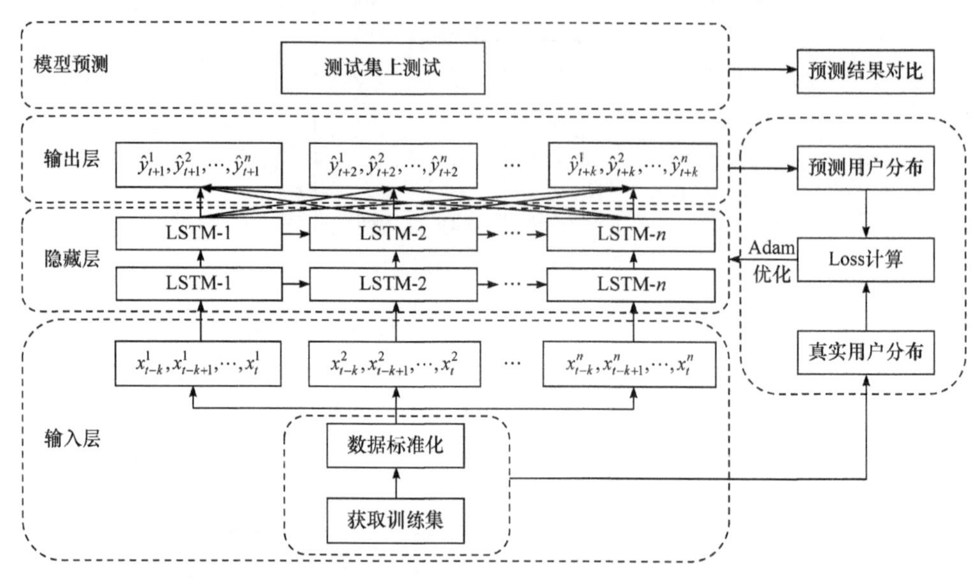


图 3-51　LSTM 网络结构及训练方案

训练策略为对于人数小于等于 5 的区域，不做 LSTM 预测，对余下的每个区域单独设计神经网络进行预测。下面以图 3-49 中右上角区域 cell3 为例进行说明。

(1) 网络训练。首先，取数据 1～25 送入神经网络，生成预测的第 26 个数据，并与真实的第 26 个数据进行比较，计算 loss 并优化神经网络。然后，将真实的第 2～26 个数据送入神经网络，生成预测的第 27 个数据，并与真实的第 27 个数据进行比较，计算 loss 并优化神经网络。依此类推，直至 450 个训练集数据全部使用完毕，称神经网络完成一轮训练。完成一轮训练后，重新开始下一轮训练，即保留神经网络的性能后，从 1～25 继续训练，共完成 400 轮训练。

(2) 产生输出。完成训练后，需要神经网络产生预测的未来 10 个数据。以预测第 481～490 个数据为例，取真实的 456～480 时刻的数据，产生第 481 时刻的预测值，将该预测值加入真实值序列中产生下一个预测值，即 457～480 个真实值加第 481 时刻的预测值，送入神经网络产生第 482 时刻预测值。依此类推，直至 10 个预测值全部产生完毕。表 3-3 为 cell3 区域的 LSTM 参数配置。其余区域的 LSTM 配置与 cell3 区域类似，只在数值上有变化。

表 3-3　LSTM 参数配置

| 参数 | 对应方法与数值 |
|---|---|
| 数据集 | 500 |
| 训练集 | 450 |
| 测试集 | 50 |
| 输入数据量 | 35 |
| 产生预测数据量 | 10(每 5min) |
| 训练轮数 | 400 |
| 损失函数 | MSE |
| 参数优化器 | Adam |
| 输入层节点 | 1 |
| 隐藏层节点 | 200 |
| 输出层节点 | 1 |
| LSTM 层 | 1 |

(3) 功率调度方案。考虑如下场景与问题，即在韩国科学技术院内分布 9 个基站，所有基站采用 5G NR 协议和 OFDM 协议，假设基站所在的小区内每个用户只使用一个载波，中心频率固定。假设一个周期有 $n$ 个时刻，每个基站以一个周期的间隔上报一次过去 $n$ 个时刻的用户人数，以及用户所在的位置。假设所有基站的长期平均总发射功率固定，设计一种策略，合理地分配有限的功率，先为每个时刻分配功率，然后在每个时刻为基站分配功率。

一个周期内所有时刻的 9 个基站总发射功率的平均值等于一个固定值，以满足能量需求，目标是通过是时隙间功率分配，最大化一个周期内 9 个基站平均总吞吐量，即

$$(\text{P1}) \quad \max_{P_t} \frac{1}{T}\sum_{t=1}^{T} C(t) \tag{3-55a}$$

$$\text{s.t.} \quad \frac{1}{T}\sum_{t=1}^{T} P_t = \tilde{P} \tag{3-55b}$$

其中，$C(t)$ 为当前时隙 9 个小区的总吞吐量；$P_t$ 为当前小区的总发射功率；$T$ 为一个周期长度。

代入基站间功率调度最优可达率，可得

$$C(t) = \left(\sum_{i=1}^{9} N_{i,t}\right) B\log_2\left(1 + \frac{\dfrac{P_t}{\sum_{i=1}^{9} N_{i,t}} E[h^2]}{\sigma^2}\right) \tag{3-56}$$

优化问题可以转换为

$$\max_{P_t} \frac{1}{T}\sum_{t=1}^{T}\left(\sum_{i=1}^{9}N_{i,t}\right)B\log_2\left(1+\frac{\dfrac{P_t}{\sum_{i=1}^{9}N_{i,t}}E[h^2]}{\sigma^2}\right) \tag{3-57a}$$

$$\text{s.t.} \quad \frac{1}{T}\sum_{t=1}^{T}P_t \leqslant \bar{P} \tag{3-57b}$$

因此，可得当前时刻最优功率，即

$$P_t^* = \frac{\sum_{i=1}^{9}N_{i,t}}{\sum_{t=1}^{T}\sum_{i=1}^{9}N_{i,t}}\tilde{P} \tag{3-58}$$

(4) 基站间功率调度优化问题。在完成时刻间功率资源分配后，每一时刻九个基站的总发射功率是给定的，目标是通过基站间功率分配，最大化当前时隙所有小区的所有用户的总吞吐量。

$$\text{(P2)} \quad \max_{p_i} \sum_{i=1}^{9}N_iB\log_2\left(1+\frac{\dfrac{p_i}{N_i}E[h^2]}{\sigma^2}\right) \tag{3-59a}$$

$$\text{s.t.} \quad \sum_{i=1}^{9}p_i = \bar{P} \tag{3-59b}$$

其中，$N_i$ 为基站 $i$ 的人数；$B$ 为每个用户的带宽；$p_i$ 为基站 $i$ 的发射功率；$\sigma^2$ 为高斯白噪声功率；$\bar{P}$ 为当前时隙所有基站的总发射功率；$E[h^2]$ 为基站下用户的统计平均路径损耗。

容易看出，这是一个凸问题，列出 KKT 条件并经过一系列简化可得

$$p_i^* = \left(\frac{B}{v^*\ln 2} - \frac{\sigma^2}{E[h^2]}\right)N_i \tag{3-60}$$

由 $\sum_{i=1}^{9}p_i^* = \bar{P}$，可得

$$p_i^* = \frac{N_i}{\sum_{i=1}^{9}N_i}\bar{P} \tag{3-61}$$

综上所述，本方案的资源调度器根据当前时隙每个基站的人流数量 $N_i$ 按比例进行总功率的分配。

### 3.6.3　仿真结果

1. LSTM 预测仿真效果

将数据送入神经网络训练完毕后，为模型输入真实区域人数信息，进行预测后产生了多组预测值，图 3-52 与图 3-53 分别选自 cell3 区域与 cell5 区域，分别为采用历史 25min 的用户数预测未来 10min 的用户数和采用历史 35min 的用户数预测未来 10min 的用户数，各展示预测值与真实值的对比关系。

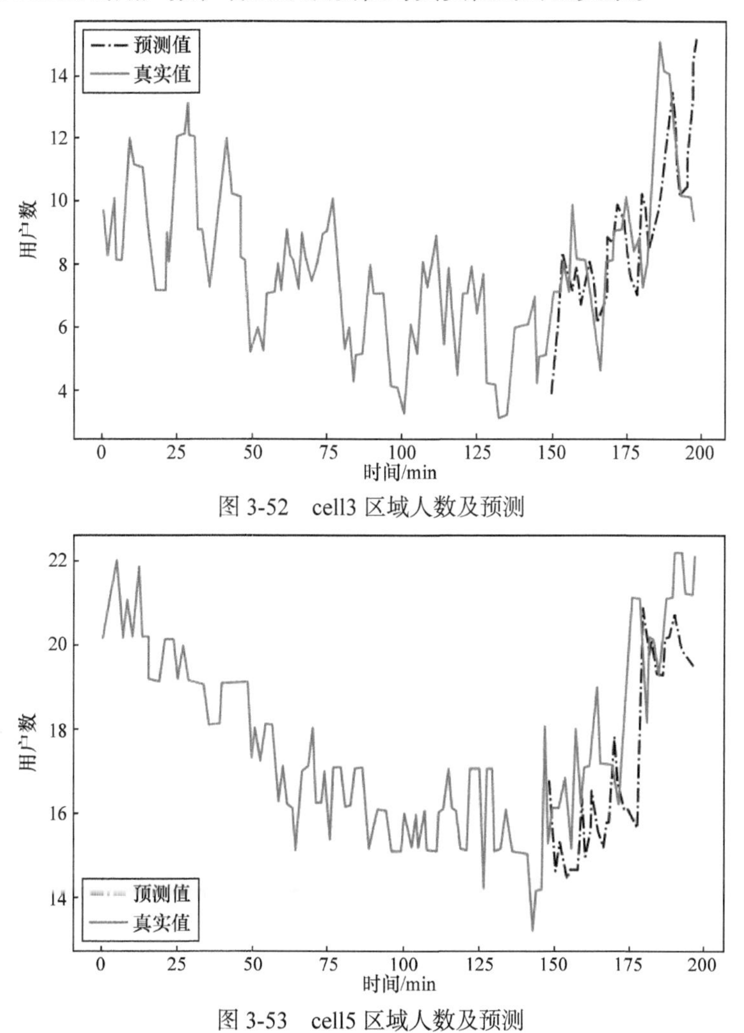


图 3-52　cell3 区域人数及预测

图 3-53　cell5 区域人数及预测

图 3-52 与图 3-53 展示了 LSTM 预测的不同时间段的 10 个时刻用户数目变化。其中，从图 3-52 中可以看出预测产生的前 47 个点较为准确，最后三个点误差较大，即使考虑这三个“坏点”后，全部预测值与真实值的 MAPE 也为 18.7%，

而图 3-53 中的 MAPE 为 8.5%。其余未展示的区域 MAPE 也在 20%以下。

在图 3-54 与图 3-55 展示 cell3 与 cell5 区域 LSTM 训练过程中 loss 的变化。图 3-54 中在 550 轮后开始收敛，最终选取 600 作为训练轮数。而在图 3-55 中，在 250 轮左右 loss 曲线产生了较大波动，100～200 轮，以及 300～400 轮 loss 较为平稳，均可选择作为合适的训练轮数，在多次尝试后，最终选取 400 作为最终训练轮数。

其余区域训练轮数选取同理，若 loss 始终不收敛，则考虑调整网络层数，如添加隐藏层数，扩充隐藏层神经元数目，增强神经网络学习能力后使 loss 收敛。

对于不做 LSTM 预测的“近乎无人”的区域，选取前 20 个时刻(每 10 分钟)的人数平均值作为下 10 个时刻的预测值。最终，结合平均值预测法与 LSTM 预测法，成功构建了一个对 9 个区域未来 10 个时刻具有一定预测能力的孪生系统。

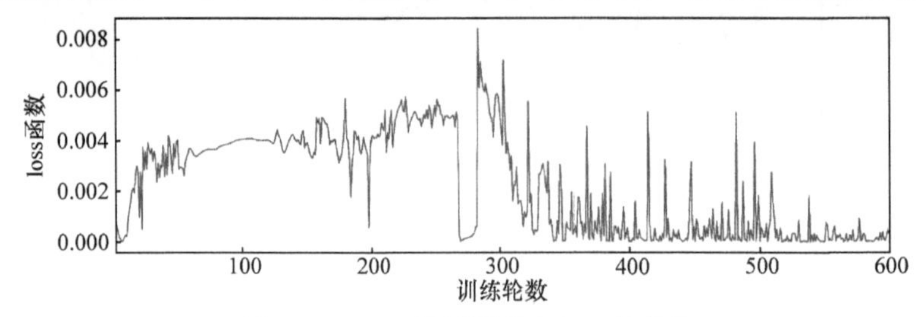


图 3-54　cell3 区域训练中 loss 的变化

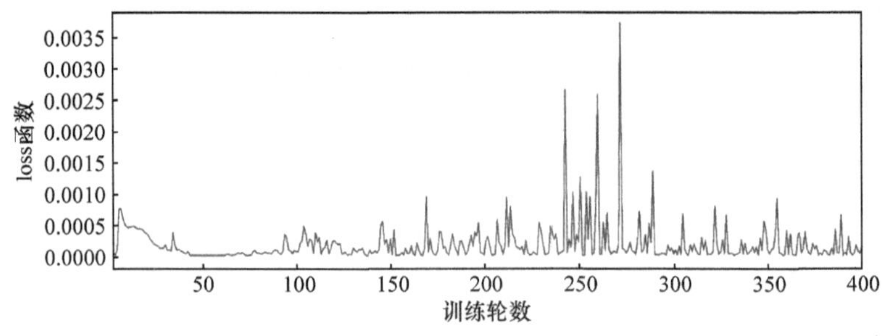


图 3-55　cell5 区域训练中 loss 的变化

2. 数字孪生功率分配仿真效果

功率分配方案如下。

(1) 方案 1：基站周期性根据人流数量来分配通信资源。传统做法是把本周期第一个时刻探测到的人流密度当成本周期所有时隙的人流密度，然后指导本周期资源分配策略的生成。

(2) 方案 2：采用 LSTM 神经网络，对 9 个基站人流密度进行批预测，即用过去的 $N$ 个时隙预测未来 $M$ 个时隙的 9 个基站人流密度( $M$ 、$N$>1)，构建一个周期的数字孪生体。然后，根据本周期每个时隙的人流密度信息，指导周期资源分配策略的生成。

显然，方案 2 比方案 1 更具备优势，因为不采用轨迹孪生就只能根据当前周期第一个时隙得到的人流密度信息进行功率分配，而采用轨迹孪生后，可以根据当前周期每个时隙的人流密度信息进行功率分配。

1) 基于某仿真软件的理论可达速率的系统仿真

基于香农公式，计算了不同功率下最大的理论传输速率，输入进某仿真软件的数据包含两项，即真实用户横纵坐标和每个区域下的用户数目。

每个区域下用户数目包括如下三份数据(每份数据进行一次仿真，三份数据绘制三条曲线，如图 3-56 所示)。

(1) 取同一时刻 LSTM 预测的 10 个时刻的不同区域用户数目。

(2) 真实的 10 个时刻不同区域用户数目。

(3) 取前一个时刻替代的后边 10 个时刻的不同区域用户数目(方案 1)。

仿真参数如表 3-4 所示。

**表 3-4　某仿真软件仿真参数**

| 参数 | 值 |
|---|---|
| 预测周期 | 10 个时刻(每 5min) |
| 带宽/kHz | 15 |
| 中心频率/GHz | 5 |
| 噪声功率/W | $\sigma^2=10^{-8}$ |
| 平均传输功率限制/W | 5～10 |

需要注意的是，在实际过程中，对某些区域而言，取 LSTM 生成的预测值与方案 1 性能差距不大。这是数据波动不大(一个周期内最多最少人数差距不超过 3)造成的。这些区域无论采取何种预测方法，对整体性能的影响均不大。

最终，依据分配策略公式，计算系统理论最大吞吐量，绘制三条曲线。三种策略下的吞吐量曲线如图 3-56 所示。可以看出，仿真结果符合理论分析。

2) 基于网络模拟器-3 的系统仿真

与某仿真软件仿真不同，网络模拟器-3 仿真引入了大量真实环境下的变量因素，如 MCS 选择、路径损耗等。与某仿真软件仿真类似，输入网络模拟器-3 的数据增加了一项功率分配策略数组，相当于将某仿真软件计算完成的功率分配策略以二维数据的形式放置到网络模拟器-3 代码块中。图 3-57 展示了获得完美预测时的功率分配策略，共计 10 行 9 列(每一行为一个时刻，一行有 9 个数值)，为当前时刻 9 个基站分配的功率数值，单位 dBm。LSTM 非完美预测与完美预测同理。

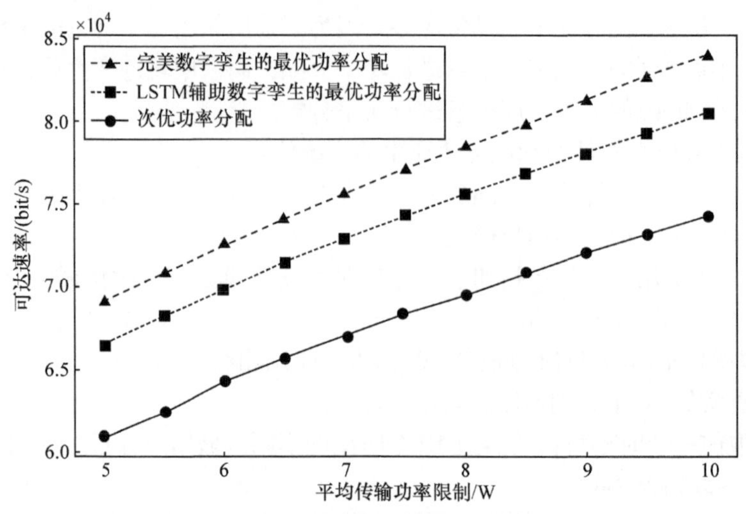


图 3-56　三种策略下的吞吐量曲线

```
Allocation_Perfect[10][9]={{15.33626714,23.35259061,23.57535455,10.5650546,19.016035,25.61655438,10.5650546,0,0},
                           {17.55475464,23.11777965,23.11777965,0,19.59595447,26.00573504,10.5650546,0,0},
                           {18.3465671,23.11777965,23.57535455,0,19.59595447,25.750194,10.5650546,0,0},
                           {18.3465671,22.86954381,23.57535455,0,20.5650546,25.750194,10.5650546,0,0},
                           {18.3465671,22.86954381,23.57535455,0,20.97898145,25.750194,10.5650546,0,0},
                           {17.55475464,23.11777965,23.35259061,0,21.70448812,25.750194,10.5650546,0,0},
                           {17.55475464,22.86954381,23.57535455,0,22.32596719,25.47867154,10.5650546,0,10.5650546},
                           {17.55475464,22.86954381,23.57535455,0,22.02633495,25.61655438,10.5650546,0,13.57535455},
                           {16.58565451,22.86954381,23.78724754,0,22.02633495,25.47867154,10.5650546,0,13.57535455},
                           {15.33626714,22.86954381,23.78724754,0,21.70448812,25.61655438,10.5650546,0,13.57535455}};
```

图 3-57　网络模拟器-3 完美预测下功率分配代码块展示

图 3-58 展示了取前一个时刻作为全部 10 个时刻的预测值时的功率分配方案。可以看出，因为无法获得未来人流量的信息，所以未来 10 个时刻功率分配的数值都以第一个时刻为准，即每行的数据相同。

```
Allocation_Sub[10][9]={{13.87216074,23.64939679,24.08405373,10.86186078,19.89276065,25.63307333,10.86186078,0,0},
                       {13.87216074,23.64939679,24.08405373,10.86186078,19.89276065,25.63307333,10.86186078,0,0},
                       {13.87216074,23.64939679,24.08405373,10.86186078,19.89276065,25.63307333,10.86186078,0,0},
                       {13.87216074,23.64939679,24.08405373,10.86186078,19.89276065,25.63307333,10.86186078,0,0},
                       {13.87216074,23.64939679,24.08405373,10.86186078,19.89276065,25.63307333,10.86186078,0,0},
                       {13.87216074,23.64939679,24.08405373,10.86186078,19.89276065,25.63307333,10.86186078,0,0},
                       {13.87216074,23.64939679,24.08405373,10.86186078,19.89276065,25.63307333,10.86186078,0,0},
                       {13.87216074,23.64939679,24.08405373,10.86186078,19.89276065,25.63307333,10.86186078,0,0},
                       {13.87216074,23.64939679,24.08405373,10.86186078,19.89276065,25.63307333,10.86186078,0,0},
                       {13.87216074,23.64939679,24.08405373,10.86186078,19.89276065,25.63307333,10.86186078,0,0}};
```

图 3-58　网络模拟器-3 无预测辅助下功率分配代码块展示

网络模拟器-3 仿真参数配置如表 3-5 所示。

**表 3-5　网络模拟器-3 仿真参数配置**

| 参数 | 对应方法与数值 |
| --- | --- |
| 预测周期 | 10 个时刻(每 5min) |
| 带宽/MHz | 6 |
| 平均功率约束/W | 5 |

续表

| 参数 | 对应方法与数值 |
| --- | --- |
| 衰落模型 | fading_trace_EPA_3kmph |
| 路径损耗模型 | ThreeLogDistancePropagationLossModel |
| 业务流类型 | GBR_CONV_VOICE |
| 数据包发送间隔/ms | 40 |
| 数据包大小/bit | 200 |
| 数据包类型 | 用户数据报协议 |

仿真中，统计空口资源及 MCS 方案后，即可计算得到吞吐量。三种策略下系统吞吐量如图 3-59 所示。

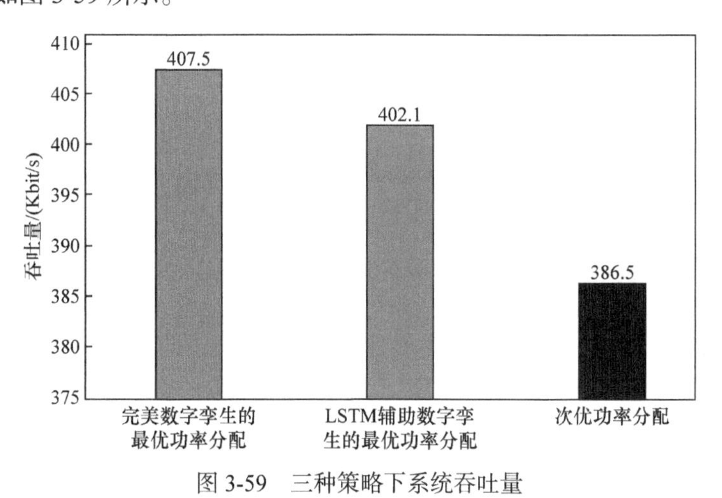


图 3-59　三种策略下系统吞吐量

## 3.7　本 章 小 结

本章讲述数字孪生网络的实现技术、优势与仿真性能，通过 GAN、Transformer、DP-DQN、LSTM 等不同的 DNN，研究链路级通信中无线信道生成方法、网络级通信中的网络性能指标预测方法、网络资源动态管理方案、cell-free 网络接入控制应用，以及多基站功率调度方案。仿真结果表明，基于 DNN 的数字孪生网络可以有效地降低通信误码率，提升网络吞吐量，相比传统通信网络提高了系统的预测精度与决策部署性能。

# 参考文献


[1] Minerva R, Lee G M, Crespi N. Digital twin in the IoT context: A survey on technical features, scenarios, and architectural models. Proceedings of the IEEE, 2020, 108(10): 1785-1824.

[2] Jia P Y, Wang X B, Shen X M. Digital twin enabled intelligent distributed clock synchronization in industrial IoT systems. IEEE Internet of Things Journal, 2021, 8(6): 4548-4559.

[3] Zhang T F, Ren G H, Ming H, et al. Application exploration of digital twin in rail transit health management//2022 Global Reliability and Prognostics and Health Management, Beijing, 2022: 1-5.

[4] Golizadeh A Y, Badiei A, Zhao X D, et al. A constraint multi-objective evolutionary optimization of a state-of-the-art dew point cooler using digital twins. Energy Conversion and Management, 2020, 211: 1-42.

[5] Chakshu N K, Carson J, Sazonov I, et al. A semi-active human digital twin model for detecting severity of carotid stenoses from head vibration: A coupled computational mechanics and computer vision method. International Journal for Numerical Methods in Biomedical Engineering, 2019, 35(5): e3180.

[6] IMT-2030(6G)推进组. 6G 总体愿景与潜在关键技术白皮书. https://www.digitalelite.cn/h-nd-1881.html[2022-06-15].

[7] Tse D, Viswanath P. Fundamentals of Wireless Communication. Cambridge: Cambridge University Press, 2005.

[8] Croitoru F A, Hondru V, Ionescu R T, et al. Diffusion models in vision: A survey. IEEE Transactions on Pattern Analysis and Machine Intelligence, 2023, 45(9): 10850-10869.

[9] Arjovsky M, Chintala S, Bottou L. Wasserstein generative adversarial networks//International Conference on Machine Learning, Sydney, 2017: 214-223.

[10] Mescheder L, Geiger A, Nowozin S. Which training methods for GANs do actually converge//International Conference on Machine Learning, Singapore, 2018: 3481-3490.

[11] Heusel M, Ramsauer H, Unterthiner T, et al. GANs trained by a two time-scale update rule converge to a local Nash equilibrium. Advances in Neural Information Processing Systems, 2017, 30(1): 1-12.

[12] Lata K, Dave M, Nishanth K N. Image-to-image translation using generative adversarial network// International Conference on Electronics, Communication and Aerospace Technology, Coimbatore, 2019: 186-189.

[13] Xiao H, Tian W Q, Liu W D, et al. Channel GAN: Deep learning-based channel modeling and generating. IEEE Wireless Communications Letters, 2022, 11(3): 650-654.

[14] Ye H, Liang L, Li G Y, et al. Deep learning-based end-to-end wireless communication systems with conditional GANs as unknown channels. IEEE Transactions on Wireless Communications, 2020, 19(5): 3133-3143.

[15] LeCun Y, Boser B, Denker J S, et al. Backpropagation applied to handwritten zip code recognition. Neural Computation, 1989, 1(4): 541-551.

[16] Krizhevsky A, Sutskever I, Hinton G E. Imagenet classification with deep convolutional neural

networks. Communications of the ACM, 2017, 60(6): 84-90.

[17] Long J, Shelhamer E, Darrell T. Fully convolutional networks for semantic segmentation//IEEE Conference on Computer Vision and Pattern Recognition, Long Beach, 2015: 3431-3440.

[18] Ioffe S, Szegedy C. Batch normalization: Accelerating deep network training by reducing internal covariate shift//International Conference on Machine Learning, Lille, 2015: 448-456.

[19] Xiong Z P, Wang D Y, Liu X H, et al. Pushing the boundaries of molecular representation for drug discovery with the graph attention mechanism. Journal of Medicinal Chemistry, 2019, 63(16): 8749-8760.

[20] Nair V, Hinton G E. Rectified linear units improve restricted boltzmann machines//International Conference on Machine Learning, Haifa, 2010: 807-814.

[21] Chen L C, Zhu Y K, Papandreou G, et al. Encoder-decoder with atrous separable convolution for semantic image segmentation//European Conference on Computer Vision, Munich, 2018: 801-818.

[22] Badrinarayanan V, Kendall A, Cipolla R. Segnet: A deep convolutional encoder-decoder architecture for image segmentation. IEEE Transactions on Pattern Analysis and Machine Intelligence, 2017, 39(12): 2481-2495.

[23] Srivastava N, Hinton G, Krizhevsky A, et al. Dropout: A simple way to prevent neural networks from overfitting. Journal of Machine Learning Research, 2014, 15(1): 1929-1958.

[24] He K M, Zhang X Y, Ren S Q, et al. Deep residual learning for image recognition//IEEE Conference on Computer Vision and Pattern Recognition, Boston, 2016: 770-778.

[25] Cybenko G. Approximation by superpositions of a Sigmoidal function. Mathematics of Control, Signals and Systems, 1989, 2(4): 303-314.

[26] 3rd Generation Partnership Project (3GPP). Study on Channel Model for Frequencies from 0.5 to 100 GHz: 38.901. Technical Report, 2022.

[27] 3rd Generation Partnership Project (3GPP). Nr User Equipment (ue) Radio Transmission and Reception; Part 1: Range 1 Standalone: 38.101-1. Technical Specification, 2022.

[28] Wu H X, Hu T G, Liu Y, et al. TimesNet: Temporal 2d-variation modeling for general time series analysis//The Eleventh International Conference on Learning Representations，Kigali，2023: 1-23.

[29] Dosovitskiy A, Beyer L, Kolesnikov A, et al. An image is worth 16 × 16 words: Transformers for image recognition at scale//International Conference on Learning Representations, Addis Ababa, 2020: 1-22.

[30] Vaswani A, Shazeer N, Parmar N, et al. Attention is all you need. Advances in Neural Information Processing Systems，Long Beach，2017, 30(1): 1-11.

[31] Bloomfield P. Fourier Analysis of Time Series: An Introduction.New York: John Wiley & Sons, 2004.

[32] Sarkka S, Solin A, Hartikainen J. Spatiotemporal learning via infinite-dimensional Bayesian filtering and smoothing: A look at Gaussian process regression through Kalman filtering. IEEE Signal Processing Magazine, 2013, 30(4): 51-61.

[33] Xiao H, Tian W Q, Liu W D, et al. ChannelGAN: Deep learning-based channel modeling and generating. IEEE Wireless Communications Letters, 2022, 11(3): 650-654.

[34] Zheng Y L, Hu J, Yang K. Average age of information in wireless powered relay aided communication network. IEEE Internet of Things, 9(13): 11311-11323.

[35] Luong P, Despins C, Gagnon F, et al. A fast converging algorithm for limited fronthaul C-RANs design: Power and throughput trade-off//IEEE International Conference on Communications, Paris, 2017: 1-6.

[36] Dikbas F. A novel two-dimensional correlation coefficient for assessing associations in time series data. International Journal of Climatology, 2017, 37(11): 4065-4076.

[37] Li W L, Ni W L, Tian H, et al. Deep reinforcement learning for energy-efficient beamforming design in cell-free networks//2021IEEE Wireless Communications and Networking Conference Workshops, Nanjing, 2021: 1-6.

[38] Wurman P R, Barrett S, Kawamoto K, et al. Outracing champion Gran Turismo drivers with deep reinforcement learning. Nature, 2022, 602(7896): 223-228.

[39] Lillicrap T P, Hunt J J, Pritzel A, et al. Continuous control with deep reinforcement learning// International Conference on Learning Representations, San Juan, 2016: 1-14.

[40] Yang L X, Li X F, Sun M W, et al. Hybrid policy-based reinforcement learning of adaptive energy management for the energy transmission-constrained island group. IEEE Transactions on Industrial Informatics, 2023, 19(11): 10751-10762.

[41] Hasselt H V, Guez A, Silver D. Deep reinforcement learning with double Q-learning//AAAI Conference on Artificial Intelligence, Phoenix City, 2016: 2094-2100.

[42] Zhang Y, Xia W C, Zhao H T, et al . Cell-free IoT networks with SWIPT: Performance analysis and power control. IEEE Internet of Things Journal, 2022, 9(15): 13780-13793.

# 第 4 章　大模型辅助的语义通信

从 1G 发展至 5G 的移动通信系统，尽管数据传输速率实现了飞跃，但是系统容量已逼近香农极限[1]。香农极限定义为在特定信道带宽和 SNR 条件下，无误差传输的最大信息速率。这表明在技术层面上，传统通信技术已趋近其物理极限，难以再获得显著提升。与此同时，AI 与 IoT 的结合催生了众多新兴智能应用，如自动运输、智能机器人、环境监测和远程医疗等。这些应用不仅对通信性能提出高传输效率、低延迟、低功耗以及高可靠性等要求，还期待通信服务的高效性、智能性和灵活性。这要求通信系统在传递信息的同时，也需确保语义的有效传递。这些需求已超越了传统通信模型的覆盖范围，迫切需要新的通信范式来应对这些挑战。

## 4.1　语义通信基础

语义通信被视为通信技术未来的发展方向，也是 6G 的重要特征之一，能够为各种智能应用提供更高层次的通信服务，满足人类对更高效、智能、灵活通信的需求[2]。下面介绍语义通信的基础知识，包括概念、架构及其特点。

### 4.1.1　语义通信的基本概念

作为一种新的智能范式，语义通信近年来备受关注，有望为元宇宙、混合现实和万物互联等多种未来应用作出贡献[3]。如图 4-1 所示，与仅包含信道编解码器的传统通信系统不同，语义通信系统包括以下组件。

(1) 语义编码器。从原始数据中提取语义信息，并将这些特征编码成语义特征，从而理解数据的含义，并从语义层面缩小传输信息的规模。

(2) 信道编码器。对语义特征进行编码和调制，减轻信道干扰和增强数据传输的鲁棒性，确保数据在物理信道上进行传输。

(3) 信道解码器。解调和解码接收信号，以获取传输的语义特征。

(4) 语义解码器。理解接收到的语义特征并推断语义信息，从语义层面恢复原始数据。

(5) 知识库。帮助收发双方和语义编解码器更有效地理解和推断语义信息。

上述组件可通过应用具有优越的自学习和特征提取能力的 DNN 来实现，并同时通过联合训练最大化语义表达的期望保真度，在传输过程中最小化通信开销，

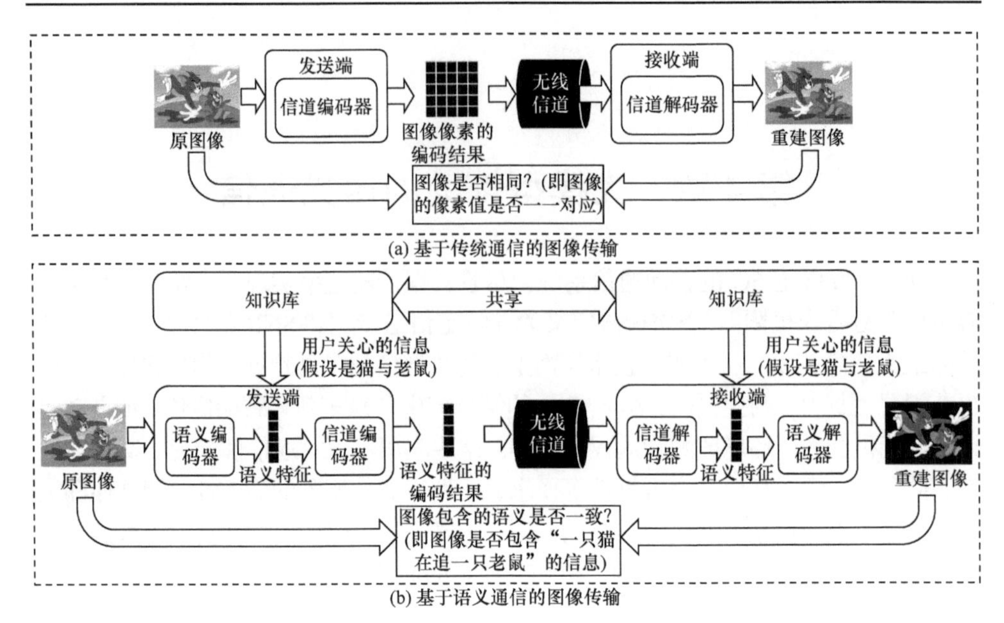


图 4-1　基于传统通信与语义通信的图像传输示例

从而使整个语义通信系统实现全局最优。

传统的通信方法侧重于确保传输的比特或符号的准确性，而语义通信则优先考虑以最少的数据传递所要表达的语义。下面以图像传输为例展示语义通信与传统通信的区别。如图 4-1(a)所示，传统通信在发送端利用信道编码器直接对原图像进行信道编码和调制，所以信道中传输的是图像像素编码的结果，然后接收端对其进行恢复，通过对比原图像和重建图像在像素层面上的差异来评估通信的质量。如图 4-1(b)所示，语义通信与传统通信不同，主要有以下几点。

(1) 组成不同。语义通信中引入语义编解码器与知识库，其中知识库可以根据用户背景知识给出图像中用户关心的部分，语义编解码器用于对原图像进行语义提取与恢复。

(2) 传输的数据不同。语义通信中传输的通过信道编码后的语义特征，其数据量通常远远小于传统通信中的图像像素编码结果。

(3) 目标不同。语义通信致力于保证原数据和重建数据的语义一致而非像素一致。如图 4-1 所示，重建图像中只有用户关心的猫与老鼠，而没有其他的背景信息，因此虽然它们的像素不完全一致，但是它们的语义在本次任务中是一致的，即具有“一只猫在追一只老鼠”的含义。

### 4.1.2　语义通信的信息论基础

Carnap 等[4]对香农早期研究中未涉及的语义问题重新审视，并对语义信息做出初步的界定。Bao 等[5]首次提出语义通信的理论框架，旨在实现语义层面的通信，并明确定义了语义噪声、语义信道、语义熵，以及语义信道容量等关键概念。假设信源消息集合为$\mathcal{X}$，语义信息集合为$\mathcal{W}$，信宿消息集合为$\mathcal{Y}$。通过香农熵来量化信源的语义信息量，即语义熵$H(\mathcal{W})$。$H(\mathcal{W})$与信源熵$H(\mathcal{X})$之间的关系为

$$H(\mathcal{W}) = H(\mathcal{X}) + H(\mathcal{W}|\mathcal{X}) + H(\mathcal{X}|\mathcal{W}) \tag{4-1}$$

其中，$H(\mathcal{W}|\mathcal{X})$为编码的语义模糊度；$H(\mathcal{X}|\mathcal{W})$为编码的语义冗余。

与经典信息论最大的不同在于，语义信息的衡量是基于背景知识和推测决定的逻辑概率，而不是统计概率[6]。

在离散无记忆信道中，语义信道容量的确定依赖三个核心要素。

(1) $\mathcal{X}$和$\mathcal{Y}$之间的互信息$I(\mathcal{X};\mathcal{Y})$，即经典信息论的信道容量。

(2) 利用发送方背景知识集合$\mathcal{B}_s$和推测集合$\mathcal{I}_s$进行语义编码时引入的语义模糊度，表示为$H_{\mathcal{B}_s,\mathcal{I}_s}(\mathcal{W}|\mathcal{X})$。

(3) 接收消息的平均逻辑信息$\overline{H_{\mathcal{B}_R,\mathcal{I}_R}(\mathcal{Y})}$，其中$\mathcal{B}_R$和$\mathcal{I}_R$为接收方的背景知识集合和推测集合。

若语义模糊度与接收消息的逻辑信息不匹配，则会产生过量的语义噪声。在假设$\mathcal{B}_s = \mathcal{B}_R$且$\mathcal{I}_s = \mathcal{I}_R$的情况下，语义信道容量可以用下式计算，即

$$C = \sup_{P(\mathcal{W}|\mathcal{X})} I(\mathcal{X};\mathcal{Y}) - H(\mathcal{W}|\mathcal{X}) + \overline{H(\mathcal{Y})} \tag{4-2}$$

其中，$P(\mathcal{W}|\mathcal{X})$为给定条件$\mathcal{X}$下得到$\mathcal{W}$的概率分布。

因此，在构建高效语义通信系统时，设计合理的语义编解码方案显得尤为关键。语义级别的率失真理论为此提供了有力的理论支撑。具体来说，广义的率失真函数可以表示为

$$\min[I(\mathcal{X};\mathcal{S}) + \lambda_1 D(\mathcal{X};\mathcal{S})] \tag{4-3}$$

其中，$I(\mathcal{X};\mathcal{S})$为语义特征$\mathcal{S}$与信源$\mathcal{X}$的互信息，用于衡量语义编码对语义信息的压缩量；$D(\mathcal{X};\mathcal{S})$为语义特征$\mathcal{S}$和信源$\mathcal{X}$的差异，用于衡量语义编码带来的语义失真量，$\lambda_1$为调节因子。

面向任务的信息瓶颈理论可以形式化率失真理论的折中关系，即

$$\min[I(\mathcal{X};\mathcal{S}) - \lambda_2 I(\mathcal{S};\mathcal{Y})] \tag{4-4}$$

其中，$\mathcal{Y}$为任务标签；$-I(\mathcal{S};\mathcal{Y})$用来度量语义失真；$\lambda_2$为调节因子。

由式(4-4)可知，语义通信系统的目标是让语义特征$\mathcal{S}$尽可能多地保留任务相关的语义信息。

上述基础理论可以为设计和实现高效的语义通信系统提供重要指导，并且这

些理论能够根据不同的应用场景和任务需求进行灵活调整，为满足未来通信系统对高频谱效率和高可靠性的需求提供创新技术路径。

### 4.1.3 语义通信的系统结构

以图像传输为例，本节介绍一个端到端的语义通信系统架构设计。如图 4-2 所示，该架构主要包括发送端、物理信道、接收端和图像语义评估四个部分。其中，发送端的工作主要包括对原图像进行语义特征的提取与编码、信道编码与调制；物理信道负责信号传输；接收端的工作主要包括信道解调，以及根据语义特征进行图像重建；图像语义评估则是依据相应的指标对语义通信的传输结果进行评估。

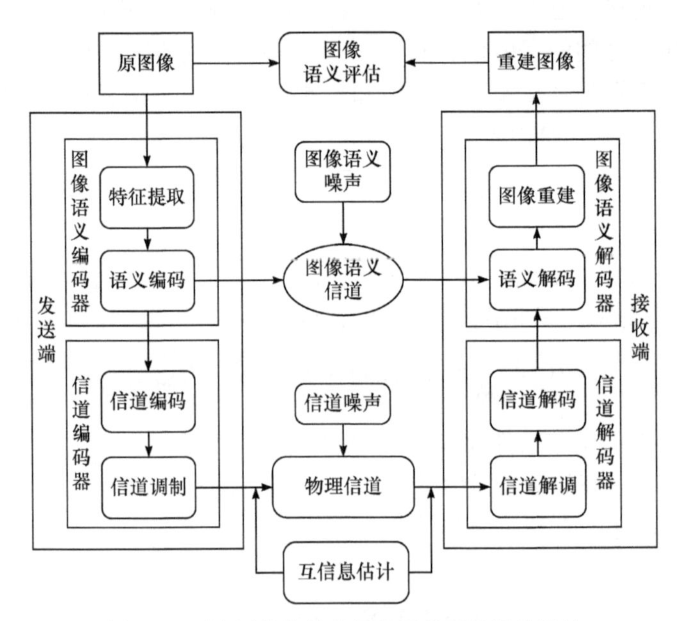


图 4-2　面向图像传输的语义通信系统架构设计

图像语义通信旨在在确定发送原图像的前提下，尽可能地使接收端重建的图像有效地还原原图像的语义特征。该模型的设计主要面临两个困难，一是如何联合设计图像语义编解码器和信道编解码器；二是如何克服图像语义噪声，这一在进行语义传输时传统通信系统未考虑的问题。其中，图像语义噪声指的是图像传输过程中可能引入的噪声，这可能导致图像语义信息的错误识别和解释。

1. 语义编码器和解码器

如图 4-2 所示，发送端由语义编码器和信道编码器两部分组成。图像语义编码器对输入图像 $\boldsymbol{m}$ 进行语义特征提取和编码。信道编码器负责信道编码和调制，

以保证编码后的语义信息在物理信道上能顺利传输。因此，发送端的发送信号可以表示为

$$\boldsymbol{X} = C(S(\boldsymbol{m}, \boldsymbol{\vartheta}), \boldsymbol{\alpha}) \tag{4-5}$$

其中，$S(\cdot)$为图像语义编码器；$\boldsymbol{\vartheta}$为图像语义编码器的神经网络的参数集合；$C(\cdot)$为信道编码器；$\boldsymbol{\alpha}$为信道编码器的参数集合。

发送端将$\boldsymbol{X}$发送出去，通过物理信道到达接收端。接收端得到的信号可表示为

$$\boldsymbol{Y} = \boldsymbol{HX} + \boldsymbol{N} \tag{4-6}$$

其中，$\boldsymbol{H}$为信道增益；$\boldsymbol{N}$为 AWGN。

对于编码器和解码器的端到端训练，物理信道必须允许反向传播，因此物理信道可以通过一个神经网络进行模拟[7]。

接收端由信道解码器和图像语义解码器组成，分别用于恢复发送的信号和基于语义特征对图像进行重建。在接收端，重建的图像可表示为

$$\hat{\boldsymbol{m}} = S^{-1}(C^{-1}(\boldsymbol{Y}, \boldsymbol{\beta}), \boldsymbol{\delta}) \tag{4-7}$$

其中，$\hat{\boldsymbol{m}}$表示重建图像；$C^{-1}(\cdot)$表示信道解码器；$\boldsymbol{\beta}$为信道解码器的参数集合；$S^{-1}(\cdot)$表示图像语义解码器；$\boldsymbol{\delta}$为图像语义解码器的参数集合。

该系统模型的目标是，尽可能地重建出与原图像相似的图像，因此可以使用 MSE 作为图像语义通信模型的优化函数，即

$$\mathcal{L}_{\mathrm{MSE}}(\boldsymbol{m}, \hat{\boldsymbol{m}}) = \min_{\boldsymbol{\vartheta}, \boldsymbol{\delta}} (\boldsymbol{m} - \hat{\boldsymbol{m}})^2 \tag{4-8}$$

通过最小化该优化函数，图像语义通信模型可以学习原图像$\boldsymbol{m}$中的像素分布并进行图像重建，由此得到图像语义编码器和解码器的参数集合$\boldsymbol{\vartheta}$和$\boldsymbol{\delta}$。

### 2. 信道编码器和解码器

通信系统模型设计的一个重要目标是最大化通信系统容量或数据传输速率。互信息一般用来衡量两个变量之间的相关性。与误码率相比，互信息可以为训练接收机提供额外的信息[8]。为了提高系统容量，降低信道噪声对通信传输过程的影响，可以利用信道输入$x$和输出$y$的互信息对信道编解码器的参数集合$\boldsymbol{\alpha}$和$\boldsymbol{\beta}$进行优化[6]，即

$$I(\boldsymbol{x};\boldsymbol{y}) = E_{p(\boldsymbol{x},\boldsymbol{y})}\left[\log_2 \frac{p(\boldsymbol{x},\boldsymbol{y})}{p(\boldsymbol{x})p(\boldsymbol{y})}\right] = E_{p(\boldsymbol{x},\boldsymbol{y})}[\log_2 p(\boldsymbol{y}\mid\boldsymbol{x}) - \log_2 p(\boldsymbol{y})] \tag{4-9}$$

其中，$(\boldsymbol{x},\boldsymbol{y})$为输入和输出空间里的随机变量对；$p(\boldsymbol{x})$为发送信号$\boldsymbol{x}$的边缘概率分布；$p(\boldsymbol{y})$为接收信号$\boldsymbol{y}$的边缘概率分布；$p(\boldsymbol{x},\boldsymbol{y})$为$\boldsymbol{x}$和$\boldsymbol{y}$的联合概率分布；$p(\boldsymbol{x}\mid\boldsymbol{y})$为给定$\boldsymbol{y}$的条件下$\boldsymbol{x}$的概率分布。

3. 图像语义评估

充分合理地评估通信结果对于语义通信系统的设计至关重要。在传统的端到端通信系统中，通常将误码率作为性能评估的主要指标，着重考虑如何确保符号或比特能够准确有效地从发送端传输到接收端。然而，与传统通信不同，图像语义通信旨在传递与目标图像语义相关的信息,所以会忽略许多与语义无关的信息。因此，传统的通信指标并不适用于评估图像语义通信系统的性能。已有的图像语义通信模型通常基于某一特定任务对图像语义通信进行语义层面的评估。例如，文献[8]采用图像分类任务评估语义通信的结果，将图像分类中常用的交叉熵损失函数作为评估指标。然而，这种评估方式对于其他图像下游任务(如目标检测、行为跟踪等)可能不适用，因此亟待设计适用于不同视觉任务的评价指标。

### 4.1.4　语义通信的特点

语义通信是一种以任务为主体的通信方式，其特点在于“先理解，后传输”。与传统通信不同，语义通信具有以下特点。

(1) 任务导向的通信。语义通信的基本思想是，对于给定的通信任务，并非所有信息都是必要的，只有与任务相关的才具有重要性。例如，如果通信任务是让机器人识别物体，那么只需传递物体的特征和类别，不需要传递物体的颜色、形状、大小等细节。

(2) 选择性特征提取和压缩。语义通信会对原始信号进行有选择的特征提取、压缩和传输，传输与语义表达相关的信息。

(3) 高效的频谱利用。相比传统通信需要传输完整的原始数据信号，语义通信只需要传输其数据的语义即可实现有效通信。这可以有效地降低传输成本，提高频谱资源的利用率。

(4) 信道环境的自适应。语义通信还可根据信道状态和接收端需求进行语义感知的传输和解码，以适应不同的通信场景和环境。因此，即使在恶劣的信道环境中，语义通信依然能够保证信息的有效传递。

## 4.2　大模型推动语义通信的发展

大模型作为一种前沿 AI 技术，能够基于已掌握的数据模式创造出全新的内容，如文本、图像、音频和视频等。该技术在自然语言处理、机器翻译、内容创作等多个领域展现出广泛的应用潜力。因此，大模型为解决语义通信系统中的关键问题，推动其发展提供了新的思路。例如，大模型能够以更紧凑、高效的格式对信息进行编码。该格式可在接收端被解码或重构，以便用户理解。这不仅可以提升传输效率，还可以大幅节约带宽资源。此外，大模型还能在网络中生成覆盖图、事件识别或检测、搜索优化、推荐配置等机器可读内容，提升语义传输的效率。

### 4.2.1　传统 AI 模型的不足

传统 AI 模型通常是针对特定任务的辨别式模型，可以从一定量的数据中快速学习到与任务相关的特征信息。然而，将其用于语义通信系统存在以下不足。

1. 动态环境的可扩展性和稳定性

语义通信系统需要适应网络拓扑的动态变化，并容纳大规模边缘设备的加入和离开。这可能导致网络分区、设备故障等问题。因此，如何在动态环境中学习网络拓扑的长期依赖关系，并以可扩展的方式实现边缘设备的稳定运行，对于传统 AI 模型来说是一个巨大的挑战。

2. 异构设备与数据不平衡

语义通信系统需要部署在不同类型、不同环境的边缘设备上互相协作，包括语义模型的训练和应用。然而，设备之间的异构性和数据不平衡(例如，不同数量、分布、标签的数据，或者设备的计算和存储能力不同等)会严重阻碍协作过程。因此，仅基于传统 AI 模型，很难设计出一个通用的语义通信系统来处理异构设备和数据不平衡的问题。

3. 复杂的应用场景和需求

语义通信系统有时需要为不同的应用场景提供定制化解决方案。例如，在自动驾驶和虚拟现实中，语义通信系统需要满足高传输速率、低延迟、高可靠性的要求；在智慧城市和工业 IoT 中，语义通信系统需要满足大量连接、低功耗、高覆盖率的要求。因此，如何在不同的应用场景和需求中及时优化和更新语义通信系统，对于传统 AI 模型来说是一个巨大的挑战。

### 4.2.2　大模型的主要特点

大模型的出现为解决上述挑战提供了一种全新的范例，具有彻底改变用户在网络中与 AI 交互和利用 AI 的潜力。大模型代表了生成式 AI 领域的重大进步，利用其海量的参数、强大的计算能力和大量的训练数据在各种任务中可以取得最优的性能。大模型具有准确理解用户意图并生成解决方案的能力，为实现语义通信的广泛应用开辟了新的可能性。大模型具有以下主要特点。

(1) 多头注意力机制。大模型的关键结构是基于多头注意力的 Transformer 网络，这使大模型能够关注全局信息，并分析和捕获不同尺度变化环境中的时空依赖性。这种机制使大模型能够产生稳定且及时的响应，不同于传统 CNN 和 RNN 需要重新训练以适应环境变化。例如，多头注意力可以全面学习网络中的动态因素，如用户移动性和流量波动，避免动态环境造成的长期遗忘效应，在语义通信系统中实现准确的流量预测和最优的资源分配。

(2) 通用的任务模型。大模型通常具有大量参数，范围从数百亿到数万亿不等。大量参数使大模型能够在训练期间捕获复杂的网络模式，以及异构设备和不平衡数据之间的细微差别。例如，根据 CSI，以及各种边缘设备和边缘服务器的计算、通信和存储资源的约束，可以设计通用的语义通信模型，使用提示词技术调整模型或优化目标，满足不同设备的需求，而无须重新训练模型。

(3) 强大的理解力和创造力。大模型已经表现出强大的分析和生成人类语言的能力。这些能力源于它们在训练期间获得的大量知识和模式。基于其卓越的理解能力，大模型可以主动分析网络中的用户需求和偏好，从而提供个性化的计算和通信服务。大模型凭借其惊人的创造力，可以通过自学习和自适应能力动态规划、配置和优化语义通信系统。

为了充分挖掘大模型在语义通信系统中的潜力，提示词技术成为关键之一。常见的提示词技术主要有以下两种。

(1) 上下文学习(in-context learning，ICL)是类比学习的一种形式，在提示中结合明确的例子，帮助大模型做出决策。ICL 使大模型能够根据一个提供的示例(即一次性学习)或几个类似的示例(即少样本学习)为新任务生成准确的预期结果，而无须微调模型权重。例如，ICL 可应用于工业 IoT 中的异常检测，通过提供少量异常示例，大模型可以学习并适应边缘设备的独特模式和行为，从而无须依赖模型训练即可实时检测异常和潜在故障。

(2) 思维链(chain-of-thought，CoT)是离散提示学习的一种形式，不仅提供带有输入输出对的示例，还包括演示示例时实现所需输出的思维过程和步骤。这种方法通过逐步引导大模型在推理过程中的思维方式，增强大模型的逻辑推理能力。例如，在无人机的轨迹规划任务中，CoT 可用于将轨迹规划过程分解为多个阶段，每个阶段都侧重于一个特定方面，例如路径生成、避障、任务目标。每个阶段的输出作为下一阶段的输入，确保规划过程的连贯性和连续性。

### 4.2.3 大模型在语义通信系统中的作用

大模型凭借其多头注意力机制、通用的任务模型、强大的理解力和创造力，以及基于 ICL 和 CoT 等提示词技术，可以在语义通信系统中发挥巨大的潜力。具体而言，大模型可以充当以下角色从而发挥作用。

(1) 数据生成器。大模型是一种强大的生成式 AI，可以根据其领域知识生成特定类型的数据。大模型引入一些新颖的生成结构(例如自回归解码器和扩散模型)以有效地创建数据。例如，大模型可以生成高质量的合成信道数据，用于网络优化，包括位置确定、带宽分配和网络架构设计等方面，并且生成的数据不包含任何识别信息。这些数据可以帮助用户在不侵犯隐私的情况下更有效地规划和开发语义通信系统。

(2) 知识组织者。大模型可以重新处理或挖掘原始数据进行知识提取和分析，将用户需求和处理后的原始数据作为输入，并利用大模型广泛的世界知识和领域知识推断新信息。例如，可以引入大模型作为知识库来辅助语义通信系统的语义编码器，减少歧义并增强语义理解[9]。

(3) 任务调度者。大模型可以理解指令并安排算法或协议共同解决复杂的通信任务。通过使用大模型作为通信需求和解决方案之间的桥梁，大模型可以管理和调用适当的算法(例如通信中的小模型)，并同时协作产生满足任务要求的结果。例如，大模型可以根据用户需求和网络环境，自主将通信资源分配给语义通信系统中不同的用户，从而最小化用户的通信时延或开销。

(4) 系统设计者。大模型拥有强大的自然语言理解和演绎能力，能够根据给定的系统需求设计通信系统。它们在各种训练数据的范围内展现出强大的多任务处理和多模块设计能力。例如，大模型利用其内在的 AI 知识，可以根据给定模块的语义通信功能描述自动设计语义通信系统，并通过即时策略不断优化系统。

大模型能够在语义通信系统中提供全面支持，提升系统的智能化程度和效率。其多样化的角色和强大的生成能力可以为语义通信系统的创新和发展提供强有力的支持和保障。

## 4.3　大模型辅助的语义通信基本架构

4.1 节以图像传输为例，介绍了一个语义通信系统的基本设计，主要包括语义编解码器、信道编解码器，以及物理信道等，然而对语义通信中的一个关键组成部分——知识库，并未给出具体的设计方案。事实上，知识库是语义通信区别于传统通信的关键，它具有理解和推断语义信息的能力，可以通过学习大量的世界知识来建立一个通用知识库。一般地，知识库主要由人类可以理解和识别的先验知识和背景知识组成[9]。

(1) 先验知识。通过先验知识，语义通信定义了语义表示的结构和实体之间的关系。例如，在图像理解方面，语义信息可以用三元组表示，即目标、属性和关系。实体通常指的是图中的名词，如图 4-1 中的猫与老鼠。属性是描述实体的形容词，如“家养的猫”“聪明的老鼠”。最后，关系指的是实体之间的联系，如“猫抓老鼠”。基于先验知识，机器可以通过相同或相似的本体论、认识论和逻辑，借助语义通信与人们进行有效交流，从而确保提取的语义信息能够被人们理解。

(2) 背景知识。语义信息不仅仅是显性信息，还涉及上下文、隐含意义和常见事实。例如，在图 4-1 中，显性信息是家猫和老鼠，隐性的背景知识是动画片《猫和老鼠》。同样，语义通信也涉及发送方和接收方之间的背景知识交流，如用户身份、兴趣偏好和用户环境等。这有助于语义编码器提取双方都感兴趣的最相关的信息和语义解码器进行准确的信息恢复。因此，背景知识也是语义通信中的一个关键因素，用于辅助语义通信系统实现准确的语义推断和冗余消除，并确保发送方和接收方对于信息认知的一致性。

目前，语义通信中的知识库是基于普通深度学习模型构建的。这是一个数据驱动的学习过程，其复杂和耗时的学习过程会导致如下问题。

(1) 有限的语义提取能力。使用传统的 DNN 或知识图谱作为知识库时，知识库的网络层数与参数上限通常较低，并且需要通过监督学习进行持续学习，其中对收集的数据进行标注也会带来高昂的人工成本。这些缺点使知识库难以拥有丰富的语义知识和捕捉人类知识中潜在含义的能力，即语义提取能力。例如，“苹果公司”和“苹果汽水”中的“苹果”在传统的词嵌入模型中会被错误地表示为相同的特征。

(2) 频繁的知识更新。基于传统深度学习模型的知识库需要在环境中的知识领域发生变化时，通过重新训练和共享不断更新知识。然而，在现实世界中，数据的流通是频繁的，因此必须高频率地更新知识库来保证其正常运行。这会导致巨大的资源开销。例如，一个面向翻译任务的知识库需要包含特定的语言知识，当对话涉及新的语言时必须及时更新相应的知识才能完成任务。

(3) 不安全的知识共享。因为感知环境的差异，通信双方拥有的知识往往是不同的，所以对于同一信息，双方可能有不同的语义理解，这就导致语义上的偏差。因此，共享的知识库需要确保通信双方对于传输信息在语义层面认知的一致性，这就要求不同用户之间需要频繁同步知识库。然而，由于这些知识库中可能包含一些与用户隐私相关的高度敏感的信息，因此频繁的更新会引入潜在的隐私和安全风险。例如，面向医疗领域的知识库可能包含患者身份、病史等信息，因此同步过程中存在泄露敏感信息的可能。

随着计算能力的不断提高和可用数据量的激增，大模型近年来在自然语言处理、图像识别和语音识别等领域取得重大进展。大模型具有准确的知识表示、丰富的先验/背景知识和低成本的知识更新等诸多优势，可以为解决上述问题和辅助语义通信提供新的方案。

### 4.3.1　语义通信系统中的大模型知识库

如 4.2 节所述，大模型是指具有复杂结构和多头注意力机制的 Transformer 模型，能够处理各种复杂任务并生成高质量的输出。与传统的 DNN 模型不同，大模型可以通过自监督学习使用无标签数据进行预训练，然后利用提示学习或微调将预训练模型应用于下游任务。

基于大模型知识库的语义通信系统如图 4-3 所示。下面针对几种常见的数据类型，包括文本、图像和音频，介绍几种大模型知识库在语义通信系统中的应用。

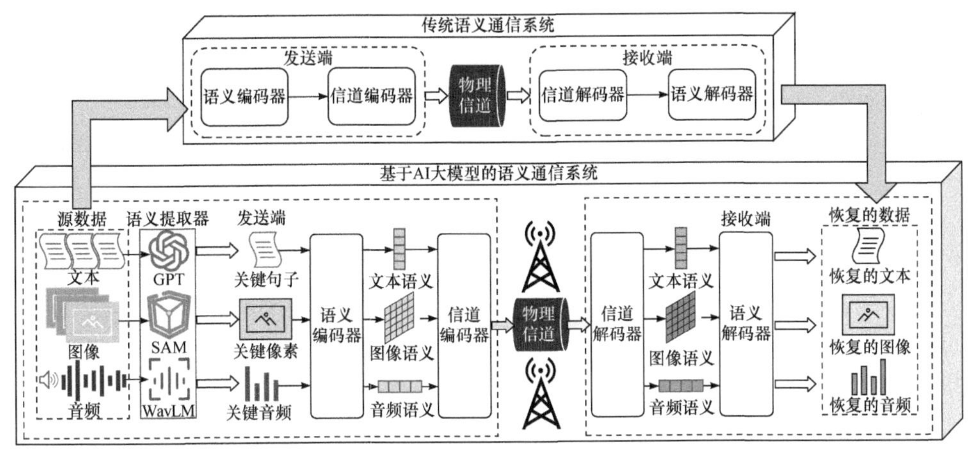


图 4-3　基于大模型知识库的语义通信系统

(1) 基于 GPT 的文本知识库。对于基于文本的语义通信系统，知识库应能够理解文本的内容，并识别各种主题、属性和关系。最近出现的大语言模型，如 ChatGPT，可以作为文本语义通信系统中的大模型知识库。ChatGPT 是由 OpenAI 基于 GPT-3.5 模型开发的 AI 助手，能够准确理解文本的内容，并对各种问题提供正确的回答。在发送端，通过将 ChatGPT 作为知识库，语义通信系统可以根据用户的要求从输入文本中提取关键语句进行发送。

(2) 基于 SAM(Segment Anything Model)的图像知识库。对于基于图像的语义通信系统，知识库需要能够对图像中的各种目标进行分割，并识别它们各自的类别和相互关系。由 Meta AI 提出的 SAM(一个突破性的图像分割系统)[10]作为图像知识库，可以在没有任何额外训练的情况下对陌生图像进行准确的语义分割。在实际应用中，发送端可以使用 SAM 对输入图像进行分割，并将最重要和有意义的图像目标提取出来给语义和信道编码器处理。

(3) 基于 WavLM 的音频知识库。为使语义通信系统适用于音频传输，其知识库需要能够完成多种音频任务，包括自动语音识别、说话者识别、语音分离等，从而有效地分析并提取语义信息。微软亚洲研究院提出的大规模音频模型——WavLM，可以成为此应用的潜在方案之一。经过 94000h 的无监督英语数据训练，WavLM 在一系列语音识别任务和非内容识别语音任务中展现出惊人的表现。在发送端使用 WavLM 作为知识库，可以分离和识别来自不同说话者的音频数据，并丢弃背景噪声等不重要的信息，然后剩余的音频数据由语义编码器进行整合和编码。

在以上提出的三种大模型知识库中，基于 SAM 的图像知识库专注于通过图像传递视觉信息，捕捉复杂的细节、空间组织和颜色，并准确表达表情、情感和非语言线索，以实现更直观的沟通体验。基于 ChatGPT 的文本知识库通过文本摘要清晰地传达思想和观点方面表现出色，易于存储、检索和分析文本信息。基于 WavLM 的音频知识库适用于实时交互和即时通信，能够实现快速高效的信息交流。

因此，引入大模型知识库可以有效推动语义通信的发展。其优势主要包括以下几点。

(1) 准确的知识表示。当前的大模型，如 CLIP、ChatGPT、T5 等，具有数百亿参数，能够使用具有多头注意力机制的 Transformer 模型学习海量的复杂知识表示。其中，多头注意力机制可以对语义和知识结构进行深入理解，因此大模型可以提供高质量的知识表示。例如，大模型能够准确地识别“苹果公司”和“苹果汽水”中“苹果”的区别。

(2) 完备的先验/背景知识。大模型通常都在广泛的数据集上进行预训练，如 ImageNet、UCF101、Audioset 和 Wikipedia 等数据集，使其能够从各个领域汲取大量丰富的先验/背景知识，从而具备卓越的泛化能力。因此，与传统的 DNN 模型相比，它们可以在各种任务，以及预训练知识之外的领域取得更好的表现，从而消除频繁更新的需求。

(3) 低成本的知识更新。预训练权重使大模型在大部分任务上都有出色的表现，而不需要像传统的 DNN 那样必须通过反复训练来保证性能。即使有特定的新任务出现，大模型也可以通过 P-Tuning、LoRA 和 Prompt-tuning 等技术实现低成本的知识更新。由于这些技术仅需要使用少量示例进行提示或者少量标记数据进行微调即可完成大模型的知识更新，因此可以消除传统知识库中频繁知识更新和不安全知识共享的担忧。

### 4.3.2 基于大模型的语义通信系统架构

上节介绍了三种针对不同数据类型大模型知识库的设计，本节以基于 SAM 的图像知识库为例，提出一种基于大模型的图像语义通信(large AI model-based image semantic communication，LAM-ISC)系统的架构设计。下面先对 SAM 进行简单概述。

SAM 是由 Meta AI 提出的代表图像分割领域的最新研究成果[10]。SAM 在迄今规模最大、最多样化的数据集 Segment Anything 1-Billion 上进行了预训练。该数据集包含超过 1000 万张图像，涵盖了超过 10 亿个分割掩码。SAM 采用一种高效的基于 Transformer 的架构，对自然语言处理和图像识别任务都表现出良好的适应性。SAM 主要由基于 ViT(Vision Transformer)的图像编码器、提示编码器，以及掩码解码器组成。其中图像编码器用于特征提取，提示编码器用于用户交互，掩码解码器则用于生成分割掩码和相应的置信度分数。此外，SAM 能够有效地对以前未见过的图像或目标进行 Zero-shot 分割，而无需进一步的知识或训练。

由于 SAM 在处理图像数据具有的显著优势，如图 4-4 所示，LAM-ISC 将 SAM 模型引入图像语义通信系统中作为知识库，从而实现符合人类感知的图像语义通信。该框架的主要流程如下。

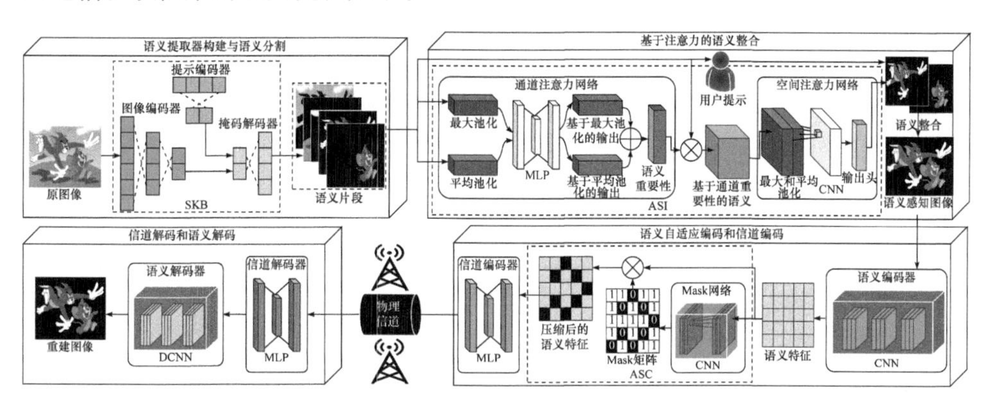


图 4-4　基于大模型的图像语义通信系统

1. 知识库构建与语义分割

为了在缺乏特定训练的前提下实现对任意输入图像进行精准语义分割的目标，本节提出的 LAM-ISC 框架融入了基于 SAM 构建的知识库(SAM-based knowledge base，SKB)。如图 4-4 所示，利用 SKB 可以自动对图像中的各个目标进行语义分割，产生多个语义片段以供进一步分析和处理。这一过程具体描述如下。

1) 图像编码

SAM 使用基于 ViT 构建的图像编码器对原图像 $\boldsymbol{m}$ 进行编码。ViT 是一种基于自注意力机制的生成式 AI 模型，主要用于解决计算机视觉任务。传统的 CNN 虽然在计算机视觉领域取得巨大成功，但是也存在一些局限性，例如在处理大尺寸图像时，需要较大的计算资源，并且对于不同尺寸的输入图像需要重新训练。为了解决这些问题，ViT 引入自注意力机制，实现了捕获图像全局信息的能力。ViT 处理图像的具体流程如下。

首先，将输入图像 $\boldsymbol{m}\in\mathbb{R}^{H\times W\times C}$ 转换成 $N$ 个形状为 $(P^2\times C)$ 的补丁(Patch)，其中 $H$ 表示图像的高，$W$ 表示图像的宽，$C$ 表示通道数，$P^2$ 表示图像切割的分块数量，$N=\dfrac{W\times H}{P^2}$。

其次，将这 $N$ 个 Patch 组成的序列向量 $\boldsymbol{X}_p$ 进行 Patch Embedding 操作，具体来说就是将 $\boldsymbol{X}_p$ 中的 Patch 都做一次线性变换，把该序列的维度压缩成 $D$，并得到了一个线性嵌入序列向量 $\boldsymbol{z}_0$，即

$$\boldsymbol{z}_0 = [\boldsymbol{X}_p^1 E; \boldsymbol{X}_p^2 E; \cdots; \boldsymbol{X}_p^N E] \tag{4-10}$$

其中，$E$ 为线性变换，输入通道数为 $(P^2 \times C)$，输出通道数为 $N$；$X_p^i$ 代表 $\boldsymbol{X}_p$ 中的第 $i$ 个 Patch。

再次，对位置编码中的位置向量和 $\boldsymbol{z}_0$ 进行线性组合，可以得到 ViT 的输入序列，即

$$\boldsymbol{z}_0 = [\boldsymbol{X}_p^1 E + \boldsymbol{P}_1; \boldsymbol{X}_p^2 E + \boldsymbol{P}_2; \cdots; \boldsymbol{X}_p^N E + \boldsymbol{P}_N] \tag{4-11}$$

其中，$\boldsymbol{P}_i$ 为第 $i$ 个位置向量。

该序列输入 ViT，通过多层多头注意力网络进行全局特征提取。多头自注意力是自注意力的扩展，它允许模型以多个不同的“头”(即不同的子空间)计算注意力权重，使每个头都可以学到不同的特征表示，从而使模型更好地捕获不同特征空间的信息。自注意力的计算公式为

$$\text{head}_i = \text{Attention}(\boldsymbol{Q}, \boldsymbol{K}, \boldsymbol{V}) = \text{softmax}\left(\frac{\boldsymbol{Q}\boldsymbol{K}^{\mathrm{T}}}{\sqrt{d_k}}\right)\boldsymbol{V} \tag{4-12}$$

其中，$\boldsymbol{Q} = \boldsymbol{X}\boldsymbol{W}_{\boldsymbol{Q}}$；$\boldsymbol{K} = \boldsymbol{X}\boldsymbol{W}_{\boldsymbol{K}}$；$\boldsymbol{V} = \boldsymbol{X}\boldsymbol{W}_V$ 为输入序列 $\boldsymbol{X}$ 乘以 3 个权重矩阵后得到的查询、键、值向量；$d_k$ 为调节因子。

假设头的数量为 $h$，则多头自注意力的计算公式为

$$\text{MultiheadAttention}(\boldsymbol{Q}, \boldsymbol{K}, \boldsymbol{V}) = \text{concat}(\text{head}_1, \text{head}_2, \cdots, \text{head}_h)\boldsymbol{W}_{\text{mha}} \tag{4-13}$$

其中，$\boldsymbol{W}_{\text{mha}}$ 为多头注意层的权重。

最后，将 ViT 输出的特征信息输入一个 CNN，得到原图像 $\boldsymbol{m}$ 对应的 Embedding，记作 $\boldsymbol{E}_m$。

在图像编码器的训练中，SAM 使用掩码自编码器(masked autoencoder，MAE)[11]方法对其进行自监督学习。具体地，原图像被切割成不重叠的 Patch 并通过掩码操作后，部分 Patch 被保留并输入 ViT 中。然后，ViT 输出学习到的特征表示并按照原始的 Patch 顺序输入解码器中得到重建图像。该解码器是一个轻量级的 Transformer 网络，由一系列的 Transformer 块组成，每个块都包含自注意力层和前馈神经网络。它的任务是从编码器提供的特征表示中重建原始图像的被掩码的部分。另外，它只在预训练阶段使用，而在下游任务中通常被丢弃。MAE 训练的优化目标是最小化掩码部分复原前后的 MSE 损失，即

$$\mathcal{L}_{\text{MAE}} = \frac{1}{N_{\text{mask}}} \sum_{i=1}^{N_{\text{mask}}} | \text{Decoder}(\text{ViT}(\boldsymbol{m}_i)) - \boldsymbol{m}_i |_2^2 \tag{4-14}$$

其中，$\boldsymbol{m}_i$ 为第 $i$ 个被掩码的 Patch；$N_{\text{mask}}$ 为被掩码的 Patch 数量；ViT(·) 为 ViT 模型的输出；Decoder(·) 为解码器网络的输出。

2) 提示编码

用户提示 $\boldsymbol{P}$ 输入提示编码器中，得到对应的提示 Embedding，记作 $\boldsymbol{E}_p$。其中，$\boldsymbol{P}$ 可以是文本、图像中的点坐标或者框坐标，用于识别需要分割的目标。当提示 $\boldsymbol{P}$ 是点坐标时，首先使用傅里叶特征映射来特征化输入点的坐标值，即

$$\gamma(\boldsymbol{P}) = [a_1\cos(2\pi\boldsymbol{b}_1^{\text{T}}\boldsymbol{P}), a_1\sin(2\pi\boldsymbol{b}_1^{\text{T}}\boldsymbol{P}), \cdots, a_m\cos(2\pi\boldsymbol{b}_m^{\text{T}}\boldsymbol{P}), a_m\sin(2\pi\boldsymbol{b}_m^{\text{T}}\boldsymbol{P})]^{\text{T}} \tag{4-15}$$

其中，$a_i$ 为振幅系数；$\boldsymbol{b}_i$ 为频率向量；$m$ 为生成的傅里叶特征的数量。

由于 $\cos(\alpha-\beta) = \cos\alpha\cos\beta + \sin\alpha\sin\beta$，因此式(4-15)导出的核函数为

$$k_\gamma(\boldsymbol{P}_1, \boldsymbol{P}_2) = \gamma(\boldsymbol{P}_1)^{\text{T}}\gamma(\boldsymbol{P}_2) = \sum_{j=1}^{m} a_j^2 \cos(2\pi\boldsymbol{b}_j^{\text{T}}(\boldsymbol{P}_1 - \boldsymbol{P}_2)) = h_\gamma(\boldsymbol{P}_1 - \boldsymbol{P}_2) \tag{4-16}$$

其中，$h_\gamma(\boldsymbol{P}_1 - \boldsymbol{P}_2) \overset{\text{def}}{=} \sum_{j=1}^{m} a_j^2 \cos(2\pi\boldsymbol{b}_j^{\text{T}}\boldsymbol{P}_1 - \boldsymbol{P}_2)$。

然后，将输入点的傅里叶特征 $\gamma(\boldsymbol{P})$ 输入一个多层感知器(multiplayer perceptron，MLP)来获得对应的 $\boldsymbol{E}_p$。当提示 $\boldsymbol{P}$ 是框坐标时，则需要先将其转换为框的中心坐标，记作($x_{\text{mid}}, y_{\text{mid}}$)，即

$$x_{\text{mid}} = (x_{\text{lu}} + x_{\text{rd}}) / 2 \tag{4-17}$$

$$y_{\text{mid}} = (y_{\text{lu}} + y_{\text{rd}}) / 2 \tag{4-18}$$

其中，$x_{\text{lu}}$ 和 $x_{\text{rd}}$ 为框的左上角和右下角的横坐标；$y_{\text{lu}}$ 和 $y_{\text{rd}}$ 为框的左上角和右下角的纵坐标。

特别地，当提示是文本时，SAM 会采用 CLIP[12]预训练好的文本编码器作为提示编码器，并通过该文本编码器得到对应的 $\boldsymbol{E}_p$。

3) Mask 解码

Mask 解码器的任务主要是根据 $\boldsymbol{E}_m$、$\boldsymbol{E}_p$ 输出对应的 Mask，记作 $\boldsymbol{M}$。具体地，它使用一个带有动态掩码预测头的 Transformer 解码块，并在两个方向(即 $\boldsymbol{E}_m$ 到 $\boldsymbol{E}_p$、$\boldsymbol{E}_p$ 到 $\boldsymbol{E}_m$)使用自注意力和交叉注意力来更新所有的 Embedding。之后，对 $\boldsymbol{E}_m$ 进行上采样并通过 MLP 将其映射到一个动态线性分类器。该分类器输出每个图像位置对应掩码的类别，记作 $\boldsymbol{L}$。此外，为了对掩码进行排序，使用一个 IoU 分数回归头预测每个掩码的置信度得分，记作 $\boldsymbol{S}$。这一过程如下所示[10]，即

$$(\boldsymbol{M}, \boldsymbol{S}, \boldsymbol{L}) = \text{MaskDecoder}(\boldsymbol{E}_m, \boldsymbol{E}_p) \tag{4-19}$$

其中，$\boldsymbol{M}$ 是生成的形状为 $(H,W)$ 的掩码，每个元素都是 0 或 1，表示对应的像素

是否是目标对象的一部分；$\boldsymbol{S}$ 为 IoU 分数，描述掩码和实际标注之间的交集比；$\boldsymbol{L}$ 为类别标签，表示每个掩码对应的类别；MaskDecoder($\cdot$) 为解码器的输出。

在训练期间，Mask 解码器基于 Focal 和 Dice 损失函数的线性组合进行监督学习。Focal 损失函数的定义为

$$\mathcal{L}_{\text{Focal}} = -(1-p_t)^{\gamma}\ln(p_t) \tag{4-20}$$

其中，$p_t$ 为模型对正确类别的预测概率；$\gamma$ 为调节因子，用于减少易分类样本的相对损失，从而使模型更加关注难分类的样本。

Dice 损失函数的目标是最大化预测标签和真实标签之间的重叠区域，其定义为

$$\mathcal{L}_{\text{Dice}} = 1 - \frac{2y\overline{y}+1}{y+\overline{y}+1} \tag{4-21}$$

其中，$y$ 为真实标签；$\overline{y}$ 为模型的预测标签。

最后，经过预训练的 SAM 能够在大部分的图像(即使是 SAM 没有学习过的图像)上生成精确的 Mask。因此，SKB 具有足够的先验知识和强大的语义表示能力，能够在任意图像上执行精确的语义分割，从而确保语义通信系统中知识库的普适性。

2. 基于注意力的语义整合

注意力机制旨在模仿人类视觉，专注于关键细节而忽略无关内容，因此 LAM-ISC 中引入一种基于注意力的语义整合(attention-based semantic integration，ASI)机制，通过通道注意力网络和空间注意力网络识别和加权图像中的重要目标。具体过程如下。

首先，对由 SKB 生成的多个语义片段按图像的通道维度进行拼接，将其视为语义片段特征，表示为 $\boldsymbol{S}_m$，其形状为 $(H,W,3Z)$，其中 $Z$ 表示语义片段的数量。

然后，采用通道注意力网络从 $\boldsymbol{S}_m$ 中提取基于通道维度的语义重要性信息。具体地，在通道注意力网络中，$\boldsymbol{S}_m$ 经过平均池化层和最大池化层获得相应的特征图，然后将特征图结果输入同一个 MLP 并进行激活处理，最后与 $\boldsymbol{S}_m$ 相乘即可得到基于通道重要性的语义特征，即

$$\boldsymbol{S}_{\text{ch}} = \sigma(\text{MLP}(\text{AvgPool}(\boldsymbol{S}_m)) + \text{MLP}(\text{MaxPool}(\boldsymbol{S}_m))) \otimes \boldsymbol{S}_m \tag{4-22}$$

其中，$\sigma(\cdot)$ 为激活函数；AvgPool($\cdot$) 和 MaxPool($\cdot$) 为平均池化和最大池化。

由于 $\boldsymbol{S}_{\text{ch}}$ 只从通道维度对 $\boldsymbol{S}_m$ 进行特征提取，无法充分捕捉 $\boldsymbol{S}_m$ 中各个语义片段间的空间信息，因此使用空间注意力网络对 $\boldsymbol{S}_{\text{ch}}$ 进行后续处理。具体地，首先对 $\boldsymbol{S}_{\text{ch}}$ 进行最大池化和平均池化操作，并沿图像通道维度进行连接，然后经过 CNN 与激活函数处理后，输出与 $\boldsymbol{S}_{\text{ch}}$ 相乘可以得到基于空间重要性的语义特征，即

$$\boldsymbol{S}_{\text{sp}} = \sigma(\text{CNN}(\text{AvgPool}(\boldsymbol{S}_{\text{ch}}) + \text{MaxPool}(\boldsymbol{S}_{\text{ch}}))) \otimes \boldsymbol{S}_{\text{ch}} \tag{4-23}$$

通过 Reshape 操作将 $\boldsymbol{S}_{\text{sp}}$ 拉伸成一维向量后输入一个基于线性层的输出头中，经过激活函数处理后得到一个形状为 $(Z,1)$ 的向量。该向量中的每个元素都是 0 或 1，表示对应的语义片段是否保留。将决定保留的语义片段重新整合后可以得到语义感知图像 $\boldsymbol{m}_p$。

最后，基于大量的人类感知历史数据进行训练之后，即使在没有人类参与的情况下，ASI 也能直观地识别和保留原图像中人类更感兴趣的关键对象或目标。

### 3. 基于注意力的语义整合

为了在语义级别自适应地屏蔽传输的语义特征，有效减少冗余数据和降低通信开销，LAM-ISC 引入一种自适应语义压缩(adaptive semantic compression，ASC)策略，使用一个可学习的 Mask 网络，根据输入语义特征的内容生成相应的掩码矩阵，并利用其消除语义特征中不重要的信息。具体地，在传输过程中，首先使用基于 CNN 构建的语义编码器对语义感知图像 $\boldsymbol{m}_p$ 进行特征编码，编码后得到的相应语义特征为

$$\boldsymbol{E}_s = \sigma(\text{CNN}(\boldsymbol{m}_p)) \tag{4-24}$$

然后，将编码语义特征 $\boldsymbol{E}_s$ 输入 Mask 网络，输出一个相应的掩码矩阵 $\boldsymbol{M}_s = [m_1, m_2, \cdots, m_i, \cdots, m_S]$，其中 $S$ 表示语义特征的长度，$m_i$ 为 0 或 1。利用得到的掩码矩阵 $\boldsymbol{M}_s$，将一部分不重要的语义特征置 0，可以得到压缩后的语义特征，即

$$\boldsymbol{E}_s^- = \text{Mask}(\boldsymbol{E}_s) \odot \boldsymbol{E}_s \tag{4-25}$$

其中，$\text{Mask}(\cdot)$ 为 Mask 网络的输出，即 $\boldsymbol{M}_s$。

通过将 ASC 应用于语义编码过程，可以在保留重要语义特征的同时移除多余的信息，减少通信开销。

### 4. 信道解码和语义解码

当传输的信号通过物理信道到达接收端时，使用基于 MLP 构建的信道编码器调制和编码 $\boldsymbol{E}_s^-$。编码后的语义信息为

$$\boldsymbol{X} = \sigma(\boldsymbol{E}_s^- \boldsymbol{w}_t + \boldsymbol{b}_t) \tag{4-26}$$

其中，$\sigma(\cdot)$ 为激活函数；$\boldsymbol{w}_t$ 为信道编码器的权重矩阵；$\boldsymbol{b}_t$ 为偏置。

在物理信道上传输后，$\boldsymbol{X}$ 转变为 $\boldsymbol{Y}$。类似地，使用基于 MLP 的信道解码器对 $\boldsymbol{Y}$ 进行解调可以消除信道噪声带来的影响。信道解码器的解码结果为

$$\hat{\boldsymbol{E}}_s^- = \sigma(\boldsymbol{Y}\boldsymbol{w}_r + \boldsymbol{b}_r) \tag{4-27}$$

其中，$\boldsymbol{w}_r$ 为信道解码器的权重矩阵；$\boldsymbol{b}_r$ 为偏置。

最后，语义解码器负责对接收到的语义信息 $\hat{\boldsymbol{E}}_s^-$ 解码，得到重建的语义感知图像 $\hat{\boldsymbol{m}}_p$。通过计算原语义感知图像和重建语义感知图像的 MSE 损失更新 Mask 网络，即

$$\mathcal{L}_{\text{Mask}} = \| \hat{\boldsymbol{m}}_p - \boldsymbol{m}_p \|_2^2 \tag{4-28}$$

同样，这里的信道解码器是基于 MLP 构建的。最后，基于反卷积神经网络(deconvolutional neural network，DCNN)构建的语义解码器对语义特征进行解码，从而获得相应的恢复图像。

### 4.3.3 原型系统的实现和仿真结果

1. 仿真设置

为证明所提框架的有效性，使用 VOC2012 和 COCO2017 数据集对 LAM-ISC 进行仿真验证，其中 VOC2012 包含 17125 张图片、20 个类别，COCO2017 包含约 33 万张图像、80 个类别。这两个数据集均可用于多种计算机视觉任务的评估。

实验采用的对比方法如下。

(1) Traditional ISC：仅基于传统的图像语义通信模型进行数据传输，不利用 SKB 在传输之前分割原图像，仅包括语义编解码器，以及信道编解码器。

(2) LAM-ISC：本节提出的采用 SAM 作为知识库的语义通信系统。

(3) LAM-ISC without SKB+ASI：不使用 SKB 与 ASI 方法的 LAM-ISC。

(4) LAM-ISC without ASC：不使用 ASC 的 LAM-ISC。

实验使用三个关键指标来评估系统性能，即模型损失值(loss)、峰值信噪比(peak signal to noise ratio，PSNR)、结构相似性(structural similarity，SSIM)，其中 PSNR 用于衡量重建或压缩图像的质量，数值越高表示图像质量越优，其定义为

$$\text{PSNR}(\boldsymbol{m}_p, \hat{\boldsymbol{m}}_p) = 10 \cdot \lg\left(\frac{\text{MAX}_\text{I}^2}{\text{MSE}(\boldsymbol{m}_p, \hat{\boldsymbol{m}}_p)}\right) \tag{4-29}$$

其中，$\text{MAX}_\text{I}^2$ 为图像的最大可能像素值，对于 8 位图像，最大可能像素值通常为 255；$\hat{\boldsymbol{m}}_p$ 为重建的语义感知图像。

因此，实验使用 PSNR 对发送的原图像(即语义感知图像)和基于不同通信方案生成的重建图像进行评估，以判断通信中的图像在像素级上的失真程度。类似地，SSIM 用于衡量两幅图像相似性的指标，考虑亮度、对比度、结构三个关键因素，其定义为

$$\text{SSIM}(\boldsymbol{m}_p, \hat{\boldsymbol{m}}_p) = \frac{(2\varphi_{\boldsymbol{m}_p}\varphi_{\hat{\boldsymbol{m}}_p} + c_1)(2\phi_{\boldsymbol{m}_p\hat{\boldsymbol{m}}_p} + c_2)}{(\varphi_{\boldsymbol{m}_p}^2 + \varphi_{\hat{\boldsymbol{m}}_p}^2 + c_1)(\phi_{\boldsymbol{m}_p}^2 + \phi_{\hat{\boldsymbol{m}}_p}^2 + c_2)} \tag{4-30}$$

其中，$\varphi_{\boldsymbol{m}_p}$ 和 $\varphi_{\hat{\boldsymbol{m}}_p}$ 为 $\boldsymbol{m}_p$ 和 $\hat{\boldsymbol{m}}_p$ 的均值；$\phi_{\boldsymbol{m}_p\hat{\boldsymbol{m}}_p}$ 为 $\boldsymbol{m}_p$ 和 $\hat{\boldsymbol{m}}_p$ 的协方差；$c_1$ 和 $c_2$ 为两个常数，用于避免分母为零。

实验在一台配备有英特尔 Xeon CPU 2.4GHz，128GB 内存和一块 NVIDIA A800 GPU(80GB SGRAM)的服务器上进行。服务器的操作系统为 Ubuntu 20.04 + CUDA 10.2，编程语言为 Python，使用的深度学习框架为 PyTorch 1.8.0。

2. 训练设计

LAM-ISC 框架的训练示意图如图 4-5 所示。值得注意的是，SAM 是一个预先训练好的大 AI 模型，不需要重新进行训练，因此只需要考虑 ASI 中的注意力网络(包括通道注意力网络和空间注意力网络)、语义通信模型(包括语义编解码器和信道编解码器)，以及 ASC 中的 Mask 网络的训练。

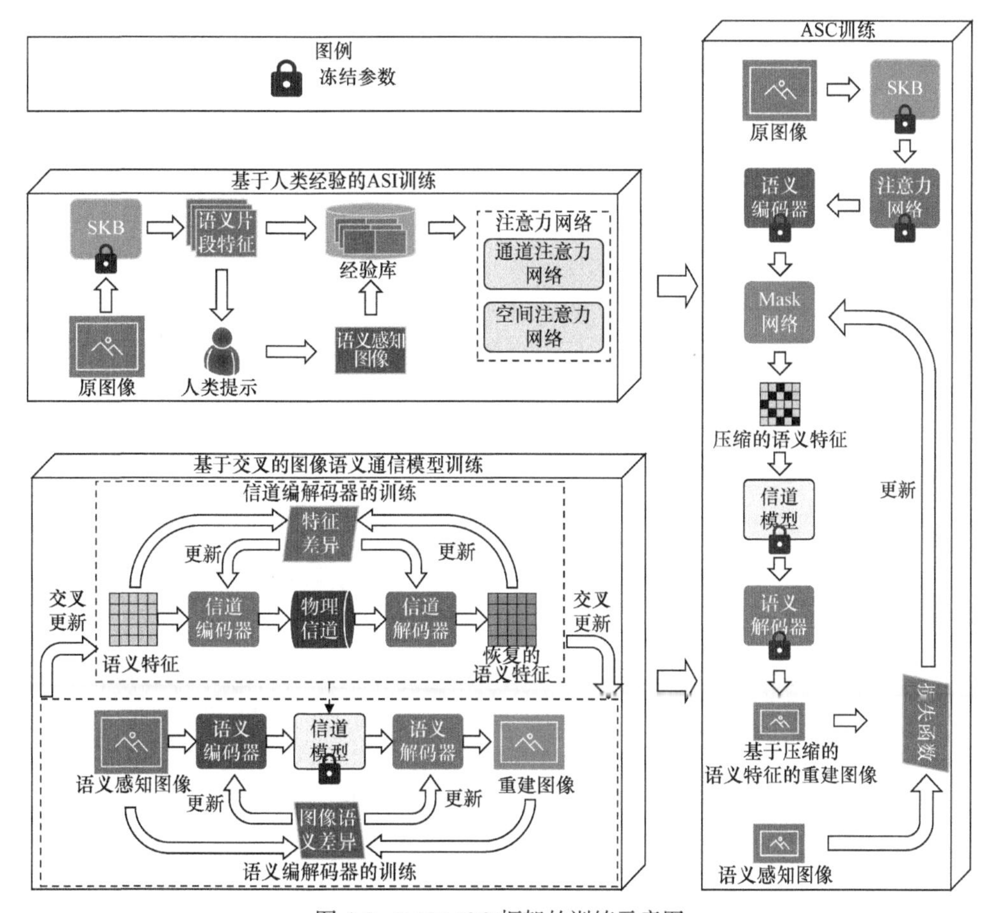


图 4-5　LAM-ISC 框架的训练示意图

1) 基于人类经验的 ASI 训练

如前所述，提出的 ASI 的目标是模拟人类感知，从而在原图像中识别感兴趣的目标并生成与人类偏好相对应的语义感知图像。为实现这一目标，需要收集图像中人类通常感兴趣的对象作为经验库，构成注意力网络的训练样本。在这个经验库中，语义片段特征 $\boldsymbol{S}_m$ 可以作为注意力网络的输入样本，通过人类提示创建的语义感知图像 $\boldsymbol{m}_p$ 可以看作相应的输出标签。通过在经验库上进行监督学习，注意力网络可以有效地适应人类行为，并做出与人类感知相似的目标选择决策。

2) 基于交叉的图像语义通信模型训练

语义通信系统中的编码器部分由语义编码器和信道编码器组成，而语义通信系统的解码器部分包括信道解码器和语义解码器。首先，为了联合训练信道编解码器，本章以最小化信道编码前后语义特征的差异作为目标，消除传输过程中的信道噪声。然后，为实现原图像与重建图像的语义对齐，将原图像与重建图像之间的差异作为优化函数(MSE 函数)来引导语义编解码器的学习。接下来，实施交叉训练策略，涉及信道编解码器和语义编解码器。具体地，首先训练信道模型(即信道编解码器)，然后冻结其参数，训练语义模型(即语义编解码器)。最后，冻结语义模型的参数并再次训练信道模型。以上过程重复进行，直到整个语义通信模型收敛。

3) ASC 训练

为了生成准确反映语义特征重要性的掩码，本章将介绍 Mask 网络和语义通信模型联合训练的方法，其中语义通信模型和注意力网络的参数都被冻结。训练过程包括以下步骤。

(1) 传输经过 Mask 网络压缩的语义特征。

(2) 基于压缩的语义特征进行图像重建。

(3) 基于损失函数(式(4-28))计算重建图像与发送的原图像(语义感知图像)的差异，并对 Mask 网络进行指导，使其学习如何产生最小化该差异的掩码矩阵。

3. 仿真结果

1) 基于模型损失的实验分析

基于模型 loss 的实验结果如图 4-6 所示。可以看出，LAM-ISC without ASC 和 LAM-ISC 获得了较低的 loss，而 Traditional ISC 和 LAM-ISC without SKB+ASI 获得了较高的 loss，并且 LAM-ISC without ASC 的性能略优于 LAM-ISC，Traditional ISC 的性能优于 LAM-ISC without SKB+ASI。

图 4-6 的结果表明，一方面，SKB 和 ASI 的结合可以给语义通信模型带来较大的改进，尤其是随着 SNR 的改善，提升更为明显；另一方面，ASC 可以在语义压缩的同时不给语义通信模型带来明显的影响。分析其中的原因，首先 SKB 可以

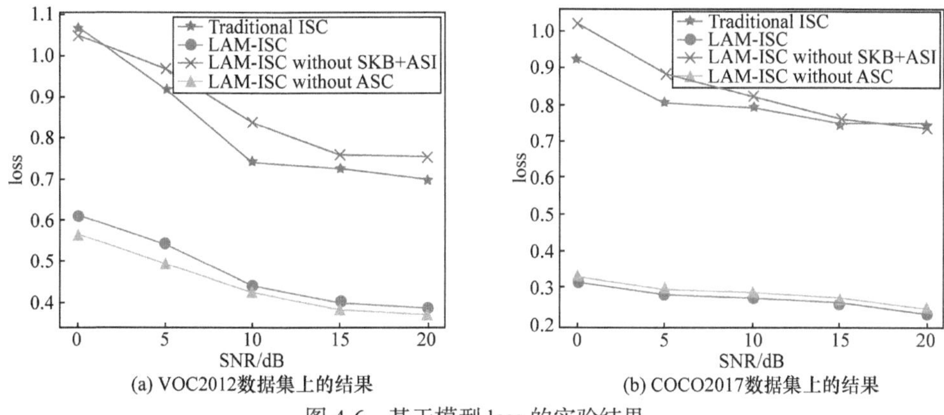


(a) VOC2012数据集上的结果　(b) COCO2017数据集上的结果

图 4-6　基于模型 loss 的实验结果

从原图像选出对表达用户意图最有价值的目标，然后通过 ASI 将原图像中不重要的部分去掉，只保留选中的重要目标，即语义感知图像。相比具有完整像素信息的原图像，语义感知图像的像素构造更加简单，从而在接收端更易于恢复。此外，语义感知图像中被去除部分对应的语义特征对于图像重建的意义不大，因此成为冗余的信息。通过 ASC，可以根据输入的语义特征自适应地将这些不重要的冗余特征去掉，在保证精度的同时减少通信开销。

2) 基于 PSNR 的实验分析

如图 4-7 所示，LAM-ISC without ASC 和 LAM-ISC 获得了较高的 PSNR，而 Traditional ISC 和 LAM-ISC without SKB+ASI 则获得较低的 PSNR；同样，LAM-ISC without ASC 的性能略优于 LAM-ISC，Traditional ISC 的性能优于 LAM-ISC without SKB+ASI。此外，各种语义通信模型在 VOC2012 数据集上的表现要略优于 COCO2017 数据集。

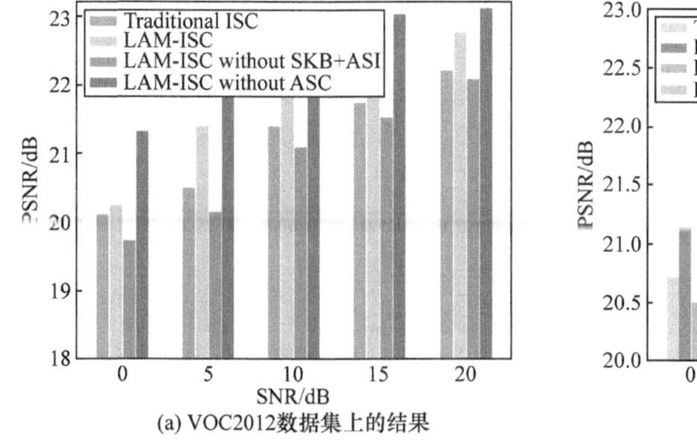


(a) VOC2012数据集上的结果

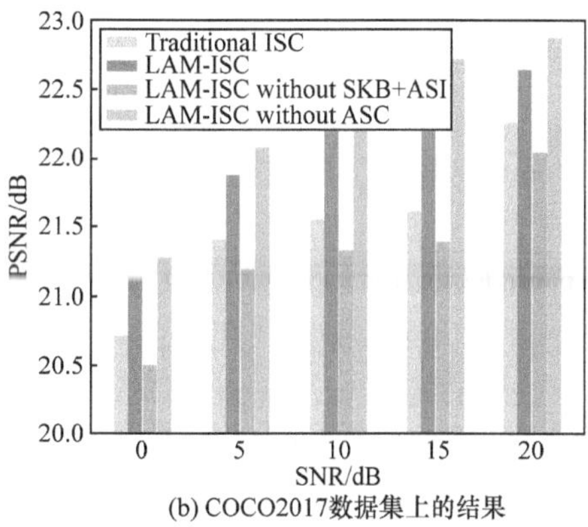


(b) COCO2017数据集上的结果

图 4-7　基于 PSNR 的实验结果

图 4-7 的结果说明，SKB 和 ASI 可以为图像语义通信模型在 PSNR 方面带来

极大的提升，这一点对比 LAM-ISC without ASC 与 Traditional ISC、LAM-ISC 与 LAM-ISC without SKB+ASI 的结果可以明显看出。此外，ASC 虽然对传输的语义特征进行了压缩，但是并没有对语义通信模型的性能产生明显的影响。分析其中的原因，一方面 SKB 与 ASI 结合生成的语义感知图像相比包含完整像素信息的原始图像，其像素结构更加简化，在接收端更易于恢复。这一过程使 PSNR 的优化更加简单。另一方面，通过 ASC 可以根据输入的语义特征自适应地去除语义特征中一些不重要的冗余信息，在保证 PSNR 的同时减少通信成本。

3) 基于 SSIM 的实验分析

如图 4-8 所示，LAM-ISC without ASC 和 LAM-ISC 在 SSIM 上取得了较高的 SSIM，而 Traditional ISC 和 LAM-ISC without SKB+ASI 的表现较差。进一步，LAM-ISC without ASC 略优于 LAM-ISC，而 Traditional ISC 优于 LAM-ISC without SKB+ASI。

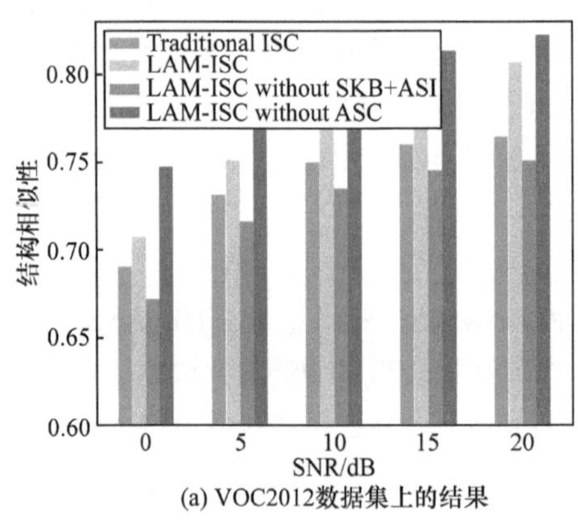


(a) VOC2012数据集上的结果

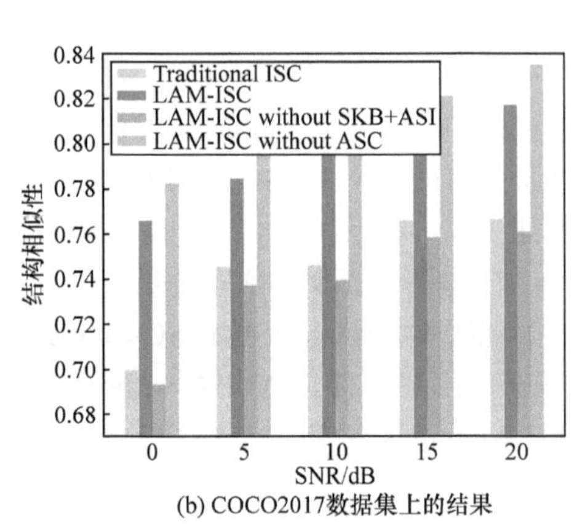


(b) COCO2017数据集上的结果

图 4-8 基于 SSIM 的实验结果

图 4-8 的结果说明，SKB 和 ASI 对图像语义通信模型在 SSIM 方面有显著提升，这一点可以从 LAM-ISC without ASC 与 Traditional ISC、LAM-ISC 与 LAM-ISC without SKB+ASI 的对比中明显看出。虽然 ASC 对传输的语义特征进行了压缩，但是并没有明显影响到语义通信模型的性能。同样，其中的主要原因是 SKB 与 ASI 结合生成的语义感知图像使 SSIM 的优化更加简单。此外，ASC 可以有效去除语义特征中的冗余数据，减少通信成本，保证 SSIM 的精度。

此外，基于传统通信的方法传输图像需要 49152bit，基于 Traditional ISC 传输的语义特征需要 21632bit，而 LAM-ISC 由于使用 ASC，传输的语义特征只需要 8960bit。为进行公平比较，本章对 LAM-ISC 和 Traditional ISC 都进行传输语义感知图像进行实验，结果发现两者的 PSNR 与 SSIM 值相似，但是 LAM-ISC 传输的数据量仅为 Traditional ISC 的 55%。

## 4.4　大模型辅助的多模态语义通信

随着元宇宙和混合现实等未来新兴技术的发展，所需处理的数据类型日益多样化，涵盖了图像、音频、视频、文本等多种模态。这种趋势对语义通信系统提出了新的要求，即必须能够跨越不同模态进行高效的数据传输。

对于传统的单模态语义通信系统，由于其设计上的局限性，每个系统只能处理一种特定类型的数据。如图 4-9(a)所示，若要在这样的系统中传输多模态数据，

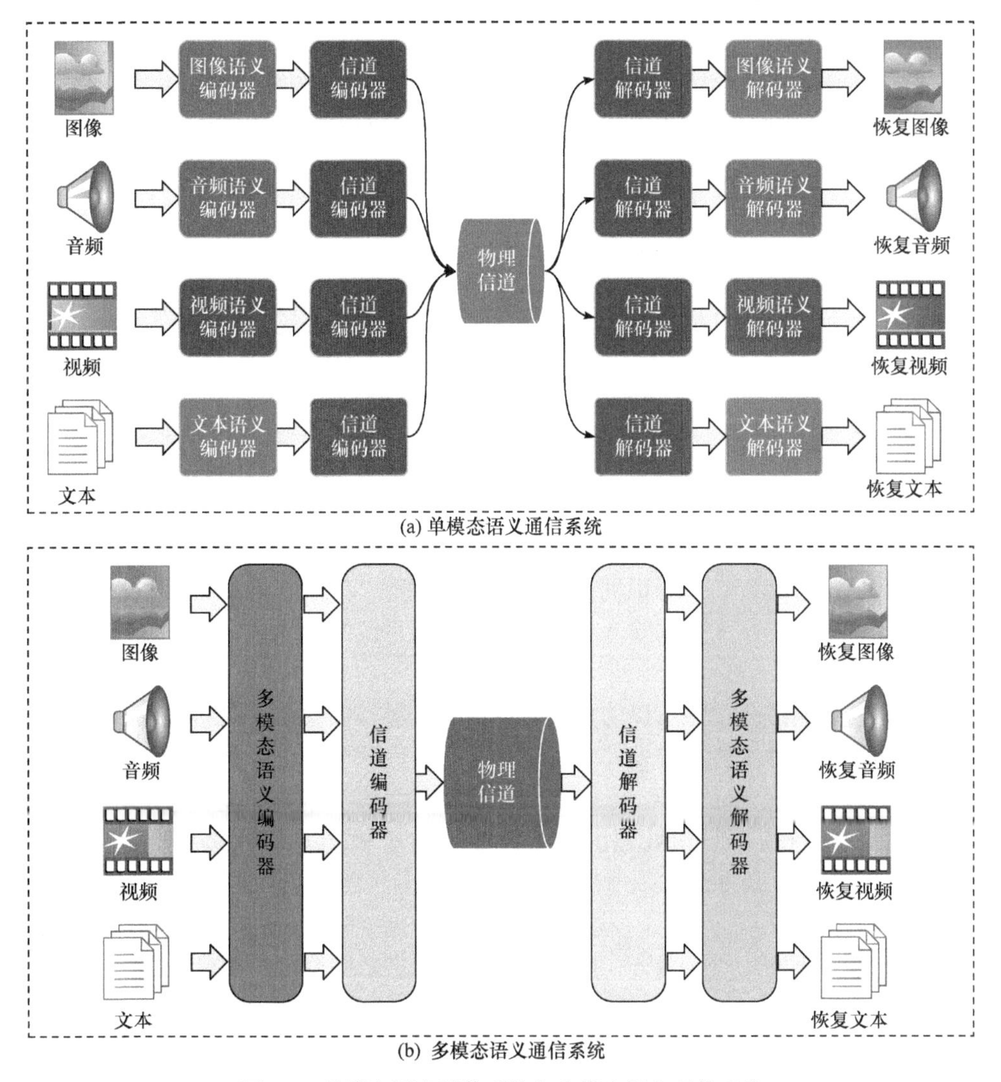


(a) 单模态语义通信系统

(b) 多模态语义通信系统

图 4-9　单模态语义通信系统与多模态语义通信系统

就需要在发送端和接收端部署多个独立的系统，这不仅会造成资源的巨大浪费，也会严重降低通信的效率[13]。

因此，未来理想的多模态语义通信系统应当能够通过一个统一的模型处理和传输各种模态的数据(图 4-9(b))。这样的系统能够在保持高效率的同时，减少资源消耗，满足多模态数据传输的需求。

### 4.4.1　多模态语义通信的优势与挑战

为深入理解并推动多模态语义通信的实现，本节综合评述多模态语义通信的显著优势及其面临的挑战。与单模态语义通信相比，多模态语义通信在以下方面展现出独特的优势。

(1) 数据融合。多模态语义通信的核心在于其强大的数据融合能力，整合来自不同传感器的数据，包括文本、图像、音频和视频等多种形式，从而构建出一个更为丰富和全面的信息框架。这种综合性的信息呈现，不仅可以增强数据的表现力，也能够为决策提供更为坚实的依据。

(2) 压缩效率。在多模态语义通信中，不同数据模态之间的语义关联性被巧妙地利用起来。通过识别并去除那些在多个模态中重复出现的冗余信息，多模态语义通信能够有效地提高数据压缩率，从而在保证信息完整性的同时，减少传输过程中需要的带宽。

(3) 错误抵抗能力。在无线信道传输过程中，多模态系统展现出卓越的错误抵抗能力。即便在信号受到干扰或是质量下降的情况下，多模态系统仍能够依靠其背景知识库在接收端恢复出原始的语义信息，确保信息传递的准确性和完整性。

(4) 智能化应用。多模态语义通信可以为各类智能化应用提供强有力的支持。无论是自然语言处理、语音识别，还是图像处理等，多模态语义通信都能够为这些应用提供更为丰富的数据输入，进而推动通信系统的智能化发展，提升用户的交互体验。

技术的不断进步虽然可以为多模态通信的发展提供动力，但同时也带来新的问题和需求，因此想要充分发挥多模态语义通信的这些优势，就必须正视其面临的挑战[14]。

(1) 数据异构。在同时处理包括文本、图像、视频，以及各种文件格式的异构数据时，任务的复杂性会大幅增加，因为这些任务可能涉及机器翻译、图像识别、视频分析等多个领域。因此，为实现从多模态数据中提取准确的语义特征，必须实现多模态数据间的语义对齐，确保不同模态数据之间有统一的语义理解。

(2) 语义歧义。由于通信参与者的知识背景不同，关注的语义信息也各异，因此在多模态数据的转换过程中，可能导致对相同数据的理解存在差异，进而产生语义歧义。

(3) 信号衰落。受环境条件、距离和干扰等因素的影响，衰落信道中信号强度会随时间的变化而变化,给发送方和接收方之间准确有效地交换信息增加复杂性。在语义通信中，这些干扰可能导致关键信息丢失或意图语义的改变，进一步增加检索和重建个性化语义过程的复杂性。

面对这些挑战，研究者进行了大量的探索和研究。随着深度学习技术的发展，涌现出多种可用于多模态数据和自然语言处理的 AI 大模型，如多模态语言模型——CoDi[15]、LLM——GPT-4。正如 4.2.1 节所述，这些大模型在语义通信领域展现出诸多优势，如准确的语义提取、丰富的先验知识和背景知识，以及强大的语义解释能力。随着计算能力的提升和数据量的增长，这些复杂的模型得以成功应用于各行各业，为多模态语义通信的实现提供了潜在的解决方案。

### 4.4.2　CoDi、GPT-4 与微调技术概述

在介绍多模态语义通信系统的设计方案之前，先对该系统使用的关键大模型——CoDi、GPT-4 与大模型微调技术进行简单介绍。

1. CoDi 概述

CoDi 是微软推出的一种面向多模态的 AI 大模型，能够在保证语义一致性的前提下实现任意模态之间的转换。CoDi 的实现主要包括以下部分[15]。

(1) CoDi 为每种模态都设计了特定的潜在扩散模型(latent diffusion model，LDM)[16]。LDM 通过学习对应于样本 $x$ 潜在变量 $z$ 的分布，降低数据维度和计算成本。在 LDM 中，先训练一个自编码器重构 $x$，即 $\hat{x}=D(E(x))$，其中 $E$ 和 $D$ 表示自编码器中的编码器和解码器。潜在变量 $z=E(x)$ 基于方差表 $\beta_1,\beta_2,\cdots,\beta_T$ 在时间步长 $t$ 上迭代扩散，即

$$q(z_t|\ z_{t-1})=\mathcal{N}(z_t;\sqrt{1-\beta_t z_{t-1}},\beta_t\boldsymbol{I}) \tag{4-31}$$

正向扩散过程允许在任何时间步长以闭合形式对 $z_t$ 进行随机采样，即

$$z_t=\alpha_t z+\sigma_t\epsilon \tag{4-32}$$

其中，$\epsilon\sim N(0,\boldsymbol{I})$；$\alpha_t:=1-\beta_t$；$\sigma_t:=1-\prod_{s=1}^{t}\alpha_s$。

LDM 需要学习如何从 $\{z_t\}$ 中去噪来恢复 $z$，去噪训练的目标函数可以表示为

$$\mathcal{L}_D=E_{z,\epsilon,t}\|\epsilon-\epsilon_\theta\left(z_t,t,C\left(y\right)\right)\|_2^2 \tag{4-33}$$

其中，$t\sim U[1,T]$；$\epsilon_\theta$ 为基于 U-Net 架构的去噪模型；$\theta$ 为模型参数；$y$ 为可用于控制生成的条件变量；$C(\cdot)$ 为提示编码器。

该条件机制首先将 $y$ 条件化为 $C(y)$，然后通过交叉注意力机制将 $\epsilon_\theta$ 条件化为面向 $C(y)$ 的特定模型。

在反向扩散过程中，去噪过程可以通过重新参数化高斯采样来实现，即

$$p(z_{t-1}|\ z_t)=\mathcal{N}\left(z_{t-1};\frac{1}{\sqrt{\alpha_t}}\left(z_t-\frac{\beta_t}{\sqrt{\sigma_t}}\epsilon_\theta\right),\beta_t\boldsymbol{I}\right) \tag{4-34}$$

(2) 为了模型能够以输入/提示模态的任何组合为条件，CoDi 首先对齐文本、图像、视频和音频的提示编码器(用 $C_t$ 、$C_i$ 、$C_v$ 、$C_a$ 表示)，将来自任何模态的输入投影到同一空间。然后，通过对每个模态 $m$ 的表示进行插值，实现多模态的条件表示，即

$$C(x_t,x_i,x_v,x_a)=\sum_m \alpha_m C(m) \tag{4-35}$$

其中，$m\in x_t,x_i,x_v,x_a$ ，且 $\sum\limits_m \alpha_m=1$ 。

通过对齐嵌入的简单加权插值，使单条件(即仅使用一个输入)训练的模型能够执行零样本多条件(即使用多个输入)。

此外，CoDi 使用一种桥接对齐技术对齐条件编码器，从而减少训练负担。其中，文本模态作为“桥接”模态，因为它普遍存在于配对数据中，如文本图像对、文本视频对和文本音频对。

(3) CoDi 被设计为可组合和集成的，允许构建不同模态的特定扩散模型并进行集成。图像、视频、音频、文本模态各自对应的扩散模型被独立训练，并通过一种新颖的“潜在空间对齐”机制进行组合。并且，CoDi 使用配对的文本-图像、文本-音频和音频-视频数据来训练交叉注意力权重和上下文编码器，从而能够同时生成在训练期间未见过的多种模态组合。

2. GPT-4 概述

GPT-4 是由 OpenAI 于 2023 年推出的最先进的 LLM 之一，继承了 GPT-3 和 GPT-3.5 的成果，是 GPT 系列的最新版本。该模型采用 Transformer 架构，拥有约 1000 亿个参数。GPT-4 经过包含数万亿单词的庞大文本语料库的训练，擅长学习复杂的语言表示。该模型在多模态知识合成、语义概括、持续学习和可扩展性方面具备优越的能力，使其能够基于非结构化数据构建专业知识库。虽然 GPT-4 是在公开的文本数据上进行预训练的，但通过大模型微调技术能够使它们适应更专业的领域，如医学、金融、通信。

3. 大模型微调技术

大模型微调技术允许在现有大模型的基础上进行个性化，以适应特定的任务或领域。这种方法不仅可以节省从头开始训练模型所需的大量时间和资源，而且能够利用预训练模型已经学习到的丰富知识。微调技术使模型能够在保持其原有性能的

同时，针对特定领域进行调整和优化，从而提高其在该领域的表现。此外，微调还有助于提高模型的泛化能力，使其能够更好地适应新的任务和环境。总之，大模型微调技术是一种高效、经济且灵活的方法，能够在不牺牲模型性能的前提下，快速适应和优化模型以满足特定的应用需求。以下是几种常见的大模型微调方法。

(1) Prefix-Tuning[17]，一种具有代表性的 Prompt-Tuning 技术，与传统的微调技术 fine-tuning 相比，Prefix-Tuning 的计算成本非常低，需要的资源和训练时间也更少。Prefix-Tuning 为基于自编码器构建的 LLM 预加一个前缀 Prefix 获得新的输入 $z=[\text{Prefix};x;y]$，或为其编码器和编码器都预加前缀 Prefix 与 Prefix′，获得的输入 $z=[\text{Prefix};x;\text{Prefix}';y]$，其中 $x$ 和 $y$ 为编解码器的输入。假设在时隙 $i$ 处的激活值是 $\boldsymbol{h}_i\in\mathbb{R}^d$，其中 $\boldsymbol{h}_i=[h_i^{(1)};h_i^{(2)};\cdots;h_i^{(n)}]$ 是时隙处所有激活层的级联，并且 $h_i^{(j)}$ 是时隙 $i$ 处的第 $j$ 层 Transformer 的激活值。$\boldsymbol{h}_i$ 的计算公式如下，即

$$\boldsymbol{h}_i=\begin{cases}\boldsymbol{P}_\theta[i,:], & i\in\boldsymbol{P}_{\text{idx}}\\ \text{LLM}_\phi(\boldsymbol{z}_i,\boldsymbol{h}_{<i}), & \text{其他}\end{cases}\tag{4-36}$$

其中，$\boldsymbol{P}_\theta$ 为 Prefix-Tuning 中需要训练的参数矩阵；$\boldsymbol{P}_{\text{idx}}$ 为前缀索引的序列向量；$\text{LLM}_\phi$ 为 LLM 的预训练权重，是被冻结的，即不参与训练；$\boldsymbol{z}_i$ 为输入序列向量。

由于直接更新 $\boldsymbol{P}_\theta$ 参数会导致优化不稳定和性能下降，因此 Prefix-Tuning 采用一个由大型前馈神经网络 $\text{MLP}_\theta$ 组成的较小矩阵 $\boldsymbol{P}'_\theta$ 重新参数化矩阵 $\boldsymbol{P}_\theta=\text{MLP}_\theta(\boldsymbol{P}'_\theta[i,:])$，其中 $\boldsymbol{P}_\theta$ 和 $\boldsymbol{P}'_\theta$ 是具有相同维度的行(即前缀长度相同)，但是列的维度不同。训练完成后，这些参数将被删除，只需要保留前缀参数 $\boldsymbol{P}_\theta$。

(2) Prompt-Tuning[18]，利用预训练模型的掩码语言模型能力，通过构造提示词引导模型完成特定任务。提示词通常是一段包含空白位置的文本，模型需要在这些空白位置生成正确的词或短语来完成任务。

(3) LoRA[19]，旨在通过向每个预训练模型层添加低秩矩阵，并针对目标任务对其进行微调，同时保持原始预训练权重，实现透明和可解释的微调。这一过程可表示为

$$\boldsymbol{h}=\boldsymbol{W}_0\boldsymbol{x}+\Delta\boldsymbol{W}\boldsymbol{x}=\boldsymbol{W}_0\boldsymbol{x}+\boldsymbol{B}\boldsymbol{A}\boldsymbol{x}\tag{4-37}$$

其中，$\boldsymbol{W}_0$ 为预训练模型权重；$x$ 为输入；$h$ 为输出；$\boldsymbol{B}$ 和 $\boldsymbol{A}$ 是对参数矩阵的低秩分解，$\boldsymbol{A}$ 是随机初始化的，$\boldsymbol{B}$ 初始化为 $\boldsymbol{0}$。

在微调过程中，冻结 $\boldsymbol{W}_0$，只对 $\boldsymbol{A}$ 和 $\boldsymbol{B}$ 进行训练，这样需要训练的参数就大大减少了。微调训练结束后，可以得到新的模型权重 $\boldsymbol{W}=\boldsymbol{W}_0+\boldsymbol{B}\boldsymbol{A}$。这样就不会在推理过程中引入额外的计算延迟。

### 4.4.3　多模态语义通信系统设计

本节探讨一种创新的多模态语义通信系统——基于大型 AI 模型的多模态语

义通信(large AI model-based multimodal semantic communications，LAM-MSC)系统。该系统旨在充分利用大模型的强大功能，解决数据异构性、语义歧义和信号衰落等一系列挑战。LAM-MSC 系统的核心在于其独特的多模态对齐框架——基于多模态语言模型的多模态对齐(multimodal language model-based multimodal alignment，MMA)，从而实现从异构的多模态数据到统一模态格式的转换。在这个过程中，由于文本具有高度的可读性、较高的信息密度，以及相对于视频或音频格式低存储需求等优点，因此文本被选为统一的模态格式。为进一步提升语义提取的准确性和数据恢复的可解释性，LAM-MSC 系统采用一种基于个性化的 LLM 知识库(LLM-based knowledge base，LKB)。LKB 的设计允许系统在提取和恢复数据时，不仅保持高度的准确性，还能提供清晰的解释，从而增强用户的信任和系统的透明度。在信号传输方面，为了应对衰落信道对信号质量的影响，LAM-MSC 系统使用一种基于条件生成对抗网络的信道估计(conditional generative adversarial network-based channel estimation，CGE)方法，通过导频信息获取 CSI，帮助信号恢复，从而确保语义信息的准确传递。基于大模型的多模态语义通信系统如图 4-10 所示。LAM-MSC 系统的工作流程如下。

1. 基于 MMA 的模态转换

对于输入的多模态数据，包括图像数据、音频数据、视频数据，利用 CoDi 将这些数据转换为文本数据，并保持语义对齐。相应的文本数据能够有效地捕捉原始模态数据的内容。具体地，首先输入的多模态数据通过专门设计的编码器进行编码。每种数据类型都有其对应的编码器，确保数据的特征被准确捕捉。然后，编码后的多模态数据被送入条件编码器。这里的条件指目标模态。在本系统中，特指文本模态。条件编码器根据目标模态的要求，处理多模态数据，为转换做好准备。最后，条件编码器的输出被输入文本扩散模型，生成与原始多模态数据在语义上保持一致的文本数据，从而完成模态的转换。

为了更直观地理解这一过程，图 4-11 提供了一个基于 LAM-MSC 系统的图像传输示例。假设原始传输数据是一张描述两个人——发送者(Mike)和接收者(Jane)——在花园里玩耍的照片。在 MMA 的作用下，这张图像被转换成文本描述：“A boy and a girl in a playful pose. The boy has blond hair and is wearing a white shirt and a blue tie. The girl has brown hair and is wearing a white shirt and a red bow tie. The background is a colourful garden”。请注意，这里提供的图像和文本数据只是示例，并不代表真实数据。

2. 基于 LKB 的语义提取

通过模态转换获得的文本数据并非都对发送者的意图传达具有价值，因此使

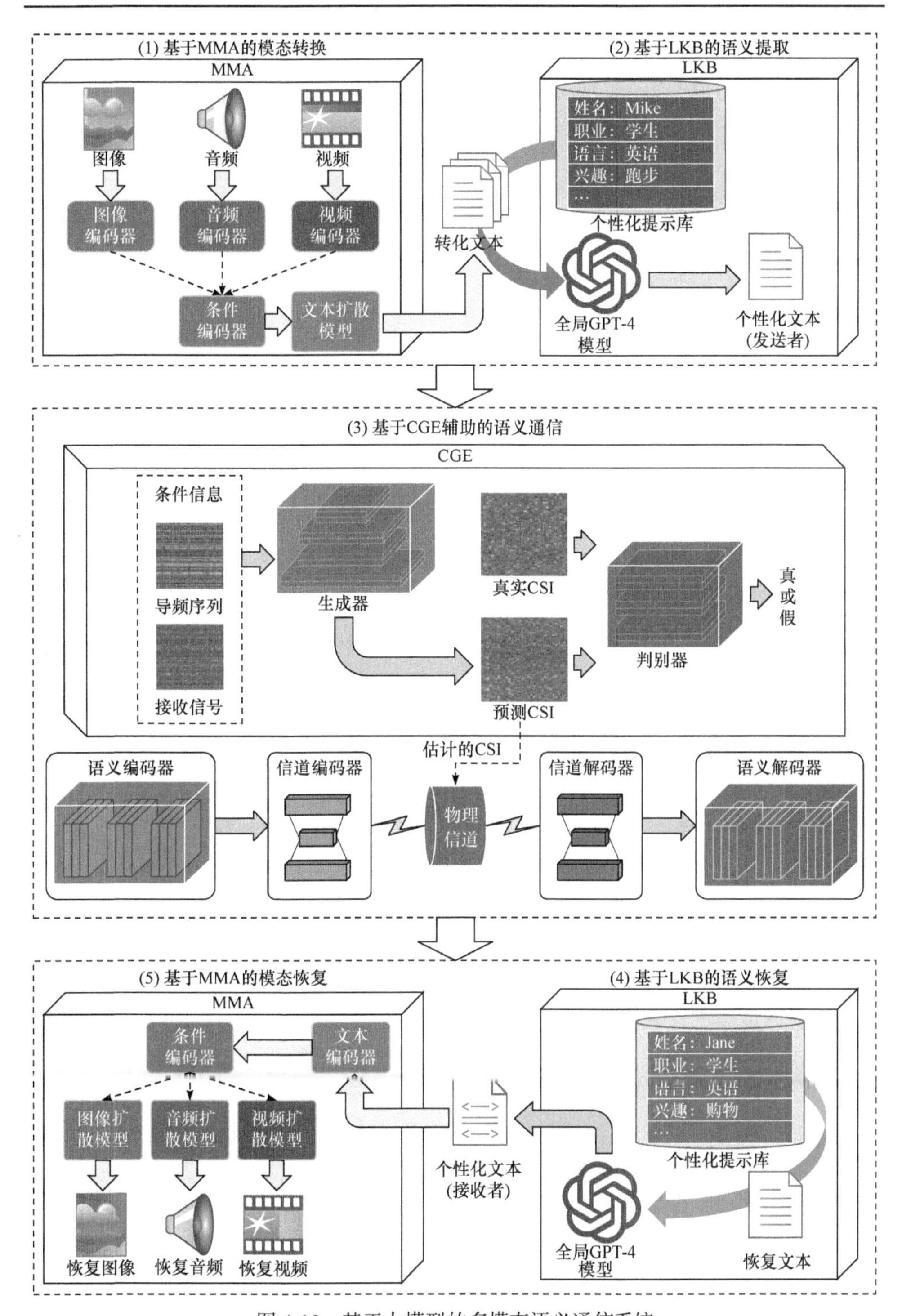


图 4-10　基于大模型的多模态语义通信系统

用 LKB 从模态转换后获得的文本数据中提取出发送者意图的精髓，即那些表达其核心意图或最重要信息的关键语义，同时省略接收者无关的冗余信息。LKB 主要由全局 GPT-4 模型和个性化提示库两个部分组成。

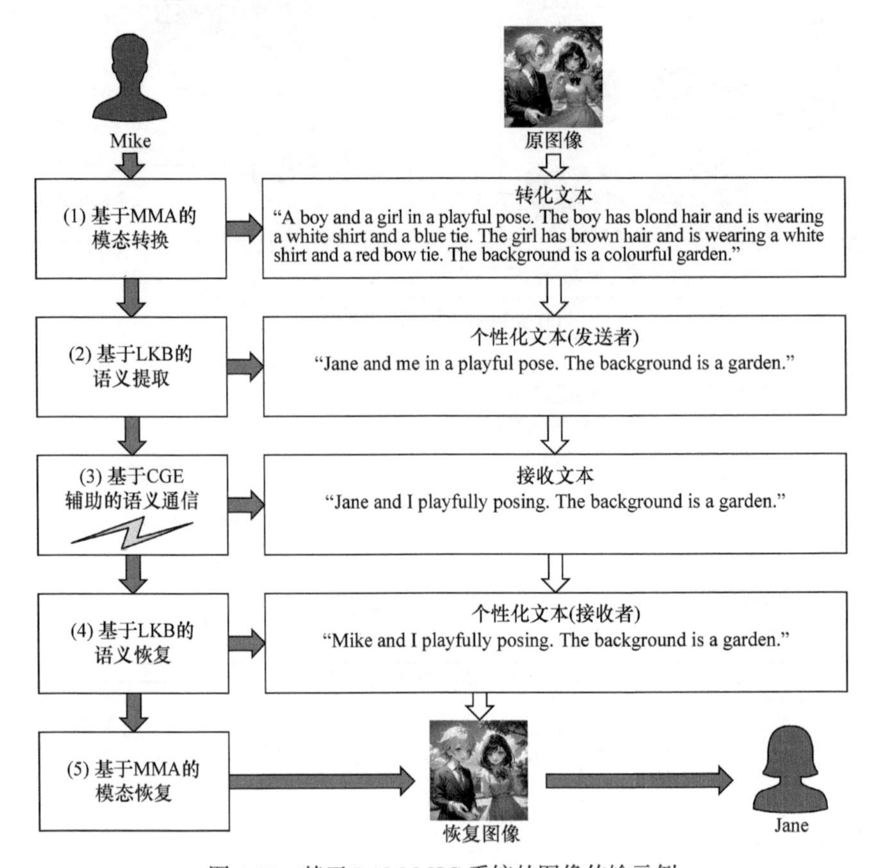


图 4-11　基于 LAM-MSC 系统的图像传输示例

(1) 全局 GPT-4 模型。GPT-4 以其在自然语言处理领域的卓越能力而闻名，能够根据特定需求从文本数据中进行精确的语义提取和恢复。得益于其庞大的参数规模和多头注意力机制，GPT-4 在知识表示和语义理解方面表现出色。它已经通过广泛的数据集预训练，拥有丰富的先验知识和背景信息，使其在不同领域具有强大的泛化能力。因此，GPT-4 模型被视为所有用户共享的全局模型，对传输过程中的文本数据进行处理。

(2) 个性化提示库。个性化 GPT-4 模型的实现主要依赖于前文提到的三种模型微调方法。Prefix-Tuning 和 LoRA 需要对 GPT-4 模型的结构进行调整，这不仅需要用户具备专业知识，还需要设备提供大量的计算资源，并且要求 GPT-4 模型开源。这对大多数用户来说是不现实的。因此，LAM-MSC 系统选择 Prompt Tuning

作为个性化 GPT-4 模型的首选方法。Prompt-Tuning 仅需要用户构建一个包含独特信息(如国家、语言、职业、兴趣等)的个性化提示库，然后将该提示库与 MMA 产生的文本一起输入全局 GPT-4 模型，生成新的个性化文本数据。

如图 4-11 所示，原始文本在未经处理前并不包含个性化信息。通过 LKB 的处理，整合了发送者的意图、用户信息和兴趣，提取包含个性化语义的新文本描述："Jane and me in a playful pose. The background is a garden"。这段描述突出了发送者关注的重点——照片中的"人物"和"地点"，而非其他细节，如人物的服装。通过这种精细化的语义提取过程，LAM-MSC 系统能够有效地传递关键信息，同时减少不必要的信息传输，提高通信的效率，满足用户的个性化需求。

3. 基于 CGE 辅助的语义通信

语义通信以语义编码器为起点，从原始数据中提取有意义的元素或属性，旨在将该语义信息尽可能准确地传输给接收者，如式(4-6)所示。然后，信道编码器将语义编码数据调制成适用于无线通信的复数输入符号，如式(4-7)所示。

为减轻衰落信道的影响，LAM-MSC 系统采用 CGE 获取 CSI，从而将乘法噪声转化为加性噪声[20]，降低信道解码器恢复传输信号的复杂性。CGE 方法的核心在于，使用 CGAN 学习接收信号、导频序列和 CSI 之间的映射关系。CGAN 继承了传统 GAN 的结构，由两个神经网络组成，即生成器和判别器。它们在离线训练期间相互竞争，提升整体的信道估计性能。使用 CGAN 实现信道估计的具体流程如下。

(1) 信号表示。将接收信号 $\boldsymbol{Y}$ 、导频信号 $\boldsymbol{\Theta}$ 和信道矩阵 $\boldsymbol{H}$ 视为双通道图像，其中两个通道分别代表复矩阵的实部和虚部。这样信道估计问题就转化为一个图像到图像的翻译任务[21]。

(2) 生成器训练。CGAN 中的生成器使用导频信号 $\boldsymbol{\Theta}$ 和接收信号 $\boldsymbol{Y}$ 作为输入来估计 $\boldsymbol{H}$ ，估计结果表示为 $\hat{\boldsymbol{H}}$ 。CGAN 旨在利用生成器合成高度逼真的 CSI，欺骗判别器。

(3) 判别器训练。相应地，判别器致力于提高自身的识别能力，使其能够准确地分辨由生成器得到的 CSI 和真实的 CSI。

(4) 目标优化。CGE 使用考虑条件信息的最小二乘 GAN 损失函数，指导判别器 $D$ 和生成器 $G$ 的训练。判别器 $D$ 和生成器 $G$ 的损失函数为

$$\min_{D} \mathcal{L}_d = E[(D(\boldsymbol{H} \mid \boldsymbol{\Theta}) - 1)^2] + E[(D(G(\boldsymbol{Y} \mid \boldsymbol{\Theta})) + 1)^2] \tag{4-38}$$

$$\min_{G} \mathcal{L}_g = E[(D(G(\boldsymbol{Y} \mid \boldsymbol{\Theta})))^2] \tag{4-39}$$

完成训练后，CGAN 中的生成器能够根据输入的接收信号和导频序列准确地获得估计的 CSI。

在信号传输过程中，发送信号经过物理信道到达接收端，然后通过信道解码器与语义解码器恢复出文本数据。例如，在图 4-11 中，接收端恢复的文本为“Jane and I playfully posing. The background is a garden”。虽然物理信道的干扰可能导致恢复的文本与原始内容存在轻微差异，但关键是总体含义能够保持一致，确保信息传递的有效性。通过这种先进的信道估计技术，LAM-MSC 系统能够在复杂的信道条件下，有效地传递关键语义信息，保证通信的可靠性和准确性。

4. 基于 LKB 的语义恢复

接收到的文本信息经过发送者的个性化处理，可能导致接收者理解上的困难，从而产生语义歧义。为了解决这一问题，接收者可以利用其个性化提示库通过 LKB 对接收到的文本再次进行个性化处理。如图 4-11 所示，接收者 Jane 根据自己的用户信息，通过 LKB 调整恢复的文本信息，使其更符合自己的理解和背景，得到更加贴近自己视角的文本描述：“Mike and I playfully posing. The background is a garden”。

5. 基于 MMA 的模态恢复

模态恢复的目标是将文本数据转换回其原始的模态形式，如图像、音频、视频。具体过程如下：首先个性化语义被输入文本编码器，生成文本编码。然后将文本编码送入条件编码器。条件编码器根据要恢复的目标模态(如图像、音频、视频模态)进行处理，为模态恢复做准备。最后，将条件编码器的输出输入相应模态的扩散模型中，生成与输入的个性化语义在语义上一致的模态数据。

多模态语义通信系统主要关注恢复的和原始的模态数据在语义层面上是否一致，而非具体的数据细节。如图 4-11 所示，虽然恢复的图像在人物姿势或服装上与原图存在差异，但仍保持了“Mike and Jane are playing in a garden”这一核心语义。通过这种精细化的语义恢复和模态恢复过程，LAM-MSC 系统能够在保证语义一致性的同时，适应不同用户的个性化需求，提高通信的准确性和个性化程度。

### 4.4.4 原型系统的实现与仿真结果

1. LAM-MSC 系统实现

LAM-MSC 系统使用了多种模型，主要包括 CoDi、GPT-4、CGAN 和语义通信模型(包括语义模型和信道模型)，其中 CoDi 和 GPT-4 已经具有较好的预训练权重，无须额外训练。因此，下面重点描述有关 CGAN 和文本语义通信模型的实现方案。

1) CGAN 的实现设计

首先，CGAN 的生成器网络主要由 3 个下采样模块、2 个上采样模块和 1 个输出层组成。其中，每个下采样块由一维卷积层、正则化层和 LeakyReLU 激活函数组成，每个上采样块由反卷积层、正则化层和 LeakyReLU 激活函数组成，输出层则是一个反卷积层。判别器网络由 4 个一维卷积层组成，每个卷积层后面都有一个 ReLU 激活函数。

CGAN 主要基于生成器和判别器的对抗学习进行训练，具体步骤如下。

(1) 数据预处理。收集训练数据集，包括导频序列、接收信号、CSI。导频序列、接收信号和 CSI 被处理为双通道图像进行训练。导频序列和接收信号用作输入数据，CSI 用作标签数据。

(2) 判别器训练。在 CGAN 中训练判别器。向判别器提供真实的 CSI 样本和由生成器生成的 CSI 样本。使用选定的损失函数(式(4-38))计算判别器的损失，并更新其权重以最小化该损失。因此，判别器可以识别输入的 CSI 样本是真实的还是生成的。

(3) 生成器训练。在判别器训练完成后，训练生成器，使用导频序列和接收信号作为生成器的输入，生成合成的 CSI 样本。将这些生成的样本传输给判别器，并计算生成器的损失，如式(4-39)所示，然后更新生成器的权重。

(4) 交替训练。判别器和生成器交替训练，直到 CGAN 模型收敛。在每次训练迭代期间，更新判别器的权重以更好地区分真实和生成的 CSI 样本，并改进生成器的权重，创建可以欺骗判别器的更真实的 CSI 样本。

2) 文本语义通信模型的实现设计

由于 LAM-MSC 系统中的语义通信主要是面向文本传输的，因此在网络设计上主要参考文献[22]中提出的 DeepSC 的架构。该架构是最早提出的面向文本传输的语义通信模型。语义通信模型训练过程可以概括如下。

(1) 联合训练信道编码器和解码器。为确保信号在传输过程中的稳定性和准确性，采用互信息作为目标函数。互信息的使用有助于抵抗噪声或衰落效应，有效防止信号失真，保证信息的完整传递。

(2) 优化语义编码器和解码器。在语义编码器和解码器的训练中，使用双语评估替补(bilingual evaluation understudy，BLEU)分数[23]作为优化函数。BLEU 分数能够量化原始语义与恢复语义之间的差异，指导模型优化过程，以最小化这些差异，确保语义的完整性和准确性。

(3) 交叉训练策略。为进一步提升模型的性能，实施交叉训练策略。具体地，首先训练信道模型，完成后冻结其参数。然后，训练语义编解码器模型，冻结语义编解码器模型的参数，重新开始训练信道模型。这一交替训练的过程可以重复进行，直至整个语义通信模型达到收敛，确保模型在各个方面都得到充分的训练和优化。

2. 仿真结果

实验模拟端到端的数据通信场景，涉及图像、音频和视频等多模态数据类型。通过 MMA 技术，这些数据被转换为单一模态——文本数据，以便进行统一的语义通信。然后，采用结合 BERT 模型和余弦相似度的方法[24]评估该系统性能。其中，BERT 是由 Google AI Language 团队开发的一种通用自然语言处理机器学习模型，而余弦相似度则是衡量两个非零向量相似度的数学工具，其取值介于−1～1。具体流程如下：首先利用 MMA 和 LKB 从原始及恢复的多模态数据中提取个性化文本数据；然后应用 BERT 模型对提取的文本数据进行处理，得到其对应的文本嵌入；最后计算原始数据与恢复数据的文本嵌入之间的余弦相似度，评估语义通信的准确性。

为全面评估多模态语义通信的效果，实验使用 3 种不同模态的数据集。

(1) VOC2012(图像数据集)：包含 20 种类别的 17125 张 RGB 图像。

(2) LibriSpeech(音频数据集)：包含大约 1000 小时的 16kHz 英语语音朗读数据。

(3) UCF101(视频数据集)：由真实动作视频组成，涵盖 101 个动作类别。

在实验设置中，余弦相似度的阈值设置为 0.6，仅当文本编码之间的余弦相似度超过此阈值时，传输的语义才可以视为准确。传输准确率的定义是，语义正确传输的样本数与总传输样本数的比例。

实验首先对 LAM-MSC 系统在不同 SNR 条件下的传输性能进行测试。如图 4-12 所示，随着 SNR 的增加，多模态语义通信的传输准确率呈现显著的提升趋势。这一现象表明，信号质量的提高有助于增强系统的语义传输能力。进一步分析不同模态数据的传输准确率，可以发现音频模态数据在所有测试条件下均展现出最高的准确率。这一结果可能与音频数据相对较低的复杂性和更强的抗

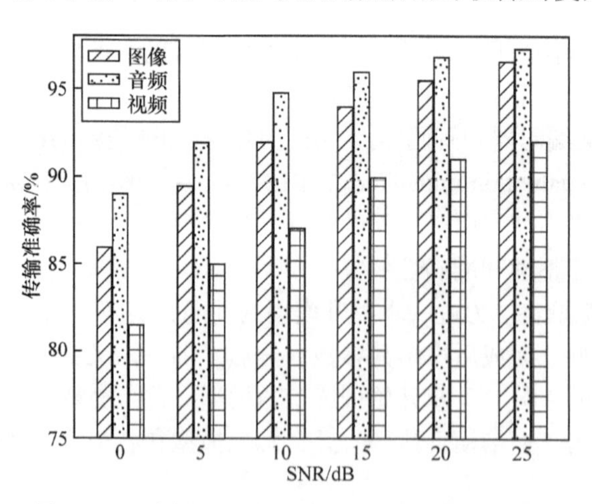


图 4-12　不同 SNR 下 LAM-MSC 系统的传输精度

噪声能力有关。相比之下，视频模态数据的准确率最低，这可能是由于视频数据的高维度和丰富的动态信息导致其在传输过程中更容易受到 SNR 的影响。图 4-12 的结果表明，LAM-MSC 系统在处理不同模态数据时表现出差异化的性能特征。这为进一步优化系统设计和提升多模态数据传输的准确性提供了重要的指导。

如图 4-13 所示，随着余弦相似度阈值的提升，即对语义一致性要求的增加，LAM-MSC 系统的传输准确率呈现下降趋势。这一现象表明，更高的相似度阈值对系统的语义保持能力提出更高的要求。此外，SNR 对传输准确率的影响也非常显著。在 25dB 的 SNR 条件下，系统的传输准确率高于在 10dB 时的表现。这一结果进一步证实了信号质量对于语义通信准确性的重要性。在高 SNR 环境下，系统能够更有效地抵抗噪声干扰，从而保持传输数据的语义完整性。分析其原因，该系统首先利用 MMA 将原本可能更为复杂的模态转化为简单的文本模态，这一过程会减少通信系统实现准确传输的难度。其次，LKB 仅保留用户相关的关键信息，进一步减少通信开销和文本的恢复难度。最后，CGE 的使用可以有效地帮助接收端对信号的恢复，提高模型在复杂信道上的性能表现。

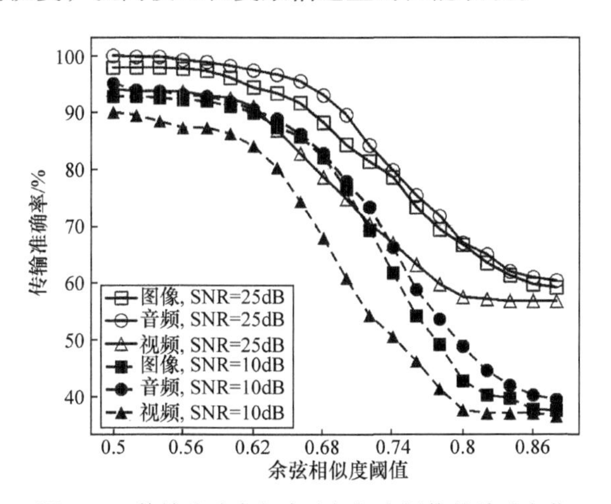


图 4-13　传输准确率与余弦相似度阈值的关系变化

图 4-14 详细展示了 LAM-MSC 系统与 DeepJSCC-V[25](专用于图像传输)和 Fairseq[26]。(专用于音频传输)之间的性能比较。实验结果从传输精度和数据压缩率两个维度进行评估，其中数据压缩率定义为传输数据与原始数据之间的比值。实验发现，由于 DeepJSCC-V 和 Fairseq 均为针对单一模态数据设计的专用算法，它们在各自的领域内展现出略高于 LAM-MSC 系统的传输精度。这一优势源于它们对特定模态数据特征的深度优化。然而，在数据压缩率方面，LAM-MSC 系统通过将图像和音频数据转换为文本形式，可以显著减少传输所需的数据量，因此

在此指标上的表现更为出色。更重要的是，DeepJSCC-V 和 Fairseq 的应用范围受限于它们各自的单模态数据处理能力，而 LAM-MSC 系统作为一个多模态处理平台，能够统一处理图像、音频和视频等不同类型的数据。这种多模态处理能力赋予了 LAM-MSC 系统更强的泛化性和应用潜力，使其在面对多样化的数据传输需求时具有明显的优势。

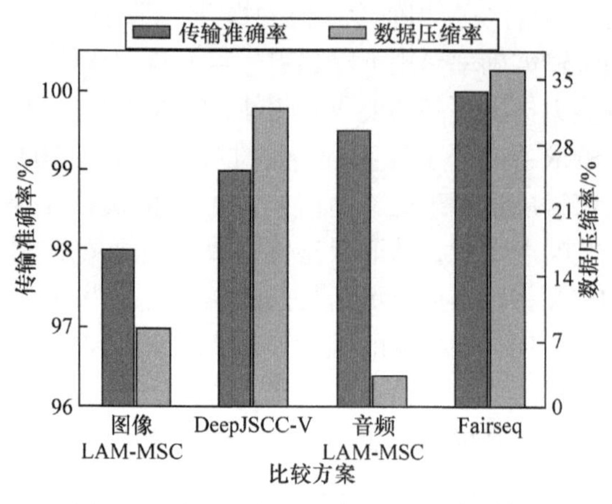


图 4-14　与不同语义通信方案的对比结果

为了验证 LAM-MSC 系统中各个组件的贡献，图 4-15 展示了 LAM-MSC 系统的消融实验结果。在不同 SNR 条件下，3 种不同配置的 LAM-MSC 系统的传输精度均随着 SNR 的提升而逐渐增加。特别地，完整的 LAM-MSC 系统与 LAM-MSC without LKB 之间的性能对比显示出显著差异，这说明了个性化提示在提高数据传输准确性中的重要作用。通过引入 LKB，LAM-MSC 系统能够更准确地捕捉和传递个性化的语义信息，提升整体的传输效果。此外，LAM-MSC without CGE

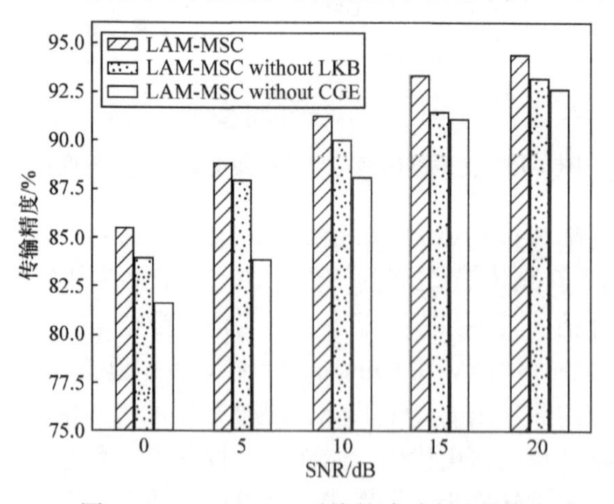


图 4-15　LAM-MSC 系统的消融实验结果

的表现最差，这一结果突显了信道噪声在数据传输过程中对传输精度的显著影响。这表明，CGE 作为一种关键技术，能够有效地估计并补偿信道中的噪声，从而保证数据传输的高准确率。

实验有力地证明了 LAM-MSC 系统的有效性。如图 4-10 所示，该系统构建在一个统一的语义通信模型上，实现了多模态数据(图像、音频、视频等)的高效传输，可以确保原始数据与恢复数据之间的语义一致性。另外，在传统的数据传输方法中，观察到传输一个视频大约需要 3114800bit，传输一个图像大约需要 597792bit，而传输一个音频则大约需要 1472224bit。相比之下，LAM-MSC 系统仅通过传输统一的语义编码来实现多模态数据的传输。这些编码的数据量仅为 32768bit，可以大幅降低通信过程中的数据传输量。此外，LAM-MSC 系统的这一优势不仅体现在数据压缩率上，还在于其能够在保持高传输效率的同时，确保传输内容的语义准确性。这一突破性的进展为未来的多模态通信技术提供了新的研究方向和应用可能。

## 4.5　大模型辅助的通信系统自动生成

### 4.5.1　LLM 赋能的多智能体系统

智能体定义为具备模拟智能行为的计算实体，它们不仅具有自主性、反应性和通信能力，还能够进行复杂的决策和学习。大模型因其强大的功能和显著的处理能力，通常作为智能体构建的关键核心。智能体可以作为用户与大模型沟通的桥梁，通过大模型的强大语言理解和生成能力解析用户输入、理解意图和上下文，并执行任务，如信息检索、内容创作等，最终将生成的内容以用户易于理解的形式呈现，从而实现高效且个性化的交互体验。作为示例，图 4-16 提供了一种基于 LLM 的智能体系统。其主要包含以下核心组件。

(1) 知识库。该组件用于存储最新专业、私有数据，不仅包含与智能体相关的通信标准、文档和论文，还提供了一套系统的索引、查询和更新机制，专门用于处理通信领域的专业知识。

(2) 工具库。该组件是智能体执行任务的辅助接口。它可以是通用的软件程序，如 Bing 搜索和文件系统工具，也可以是 LLM 内置的智能模块，如 AI 模型；或者是为特定通信任务定制的模型。此外，用户还可以根据需要定义自己的工具或从外部资源中集成工具。

(3) 记忆库。该组件负责存储智能体的中间和最终输出，以便进行后续的评估和反馈。它提供了一种有效的管理机制，允许用户检索和修改历史输出。

(4) 模型库。该组件是智能体理解和解释人类语言输入的核心，能够准确提取

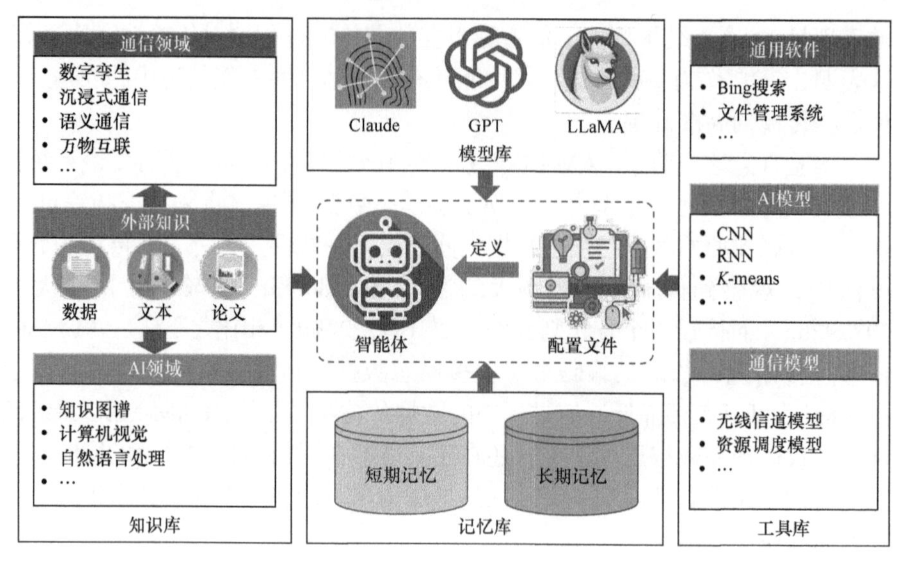


图 4-16　基于 LLM 的智能体系统

输入的含义、意图和上下文。智能体系统支持多种 LLM，包括 OpenAI 的 GPT、Meta 的 LLaMA 和 Anthropic 的 Claude 等。

(5) 智能体。该组件是系统的执行主体，与 LLM、记忆、工具和知识库进行交互，使用 LLM 和配置文件规划行动、控制流程、进行自我反思，以及与其他智能体通信。配置文件通过特定的提示定义智能体的特性和行为，其中包含一系列参数和规则，可以描述智能体的角色、目标、能力、知识和行为模式。

为了充分发挥大模型的生成能力，实现利用大模型自动生成通信系统这一目标，本节构建了一个用于自动生成通信系统的 LLM 赋能的多智能体系统。该系统集成了专门针对通信领域的知识库和工具，赋予智能体超越传统 LLM 的高级功能，如规划、记忆、工具使用和自我反省等。在此系统中，智能体不仅是执行者，更是决策者。它能够基于 LLM 的强大计算和认知能力，进行深入的规划和反思，获取并应用专业通信知识和工具，实现自主学习和自适应增强。此外，为了消除单一智能体可能引入的偏差，该系统引入多智能体协作机制，通过整合不同智能体的观点和专业知识，显著提升系统在处理复杂通信任务时的问题解决能力，最大限度地发挥 LLM 在认知协同方面的优势。

基于 LLM 的多智能体系统如图 4-17 所示，该系统的运行流程大致包括，首先用户通过自然语言提出任务需求，如设计一个语义通信系统；然后一组负责数据检索的多智能体(multi-agent data retrieval，MDR)从私有及外部数据源检索相关领域知识。这个过程涉及安全、提炼和推理智能体的参与。接着，一组负责协作规划的多智能体(multi-agent collaborative planning，MCP)利用这些知识分解任务，制定解决方案，并通过规划智能体和子任务链求解。之后，一组负责评估和反馈的多智能体(multi-agent evaluation and reflection，MER)评估生成的结果和分配奖励，并通过反思和改善智能体提出优化建议。最后，这些建议被反馈至 MCP 模块，指导重新规划和生成新的子任务链及解决方案。通过迭代优化，系统最终得出最佳解决方案，并以自然语言向用户报告。

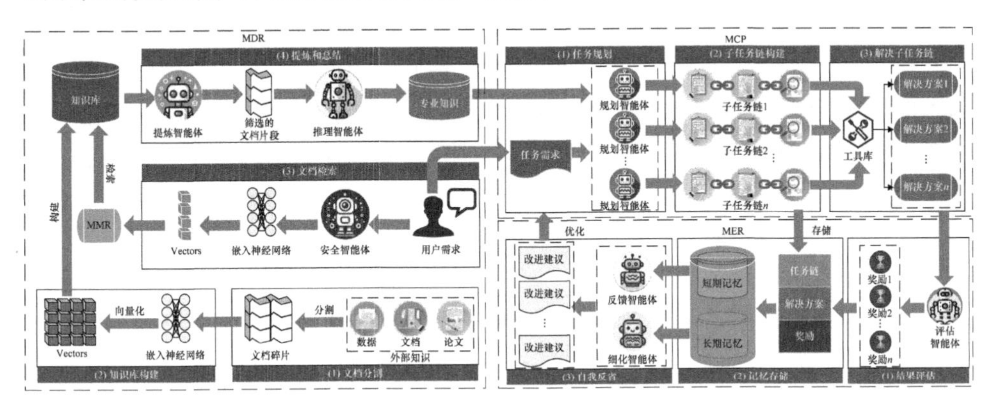


图 4-17　基于 LLM 的多智能体系统

该过程涉及的三个关键模块 MDR、MCP、MER 的具体作用和运行流程如下。

1. MDR

在构建的多智能体系统中，MDR 模块赋予了 LLM 从外部隐私数据源中提取和总结通信领域特定知识的能力，如语义通信系统的构成。此外，MDR 还利用 LLM 作为推理引擎，从知识库中提炼新的领域知识。MDR 的操作流程包括以下关键步骤。

(1) 文档分割。首先，系统加载来自外部的特定领域知识，包括最新的通信标准、多种格式的文档和学术论文。然后，对文档进行分割，将其划分为多个连贯且有意义的片段，旨在提高数据检索的效率，同时确保语义的连贯性和完整性。例如，对于一篇语义通信的论文，可以将语义通信的定义、结构组成、实现方案、实际应用，以及未来挑战等分割成不同的片段，从而在检索时可以根据提示快速找到相应的部分得出结果。

(2) 知识库构建。使用嵌入神经网络将分割后的文档片段转换为数值向量。这些向量在数字空间中的分布，使具有相似语义内容的文档片段彼此接近。通过比较向量之间的距离(如余弦距离)，系统能够识别并匹配相似的文本片段。这些文档片段及其对应的嵌入向量被存储于知识库，以便后续的检索和使用。例如，可以将分割的文档片段分别输入具有预训练权重的 BERT 模型中，然后输出相应的文本嵌入结果。

(3) 文档检索。在该阶段，安全智能体对用户的需求进行审查，以防未经授权的请求或潜在的安全威胁。验证通过后，合法的需求被转化为向量，并与知识库中的文档向量进行比较，以选取最匹配的文档片段。此外，为了提高检索的多样性并减少冗余，系统采用最大边际相关性(maximum marginal relevance，MMR)算法来优化文档片段的选择。

(4) 提炼和总结。为了过滤文档中的无关信息，首先提炼智能体对文档进行精炼处理，获得更加精确和集中的信息。然后，将筛选出的文档片段与用户查询一起输入推理智能体，通过自然语言处理技术，提取与用户需求相匹配的专业通信知识。例如，用户的查询是“语义通信的定义”，则推理智能体从精炼的文档中快速找到关于语义通信定义的相关描述，然后经过语言组织后输出用户需要的结果。

2. MCP

MCP 构建了一系列的规划智能体，利用它们综合各自的知识和规划能力生成多个可行的子任务链，从而提升对复杂问题的解决质量。MCP 模块的工作流程如下。

(1) 任务规划。基于当前的任务要求和检索到的通信知识，初始化多个规划智能体。每个智能体运用思维链或问题解决(problem solving，PS)策略，将原始任务细化为一连串的子任务。例如，为了构建一个语义通信系统，可以将其分解为几个子任务，包括语义通信模型的网络设计、物理信道设计、数据生成及处理、模型训练设计和模型测试设计等。

(2) 子任务链构建。在考虑所有子任务的顺序和相互依赖性后，智能体将这些子任务按照逻辑顺序或并行方式组织起来，形成子任务链。这一过程可以确保任务执行的流畅性和整体性。例如，对于构建一个语义通信系统的子任务链，一个可行的顺序是，生成训练数据并进行处理；根据数据尺寸设计语义通信模型中的语义编码器网络结构；根据语义编码器网络的输出格式设计信道编码器；根据信道定义和信道编码器的输出格式设计物理信道；根据物理信道的输出格式设计信道解码器；根据信道解码器的输出格式设计语义解码器；根据语义通信模型结构和数据格式，设计模型训练和测试模块。

(3) 解决子任务链。智能体通过调用内部的通用工具或外部的定制工具，逐一解决子任务链中的每个任务，直至所有子任务链均达到最终的解决状态。例如，使用深度学习框架 PyTorch 实现语义通信模型的各个网络结构。

通过以上流程，MCP 模块不仅可以优化任务规划的深度和广度，还可以提高整个系统处理复杂通信问题时的效率和准确性。

3. MER

MER 旨在通过精细化的评估和深度反思机制，实现对 MCP 模块生成的解决方案的质量监控，以及对规划过程的持续优化。MER 模块的工作流程包括以下几个关键步骤。

(1) 结果评估。首先收集 MCP 模块生成的所有子任务链及其结果，并利用评估智能体对这些规划结果进行质量评估，计算相应的奖励值，以量化规划成果的有效性。例如，针对一个简单的旅行商问题(traveling salesman problem，TSP)，评估智能体根据每个子任务链给出的路径规划结果，计算其路径长度的负数并作为奖励值(路径长度越短表示该 TSP 的解越优)，从而有效地进行结果评估。

(2) 记忆存储。将当前子任务链与历史子任务链进行对比分析，将在语义空间上表现出显著差异的任务链存储于长期记忆中，而那些语义内容相似的任务链及其结果和奖励则被存储在短期记忆中，以便快速回顾和参考。例如，在 TSP 问题中，如果当前的路径结果与历史结果类似(例如比较两个路径规划结果的欧氏距离，距离越短则说明越相似)，则存入短期记忆中，否则存入长期记忆中。

(3) 自我反省。反馈智能体从短期记忆中提取细节信息，类似于人类回忆近期事件的过程，这一机制允许系统考虑历史方案中当前子任务链的表现，并提供针对性的小尺度反馈，以促进规划结果的细化和优化。例如，使子任务链在下一次的规划中尽量给出与之前 TSP 解差距较近的结果，即鼓励其在之前较优的路径结果上微调少数节点的前后次序，从而得到更优的解。

(4) 优化。细化智能体从长期记忆中提取更为宏观的信息，类似于人类从长远经验中汲取教训的过程，它从全局角度审视当前子任务链的性能，并提供大尺度的反馈，以指导子任务链的整体改进。例如，使子任务链在下一次的规划中尽量给出与之前 TSP 解差距较大的结果，即鼓励其尝试选择不同的路径、不同的节点通过次序，从而找到更优的 TSP 解的优化方向。

通过自我反省和优化的双重机制，MER 模块能够在不同层面上对子任务链进行深入的内容检查，全面评估每个子任务的有效性和适用性。基于这些自我反省和优化提出的建议，将反馈提供给 MCP 模块，驱动其重新规划并生成新的子任务链，随后再次经过 MER 模块的评估。这一迭代过程将持续进行，直至系统得出最优的解决方案。

### 4.5.2　案例研究

本节通过一个案例验证多智能体系统是否能够自动生成可用的通信系统。具体地，本案例根据用户的具体需求和现有资源的限制，采用 4.5.1 节提出的多智能体系统框架自动构建一整套语义通信系统。这套系统不仅包括语义通信模型的网络结构，还涵盖模型训练和测试阶段所需的完整实现代码。然后，为了确保生成系统的性能和可靠性，结合 LLM 的代码分析能力和传统的数学方法对其进行全面评估。仿真结果表明，由多智能体系统生成的语义通信系统不但稳定可靠，而且在各项性能指标上均达到了预期目标。这一成果充分展示了多智能体系统在利用大模型生成能力方面的巨大潜力及其在通信系统设计领域的自动化应用前景。

如图 4-18 所示，本案例研究采用 4.5.1 节提出的多智能体系统构建一个高效的语义通信系统。在此案例中，GPT-3.5 作为智能体系统中的 LLM，以自然语言的形式输入用户需求、设计目标、约束条件，以及评估指标。以下是一个典型的输入示例。

“Please produce Python code that implements a semantic communication model for text transmission. The Additive Gaussian White Noise (AWGN) can serve as the physical channel. The Bilingual Evaluation Understudy (BLEU) score is adopted as the metric that finally evaluates the semantic communication model. The total number of model parameters does not exceed 2,000,000 for the resource constraints of devices.”

由于 GPT-3.5 并未内置对语义通信相关的专业知识，因此无法直接生成一个完整且功能性的语义通信系统。为了弥补这一知识空白，案例收集了一系列与语义通信领域相关的学术论文，并以此构建基础的通信知识库。在多智能体系统的协助下，该知识库成为一个自主学习的平台，使 GPT-3.5 能够深入理解并解决与语义通信系统设计相关的复杂任务。这包括但不限于语义通信模型的结构组成、模型训练的方法学、评估策略的制定，以及对各类信道模型进行精确模拟的实现技术。

接下来，多智能体系统集成用户输入和外部知识，通过以下步骤将语义通信系统从理论概念到具体实现的转化。

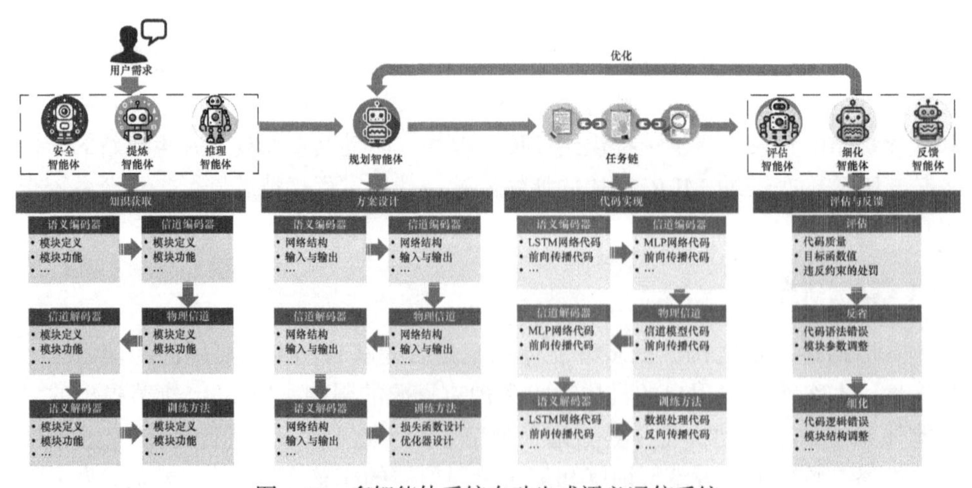


图 4-18　多智能体系统自动生成语义通信系统

(1) 安全智能体对输入内容进行严格的合法性验证，以确保信息的准确性和安全性。此外，该智能体还负责从知识库中检索与输入内容相关的学术论文。随后，提炼智能体对检索到的论文中的语义通信知识进行深入分析和精炼，以提高信息的质量和可用性。在此基础上，推理智能体将用户的输入与提炼后的语义通信知识相结合，运用先进的算法提取构建语义通信模型所需的关键信息。该模型详细定义了语义通信系统中各个模块的功能，例如语义编解码器和信道编解码器的构成和作用。

(2) 获得必要的语义通信知识后，规划智能体开始为语义通信系统制定一系列的子任务链。这些子任务链不仅描述了模型中每个模块的详细架构(包括输入和输出、网络结构)，还包括训练设置的细节，如损失函数和优化器的选择。例如，语义编解码器通常由 LSTM 网络或 Transformer 网络构成，而信道编码器则由 MLP 构成，同时明确它们之间的顺序关系。

(3) 在子任务链的生成过程中，LLM 的内源 AI 代码生成工具发挥了关键作用。它不仅自动化了语义通信模型的构建过程，还提出包括语义编码器/解码器、信道编码器/解码器在内的多种可行方案，并处理其他必要的代码，如数据处理、前馈、反向传播。此外，无线信道的代码生成则依赖预定义的通信工具，如信道模型，以确保通信的有效性和可靠性。

(4) 评估智能体对生成的代码质量进行全面评估，其评分体系由三个核心部分构成，即代码质量、目标函数值、违反约束的惩罚。其中，目标函数定义为 BLEU 分数，这一分数可以反映模型的语言生成能力。

(5) 在评估结果的基础上，反馈智能体提供针对性的细粒度反思建议，如代码的语法错误和模块参数的微调。与此同时，细化智能体则提出更为宏观的粗粒度强化注释，如代码的逻辑问题和模块结构的调整。这些注释有助于指出当前语义通信系统的优势和明显缺陷。

(6) 规划智能体根据反馈智能体和细化智能体提出的改进建议进行深入反思和优化。通过不断迭代优化过程，可以获得一个高效的语义通信系统。

该系统不仅包括详尽的网络结构和模型效果，还附有一份全面的总结报告。下面是一个总结报告的示例。

“The Python-based semantic communication model has been successfully implemented, incorporating all necessary modules. The semantic encoder and decoder are realized using LSTM network. The channel encoder and decoder are constructed based on the MLP architecture. The final semantic communication model can achieve a 0.68 BLEU score when SNR is 10dB, which meets expectations. In addition, the total number of model parameters is 1826762.”

在仿真实验中，多智能体系统配置了两个规划智能体，它们分别独立生成两套语义通信系统，包括各自的设计方案和实现代码。这两套系统的实施完全独立，各有其独特之处，方便用户从中选择较优的方案。此外，多智能体系统中设定的自我反省次数为 4 次。所有的设计方案和实验代码均由 GPT-3.5 自动生成，而所有参数的优化过程也由多智能体系统自动完成。

不同反思迭代次数中的评估分数结果如图 4-19 所示。在初始阶段，方案 2 的评估得分低于方案 1。但在第二轮迭代改进中，方案 2 的语义编码器/解码器进行大幅度优化，并改为 LSTM 结构。因此，方案 2 最终不仅赶上了方案 1，还取得了更好的成绩。两个方案的最终语义通信系统采用的网络架构如下。

方案 1：采用三层 MLP 作为语义编码器和解码器，以及两层 MLP 作为信道编码器和解码器。该语义通信系统采用 SGD 优化器进行训练。

方案 2：采用四层 LSTM 作为语义编码器和解码器。同样，两层 MLP 用于信道编码和解码。该语义通信系统的训练则基于 Adam 优化器。

仿真结果充分展示了多智能体系统在自主生成语义通信系统方面的能力，并通过自我反省和持续改进，迭代地优化模型性能。

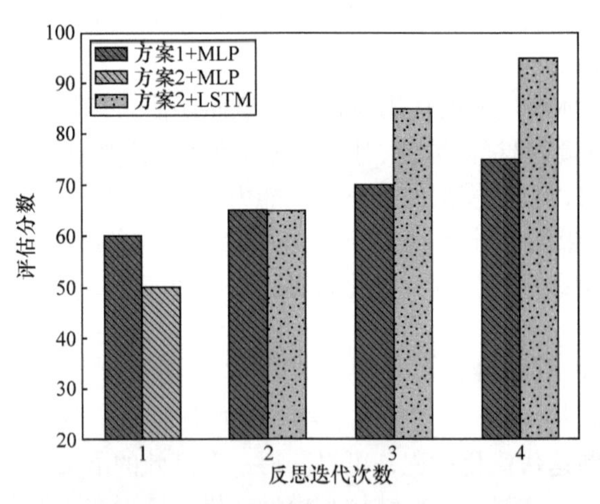


图 4-19　不同反思迭代次数中的评估分数结果

为验证方案 2 生成语义通信系统的有效性，采用 Cornell Movie-Dialogs Corpus 数据集其进行训练。该数据集汇集了来自 617 部电影剧本的对话。实验选取 8000 条对话用于模型训练，2000 条对话作为测试集评估模型性能。设置训练迭代次数为 50，评估模型性能时，采用 BERT 与结合余弦相似度的语义评估方法。该方法首先利用 BERT 分别提取原始文本与通信后得到的文本潜在特征，然后计算它们之间的余弦相似度，从而量化模型的语义恢复能力。

不同 SNR 下方案 2 生成的语义通信系统的评估结果如图 4-20 所示，揭示了模型性能随 SNR 提高而增强的趋势。这些仿真结果不仅验证了生成的语义通信系统的可靠性，而且突显了多智能体系统在自动生成高效通信系统方面的潜力和有效性。

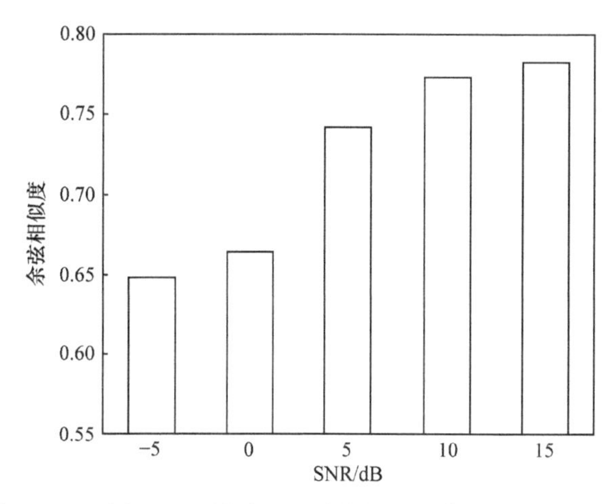


图 4-20　不同 SNR 下方案 2 生成的语义通信系统的评估结果

## 4.6　面向语义的分子通信

当前的信息和通信技术系统面临严峻的挑战。例如，英特尔处理器已经发展到了几纳米的规模，由于物理限制，几乎不可能变得更密集。此外，现代社会产生的数据正呈指数级增长，目前的存储技术无法以可持续的方式应对。由于电子技术已经被推到了物理极限，迫切需要替代解决方案，以便应对处理、数据存储和通信带宽不断增长的需求所带来的问题。分子通信(molecular communication，MC)是将传输信息编码成信息分子进行传输的通信方式。系统的设计灵感来自自然界细胞与微生物通过传播特定的分子来传递信息，如 DNA 分子、蛋白质分子等[28]。由于 DNA 分子的高存储密度和稳定性符合分子通信计算、存储对信息传输介质的要求，现在越来越多的研究者趋于将这三方面结合起来统一考虑，设计一个均能满足系统信息传输、系统纠错的编解码机制，消除各个领域的研究壁垒。

### 4.6.1　分子通信与存储简介

随着生物技术的快速发展，DNA 分子凭借其高存储密度和高稳定性的特质，迅速成为一种极具潜力的优良存储介质。基于 DNA 的存储与处理器之间，以及不同存储之间都需要通信，这自然而然地催生了基于 DNA 的分子通信。分子通信与存储之间存在很大的相关性。下面介绍基于 DNA 的分子通信和存储。

1. 基于 DNA 的分子通信

基于 DNA 的分子通信是在特定环境中完成点对点通信的重要手段。传输的信息使用特定的物理或生物学特征编码到 DNA 分子中，并通过分子的扩散完成发送器(Tx)和接收器(Rx)之间的通信。

在基于 DNA 的分子通信中，Tx 需要将二进制信息编码成 DNA 分子。信息可以表示为核苷酸碱基序列的形式、长度、释放时间等。发送器在预定的槽中释放相应的 DNA 分子，减少每种分子之间的干扰。Tx 需要具有编辑、替换、切割 DNA 链的功能模块，并具有信息分子的容器和连续的能量源的功能单元。目前的 Tx 主要有两种设计思路，即使用纳米材料的物理控制结构和生物技术改变的细菌结构。第一种方案适合不同纳米机器的协调控制，但是需要考虑如何保持能源和信息分子的可持续性。第二种方案具有良好的生物相容性，可以解决能源和分子可持续性问题。接收端是为目标中的信息收集和处理而设计的，应具有单独计算、检测、存储信息的能力。

在传统的无线通信系统中，Tx 将信息编码为电磁信号的频率、幅度、相位。然而，传统的系统并不适合体液环境。不但因为体液环境可能大大缩短电磁波的传输距离，而且理想的波长比传输端的直径长，这会导致严重的衍射。因此，DNA 分子被选为纳米级分子通信方案中的信息载体。与传统的通信系统相比，扩散过程意味着速度相对较低，位置和方向不确定，这些特点导致 Rx 侧的到达概率较低。此外，不同分子在流体环境中的持久性会导致信号噪声残留在通道中。如图 4-21 所示，基于 DNA 的分子通信包括 5 个基本步骤，即编码、释放、传输、接收、解码。

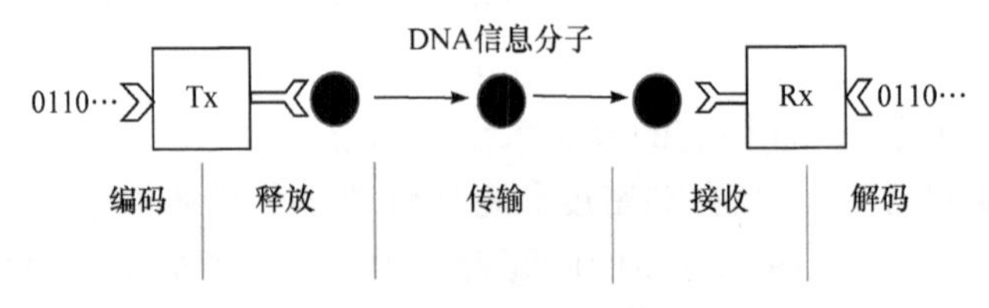


图 4-21　基于 DNA 的分子通信的基本步骤

1) 编码

DNA 链由 4 种碱基(腺嘌呤(A)、胸腺嘧啶(T)、胞嘧啶(C)和鸟嘌呤(G))组成，并且具有多个特征信息，例如碱基对序列、长度、碱基对比例等。因为每个碱基有 4 个选择，并且链有 $4^N$ ($N$ 表示碱基对的数量)种组合，此编码方案适用于大容量信息传输场景。此外，不同的编码方案将在很大程度上影响传输性能，大传输容量和低计算复杂度往往互相冲突。根据系统要求选择合适的编码模式非常重要，下面介绍两种广泛使用的编码方法。

(1) 碱基对编码。发送端 Tx 能够根据预定方法组装 DNA 片段。DNA 链的每个位置有 4 种碱基选择，每种碱基都与另一种碱基配对，即 A-T 碱基对和 C-G 碱基对。在单链编码方案中，每个碱基可以表示 2bit 信息。例如，A 代表 00、C 代表 01、G 代表 10、T 代表 11。单链编码中的调制方式达到 DNA 分子信息存储的最大密度，编码效率高，但前提是接收机必须找出正确的编码单链。否则，它将获得完全错误的解码信息。为了简化编解码流程，DNA 分子通信系统也可采用碱基对编码方案，即 A-T 和 T-A 代表比特 1、C-G 和 G-C 代表比特 0，这样虽然信息存储密度下降，但是对 DNA 两条单链进行解码得到的信息是一致的。DNA 碱基对编码方案如图 4-22 所示。

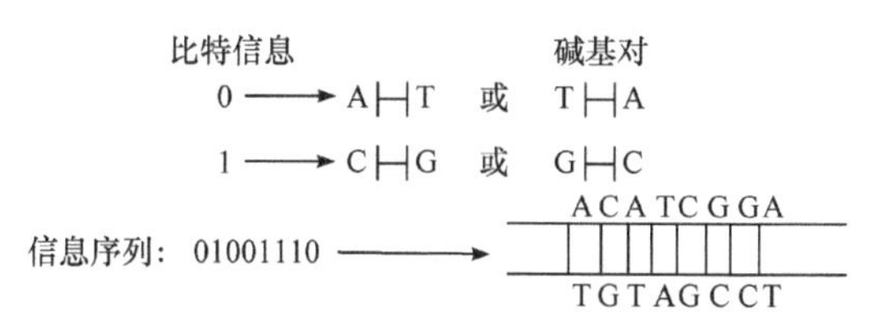


图 4-22　DNA 碱基对编码方案

(2) 长度编码。在碱基对序列编码方案中，收发端应该能够识别碱基对。由于纳米体积和处理时间的限制，会增加 Tx 和 Rx 的设计难度。一种理想的方法是长度编码。例如，传输信息序列“0110”需要 4 个时隙，每个时隙发送的 DNA 分子长度是不同的。DNA 长度编码方案如图 4-23 所示，第一位 0 表示 Tx 不应释放长度为 3kbp 的 DNA 分子，第二位 1 表示 Tx 应在第二个时隙释放 4.5kbp 的 DNA 分子。Rx 通过检测到达接收端的 DNA 分子长度确定每个比特位的信息，即通过 DNA 分子的长度标定当前时隙，是否发送表示信息为 0 或 1。此外，不同长度分子的数量、长度增量和每个时隙的持续时间对系统性能有显著影响[29]。因此，这些参数需要根据实际需求进行优化。

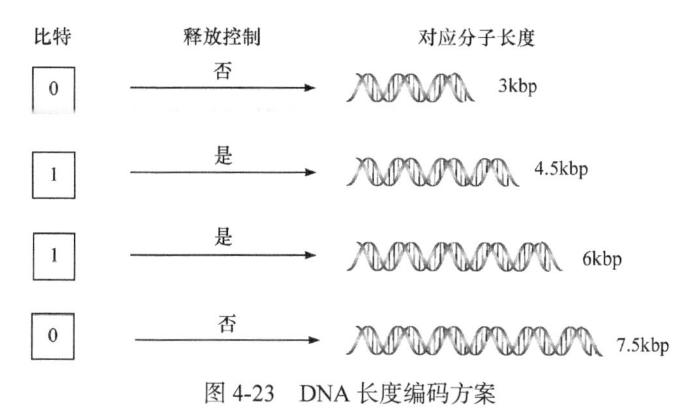


图 4-23　DNA 长度编码方案

以上编码方式都是针对于 DNA 分子的单维信息的编码方式，当接收端拥有解码多种 DNA 信息的能力时，系统可以采用多维编码机制，利用 DNA 分子的浓度、长度、碱基序列等多种信息表达，提高每次释放带来的信息传输量。

2) 释放

DNA 分子被释放到体液环境中，主要有两种不同的场景，一种是相对静止的体液环境，另一种是心循环系统。特定的分子扩散过程实际上代表信息传递过程。前一种情况下的运动可以用布朗扩散表征，而布朗扩散是指小粒子在流体介质中的运动。由于小粒子之间的碰撞，分子运动的方向和速度在任何时候都是随机的。它具有明显的优点，即运动几乎不消耗外部能量，并且扩散情况可以在气体和液体环境中自动发生。后一种情况通常是指血管中的分子传递。除了基本扩散，血管中的复杂分子运动还包括由血流引起的正漂移，传播延迟可以描述为具有两个决定参数的逆高斯分布，即形状参数与传播时间的平均值。

假设 Tx 部署在一维环境中，分子可以视为扩散过程中的单个点。分子的扩散速率取决于分子大小和环境浓度，扩散运动可能导致 Rx 的错误接收。因此，分子的发射应固定在特定的时隙中，而 Tx 在一个时隙内只释放一种 DNA 分子。如果 Tx 和 Rx 同步，Rx 将以正确的顺序逐个接收 DNA 数据包。在这种情况下，传输过程会变得更加清晰，错误接收率会在一定程度上降低。另一个考虑点是 Tx 应该避免分子泄漏。由于 DNA 链具有稳定的生物学特性，信息分子在流体环境中会存在相当长的时间，这种现象会在 Rx 侧引入不良噪声和错误接收。

3) 传输

扩散是信息分子在体液环境中的主要传输方式。DNA 分子在 Tx 端编码并释放。纳米级分子在液体环境中的随机运动可以描述为布朗扩散。因此，分子在 $t$ 时刻后从原点到达距离为 $d$ 的点的概率为[30,31]

$$f(d,t)=\frac{d}{\sqrt{4\pi Dt^3}}\mathrm{e}^{-\frac{d^2}{4Dt}},\quad t>0 \tag{4-40}$$

其中，$D$ 为扩散系数，其大小取决于 DNA 链的碱基对数量，即

$$D_n=490\mu\mathrm{m}^2\cdot[n(\mathrm{bp})]^{-0.72} \tag{4-41}$$

假设分子以时隙 $T_s$ 为间隔被释放，可以描述为

$$f(d,t)=\frac{d}{\sqrt{4\pi D[t-(i-1)T_s]^3}}\mathrm{e}^{-\frac{d^2}{4Dt[t-(i-1)T_s]}} \tag{4-42}$$

其中，$T_s$ 为每个时隙的长度，通过计算公式的积分，可以推导出第一个数据包在时间 $t$ 内到达 Rx 的概率。

由于布朗扩散的随机性，扩散信道会扰乱信息包的到达序列，从而降低接收

效率[32]。Rx 应建立适当的机制，确保正确的接收。

4) 接收

接收是捕获 Rx 中扩散分子的过程，接收比是决定通信效率的因素。利用 Rx 的纳米孔结构可以提高接收效率[33]。纳米孔是根据 DNA 分子的物理特性设计的。纳米孔的表面带电，因此带负电荷的分子可以通过，并且纳米孔的直径是预先确定的，每个孔只能通过一个分子。由于人体流体环境的扩散特性。到达时间和概率在 Rx 侧是随机的，并且总是存在一些纳米孔捕获分子的情况，因此可以通过优化纳米孔和释放分子的数量以优化通信性能。

5) 解码

对于 Tx 中的不同编码方案，Rx 中也有相应的解码方法。碱基对编码方案是通过碱基对识别技术将生物信息转化为二进制信息的解码过程。尽管 DNA 作为信息载体具有稳定的双螺旋结构,但是核苷酸变成另一种类型的现象也可能存在。例如，电磁辐射、氧化剂等可以起到诱变剂的作用，导致基于 DNA 的数据包中的错误组装和突变。对于 DNA 长度编码方案，当分子通过纳米孔时，表面电流将被阻挡，不同的链长对应不同的封闭时间。Rx 可以根据当前状态计算出每个比特的信息。由于到达时间的随机性，Rx 设置了一个决策阈值，如果检测到一定长度的分子数大于阈值，对应的位将变为 1；否则，继续保持 0。

由于 DNA 链长度的限制，大容量信息会被分成几十个 DNA 分子，分子扩散后可能无法以正确的顺序到达。假设 Tx 和 Rx 是时间同步的，增加释放不同分子的时间间隔可能消除错误接收的现象。此外，在 DNA 数据包中添加定位以连接不同的 DNA 分子是另一种解决方案，但是由于 DNA 编辑技术的瓶颈，这很难实现。综上所述，从长远来看，如果系统设计和生物技术都得到发展，将会出现更复杂的创新系统设计。

2. 基于 DNA 的存储

在过去的十年中，由于整个世界逐步数字化，数据信息存储技术得到快速发展。存储介质已经更新了几代，从最初的穿孔磁带、磁带到硬盘和闪存。理想的存储系统应具有低读写时延、高吞吐量和高可靠性等特点，能够高效地满足其他业务的需求，如计算和通信。近年来，全球信息量的快速增长对当前的存储技术提出挑战，暴露了目前存储技术存在的存储寿命短、稳定性低、环境污染等不足。因此，基于 DNA 的分子存储被认为是未来应对这些棘手问题的关键技术。

DNA 负责通过合成双链中的特定核碱基序列存储世界上各种生物的遗传信息。在生物技术的启发下，人们正在尝试利用 DNA 序列庞大的遗传多样性，将包括图像、记录和视频等数据信息存储于 DNA 分子。与传统的存储技术相比，基于 DNA 的分子存储具有以下特点。

(1) 长存储寿命。这种基于物品的存储寿命为数百年，而基于石头的存储寿命可能为数千年。基于 DNA 的储存，如果将储存介质保存在黑暗、干燥和寒冷的环境中，寿命可能长达数千年[34]。此外，相关实验结果表明[35]，脱水的 DNA 可以长时间保持其一级和二级结构，这超出了最实际的保存要求，验证了 DNA 是在室温下长期储存的理想培养基。

(2) 高稳定性。DNA 由四种核碱基(A、G、C、T)组成，每种核碱基都具有稳定的化学性质，不会与周围环境发生化学反应。同时，双链也通过核苷酸配对构建在 DNA 中，以保证复制和转录的正确性。DNA 的独特结构导致数据信息的损失率更低，稳定性更高。

(3) 高存储容量。DNA 被认为是一种理想的存储介质，特别是由于其高容量，所有生物体的遗传信息都是通过这种方法存储的。一个单位的 DNA 可能具有 200PB 的存储容量，这与 10 万个便携式硬盘的容量相同。据统计，只需要三盒 DNA 就可以存储世界上的全部数据信息。

(4) 高复制性。DNA 序列携带图像、记录、视频的数据信息，能够插入细菌的基因中，而不会造成不利的生理影响。借助微生物的繁殖特性，无须任何人为操作即可产生大量的重复，从而节省人工成本。

(5) 环保。由于 DNA 在自然环境中无处不在，与其他现有的存储技术相比，其零污染的特性是一个巨大的优势。

基于 DNA 的存储工作原理如图 4-24 所示。首先，数据压缩阶段基于霍夫曼编码或喷泉码编码，将源文件(记录、图像、视频或其他文件)压缩到更少的比特位。然后，插入冗余纠错位，以减轻基于 DNA 的存储过程中可能出现的错误造成的影响。碱基编码对于 DNA 存储过程是必不可少的，因为它在二进制文件和

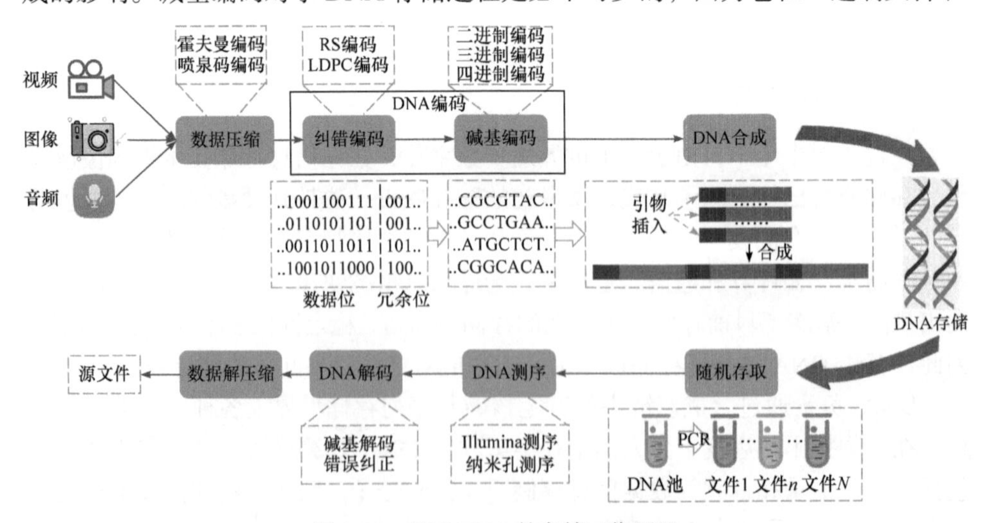


图 4-24　基于 DNA 的存储工作原理

核碱基序列之间提供了适当的映射规则。将一些引物插入每条短 DNA 链的头部，通过将这些短链拼接成较长的链，将数据信息存储到 DNA 中。这些引物负责在庞大的数据存档中检索信息。使用聚合酶链反应(polymerase chain reaction，PCR)技术，通过扩增库中的 DNA 链实现随机访问。这些链具有与目标链相同的引物。使用 Illumina 测序技术或纳米孔测序技术通过 DNA 测序获得碱基序列中的信息。最后，在 DNA 解码和数据解压缩后恢复源文件。

1) DNA 编码

DNA 编码由纠错编码和碱基编码两部分组成。纠错编码具有与传统无线通信相同的功能，即在原始数据信息之后插入冗余位，检测和纠正潜在的错误。低密度奇偶校验(low-density parity-check，LDPC)码和里德-所罗门(Reed-Solomon，RS)码是有效应对 DNA 储存过程错误的两种常见方法。

为了在 DNA 链中存储数据信息，二进制文件和核碱基序列之间的映射规则是必不可少的，这就是核碱基编码的功能。通常包括三种不同的碱基编码方法，即二元编码、三元编码和四元编码。在二进制核碱基编码中，每个二进制位对应两种碱基。例如，碱基 A 和 G 表示比特 0，而碱基 C 和 T 表示比特 1。通过遵循这些映射规则，输入二进制文件 100110011 被编码为 CAGTCAGTC。在三元核碱基编码中，当前编码的核碱基也与 DNA 链中的前一个核碱基相关。三元碱基编码的映射规则如表 4-1 所示。四元编码是最有效的方法，因为每种碱基都携带特定信息。例如，00、01、10、11 可以分别编码为 A、G、C、T。

**表 4-1　三元碱基编码的映射规则**

| 前一位碱基 | 三元编码 | | |
|---|---|---|---|
| | 0 | 1 | 2 |
| A | C | G | T |
| C | G | T | A |
| G | T | A | C |
| T | A | C | G |

2) DNA 合成

DNA 合成是将编码的碱基连接成双链的过程。由于排他性和易感性，DNA 合成总是在生物体之外手动操作。同时，由于短 DNA 链在错误率方面具有更好的性能，因此通常将短 DNA 链作为数据信息的载体。为了检索信息，将引物作为每条短 DNA 链的头部插入，然后将它们拼接到较长的 DNA 链中。

3) 随机访问

随机访问是基于 DNA 存储系统不可或缺的功能。DNA 合成后，将预先分配完成的引物分配给携带指定数据信息的 DNA 短链。然后，采用 PCR 技术扩增

DNA 池中引物与目标链引物相同的 DNA 链。在对其进行 PCR 后建立一个新的 DNA 池，这个新的池中存在许多目标 DNA 链的副本，以及少许不相关的 DNA 链。这种随机访问方法将整个数据信息存储到单个 DNA 池中，这很容易造成时间浪费，是不切实际的。理想的方法是将数据信息存储到包含多个池的 DNA 库中。整个数据可以分为几个数据段。根据数据段在整个信息链中的地址，可以将数据段划分为不同的 DNA 库。然后，设计双层索引，首先选择与片段地址适应的目标 DNA 库，然后使用 PCR 扩增目标 DNA 链。

### 4.6.2　语义驱动的端到端分子通信系统

端到端分子通信系统是基于深度学习技术实现的，其 Tx 与 Rx 编解码单元的功能由联合训练的 DNN 组成[36]。在该系统中，考虑 DNA 分子多副本的通信信道，即 Tx 将信息编码成 DNA 分子后采用 PCR 扩增技术，随后释放拷贝的多个 DNA 副本传输信息。

端到端分子通信系统如图 4-25 所示。假设信源信息为 $\boldsymbol{x}$，信源长度为 $n$，Tx 的编码过程用一个 DNN 实现，由编码函数，即

$$f_\theta : R^n \to Z^k \tag{4-43}$$

可以将信源数据的信息直接编码映射到碱基数量为 $k$ 的 DNA 序列向量 $\boldsymbol{z}$ 上。该 DNA 序列由{A,G,C,T}四种碱基组成，在组装 DNA 分子前可以由数字{0,1,2,3}表示。其中，$\theta$ 是编码器的神经网络参数。

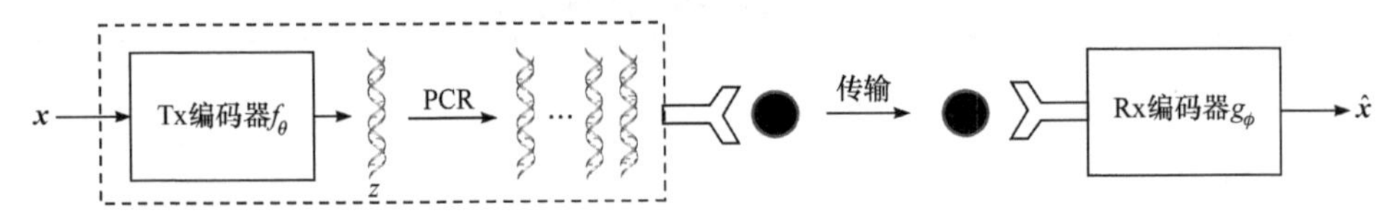


图 4-25　端到端分子通信系统

经过 PCR 扩增后，将 $v$ 个 DNA 副本 $\{\hat{z}^1, \hat{z}^2, \cdots, \hat{z}^v\}$ 用于传输，Rx 对目标 DNA 链进行信息收集和集中处理。Tx 通过碱基对识别技术将其转化为数字信息后，可以得到 $v$ 组长度为 $K$ 的序列，再进行解码操作，其中 $K > k$。这是由于得到的 DNA 片段可能存在碱基缺失，需要进行填充以便解码计算。Rx 的解码过程也用一个 DNN 实现，由解码函数实现数据还原 $\hat{\boldsymbol{x}}$ 得到，即

$$g_\phi : Z^{v \times K} \to R^n \tag{4-44}$$

其中，$\phi$ 为解码器的神经网络参数。

基于语义驱动的端到端分子通信系统在上述框架中基于共享的语义知识库引入对数据的语义编码功能。基于语义驱动的端到端分子通信系统如图 4-26 所示。

信源数据 $\dot{x}$ 首先经过基于语义知识库的语义编码模块，在大模型等技术的辅助下，通过深入挖掘数据的语义含义，过滤掉冗余、无关和非本质的信息得到传输信息 $\boldsymbol{x}$。经过端到端分子通信系统的传输后，得到的还原数据 $\hat{x}$ 与原始数据 $\boldsymbol{x}$ 是语义相似的。在保证传输的数据满足语义精度要求的同时，减少需传输 DNA 的数量，降低对 DNA 通信信道带宽的需求，提高通信在恶劣 DNA 信道环境下的鲁棒性。

下面以图像为信源数据，介绍基于语义驱动的端到端分子通信系统的技术实现，包括通信模型与端到端的优化实现。

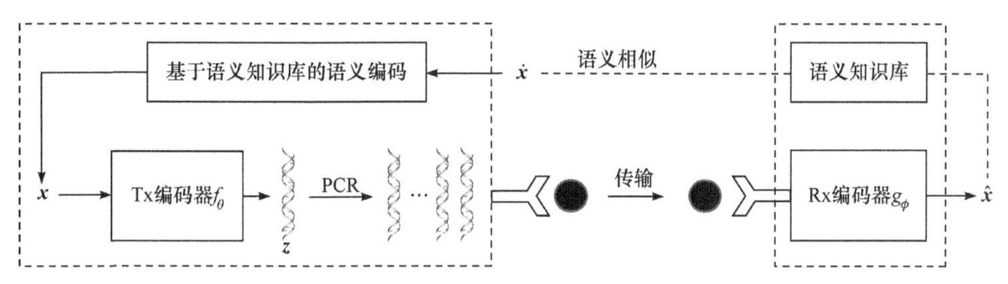


图 4-26　基于语义驱动的端到端分子通信系统

### 1. 语义驱动的端到端分子通信模型

语义驱动的端到端分子通信模型主要包括基于语义知识库的语义编码模块、编码器、模拟信道、解码器三个部分。编码器和解码器由 DNN 实现。模拟信道作为不可训练层纳入结构，用于锻炼网络的抗干扰能力。

基于语义知识库的语义编码模块能够对原始图像 $\dot{x}$ 进行语义分析，在大模型技术辅助下实现高效提取准确的语义片段 $\boldsymbol{x}$。该过程可描述为

$$\boldsymbol{x} = \Upsilon(\dot{\boldsymbol{x}}) \in R^k \tag{4-45}$$

编码器需要具有以下功能。

(1) 信息编码功能。对语义片段进行特征提取，在满足信息完整性要求的情况下尽可能去除数据冗余。该功能由深度卷积神经网络实现，与 DNA 存储中的数据压缩与纠错编码相对应。

(2) 碱基映射功能。将编码的抽象数据向量转化为能够组装 DNA 分子的序列向量。该功能与 DNA 存储中的碱基编码相对应。

该编码过程可以表示为

$$z = f_\theta(\boldsymbol{x}) \in Z^k \tag{4-46}$$

模拟信道将从 Tx 组装 DNA 片段并采用 PCR 扩增，到 Rx 对序列进行碱基对识别的过程整体抽象成一个噪声引入的过程。该噪声包含碱基的插入、删除和替换，同时也是 DNA 片段合成与测序过程中的高发错误环节。这些错误的发生频次是基于特定链的，不同的技术和设备之间具有一定的差异，可以通过客观统计

预估大致概率。多个副本之间的噪声污染程度可能不同，因此多个副本的实际长度也可能不同。在送入解码器前，需要将 DNA 片段填充符号 Q 至统一长度 $K$ 后转化为计算机方便计算的整数{0，1，2，3，4}，分别表示{Q，A，C，G，T}。该模块可以表示为

$$\tilde{z} = [\mathcal{N}(z), \mathcal{N}(z), \cdots, \mathcal{N}(z)] \in Z^{v \times K} \tag{4-47}$$

其中，$\mathcal{N}(z)$ 表示对 $z$ 进行一次噪声模拟；$\tilde{z}$ 为待解码的信息矩阵。

解码器是为数据还原而设计的，应该具有序列错误纠正与图像语义还原的功能。该解码过程可以表示为

$$\hat{x} = g_{\phi}(\tilde{z}) \in R^n \tag{4-48}$$

其中，$\hat{x}$ 为最后还原的图像数据。

2. 端到端的优化设计

端到端设计允许从整体上优化系统性能，而不仅仅是对各个部分单独进行优化。通过将编码器、模拟信道和解码器作为一个整体进行设计和训练，能够确保整个通信链路的性能达到最佳。这种方法有助于在不同模块之间实现更好的协同，最大限度地提高数据传输的准确性和效率。端到端地优化设计中需要设计用于优化模型的损失函数，用于指导模型的训练过程，以确保整个系统的各个部分都协同工作。

在考虑优化目标之前，需要了解，DNA 链的生物约束是基于 DNA 分子通信实现高可靠传输必须解决的一个问题。常见的生物约束包括均聚物长度约束(也称为行程长度限制约束)和 GC 含量约束。均聚物长度用于描述 DNA 链内连续、相同核苷酸的序列长度。RLL 约束是指建议对均聚物运行的长度施加约束。GC 含量表示 DNA 序列中鸟嘌呤(G)和胞嘧啶(C)的百分比组成。在 DNA 碱基合成与识别测序技术中，DNA 的均聚物长度过长和 GC 含量过高或过低更容易引入噪声。均聚物长度约束指降低均聚物的平均长度，GC 含量约束指将 GC 含量保持在可接受的范围内。

对于序列 $z = \{z_1, z_2, \cdots, z_k\}$，$z_i$ 的取值在 $\{0,1,2,3\}$，分别代表碱基 $\{A,C,G,T\}$。优化设计的目标包含两个部分，一部分是数据还原的准确度，另一部分是编码器编码得到的 DNA 序列，对于生物约束的满足程度。优化函数由能够满足两个优化项线性表示，即

$$(\theta^*, \phi^*) = \arg\min_{\theta,\phi} L_{\mathrm{RQ}} + \alpha L_{\mathrm{BC}} \tag{4-49}$$

其中，$(\theta^*, \phi^*)$ 为编解码器神经网络参数的最优取值；$\alpha$ 为可调节参数；$L_{\mathrm{RQ}}$ 和 $L_{\mathrm{BC}}$ 为数据还原准确度与生物约束满足程度的优化项。

(1) $L_{\mathrm{RQ}}$ 可以用输入数据与还原数据之间的失真来表示，即

$$L_{\mathrm{RQ}} = \frac{1}{n}\sum_{i=1}^{n}(\boldsymbol{x}_i, \hat{\boldsymbol{x}}_i)^2 \tag{4-50}$$

(2) $L_{\mathrm{BC}}$ 可以用生物约束满足程度衡量指标 $S(z)$ 与其期望值 $S^*$ 之间的距离表示，即

$$L_{\mathrm{BC}} = \frac{1}{m}\sum_{i=1}^{m}(S_i(\boldsymbol{z}), S^*)^2 \tag{4-51}$$

指标 $S(z)$ 包含两部分，一部分是 DNA 序列中碱基 G 和 C 的占比(记为 $7(\boldsymbol{z})$)，另一部分是 DNA 序列中碱基的离散分布情况(记为 $\varkappa(\boldsymbol{z})$)。将序列划分成 $m$ 个长度为 $d$ 的不重叠的区域(通常 $d$=8)，每个区域的首单元索引为

$$\mathcal{M}_i = 1 + \frac{d}{2}(m-1) \tag{4-52}$$

分别计算第 $i$ 个区域的 $7_i$ 和 $\varkappa_i$，可得

$$7_i = \frac{1}{d}\sum_{t=\mathcal{M}_i}^{\mathcal{M}_i+d} \boldsymbol{z}_t \tag{4-53}$$

$$\varkappa_i = \frac{1}{d-1}\sum_{t=\mathcal{M}_i}^{\mathcal{M}_i+d} (\boldsymbol{z}_t - 7_i)^2 \tag{4-54}$$

$7_i$ 和 $\varkappa_i$ 分别计算了该区域的均值和方差，均值衡量 GC 含量占比，方差衡量该区域碱基分布的离散程度。区域内碱基的分布越均匀，均聚物长度变大的概率会越低。

指标 $S(\boldsymbol{z})$ 的取值为

$$S(\boldsymbol{z}) = (7(\boldsymbol{z}), \varkappa(\boldsymbol{z})) = ([7_1, 7_2, \cdots, 7_m], [\varkappa_1, \varkappa_2, \cdots, \varkappa_m]) \tag{4-55}$$

同理，有

$$S^* = (7^*, \varkappa^*) \tag{4-56}$$

$7^*$ 的取值为期望的碱基比例的均值，$\varkappa^*$ 的取值是达到期望碱基频率时的方差。设期望的 $\{\mathrm{A,C,G,T}\}$ 的频率为 $\{p_{\mathrm{A}}, p_{\mathrm{C}}, p_{\mathrm{G}}, p_{\mathrm{T}}\}$，则

$$7^* = 0 \times p_{\mathrm{A}} + 1 \times p_{\mathrm{C}} + 2 \times p_{\mathrm{G}} + 3 \times p_{\mathrm{T}} \tag{4-57}$$

$$\varkappa^* = (0-7^*)^2 \times p_{\mathrm{A}} + (1-7^*)^2 \times p_{\mathrm{C}} + (2-7^*)^2 \times p_{\mathrm{G}} + (3-7^*)^2 \times p_{\mathrm{T}} \tag{4-58}$$

总的来说，优化函数可以表示为

$$(\theta^*, \phi^*) = \underset{\theta,\phi}{\arg\min}\left\{\frac{1}{n}\sum_{i=1}^{n}(\boldsymbol{x}_i, \hat{\boldsymbol{x}}_i)^2 + \alpha\left(\frac{1}{m}\sum_{i=1}^{m}(7_i, 7^*)^2 + \frac{1}{m}\sum_{i=1}^{m}(\varkappa_i, \varkappa^*)^2\right)\right\} \tag{4-59}$$

### 4.6.3 仿真结果

本节基于 PyTorch 平台对语义驱动的端到端分子通信系统的图像传输效率进行仿真测试。语义编码模块的神经网络结构如图 4-27 所示。其中，SAM 是语义分割大模型，语义编码则是语义目标识别与集成模型，包括通道注意力网络和空间注意力网络。该模块独立训练并将测试数据，组成编解码网络的训练数据。

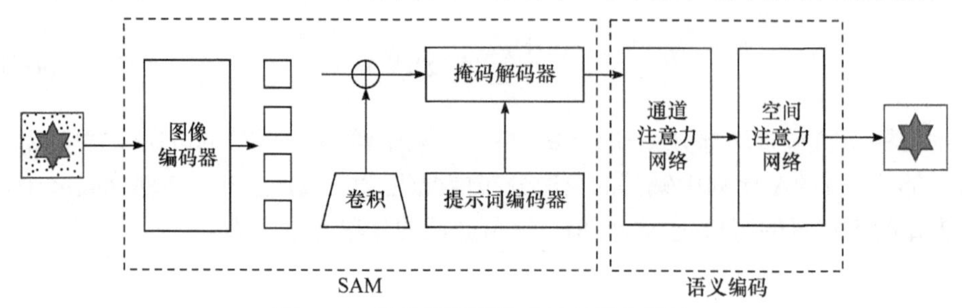


图 4-27　语义编码模块的神经网络结构

编码器与解码器的神经网络结构如表 4-2 所示。Conv($C$,$K$,$S$)表示一个卷积层，其卷积核个数为 $C$，卷积核大小为 $K$，步长为 $S$。Conv1d 表示一维卷积层，Conv2d 表示二维卷积层。T-Conv($C$,$K$,$S$)表示一个泛卷积层，其余同理。BN 是批归一化层，PReLU、Sigmoid()是激活函数，round()是四舍五入函数，Normalization 是标准归一化操作，Denormalization 是反归一化操作。由此，编码器中卷积层的最后一层特征图的大小为 $k = c \times 8 \times 8$，这也是编码得到的 DNA 序列的长度，则码率为 $R = (n / k)$ nts / pixel。

**表 4-2　编码器与解码器的神经网络结构**

| 编码器 | 解码器 |
| --- | --- |
| Normalization | Conv1d(1,3,1),PReLU |
| Conv2d(16,3,2),PReLU | T-Conv2d(32,3,1),PReLU |
| [Conv2d(32,32,1),BN,PReLU]×3 | [T-Conv2d(32,3,1),BN,PReLU]×3 |
| Conv2d(32,16,1),BN,PReLU | T-Conv2d(16,4,2),BN,PReLU |
| Conv2d($c$,3,1) | T-Conv2d(3,4,2),Sigmoid |
| round(Sigmoid()×3) | Denormalization |

编码器与解码器联合训练，其中编码器输出需要满足 DNA 链的生物约束，以提高 DNA 链的稳定性。损失函数设置为

$$\mathcal{L}(\theta,\phi) = \frac{1}{n}\sum_{i=1}^{n}(\boldsymbol{x}_i, \hat{\boldsymbol{x}}_i)^2 + \frac{1}{m}\sum_{i=1}^{m}(\mathcal{T}_i, \mathcal{T}^*)^2 + \frac{10}{m}\sum_{i=1}^{m}(\varkappa_i, \varkappa^*)^2 \tag{4-60}$$

其中，$\{\mathrm{A},\mathrm{C},\mathrm{G},\mathrm{T}\}$ 的频率为 $\{p_\mathrm{A}, p_\mathrm{C}, p_\mathrm{G}, p_\mathrm{T}\}$，并且都设置为 0.25。

仿真阶段，将码率 $R$ 设置为 0.5nts / pixel，用 PSNR 和 SSIM 指标评估图像的

传输质量。图像传输质量对比图如图 4-28 所示。在相同错误率下，语义驱动的分子通信系统下的解码图像的 PSNR 提高 1.8～2.6dB，SSIM 提高 0.06～0.13。这表明，在传输语义相似的情况下，语义驱动的分子通信具有更高效的通信质量和通信效率。图 4-29 展示了 4 组图像传输效果，包括原始图像、语义片段，以及解码还原的图像。可以看出，语义片段可以有效提取原始图像中的重要语义(船只、汽车、马、鹤)，高质量还原语义片段。该系统通过对需要传输的图像进行感知优化，

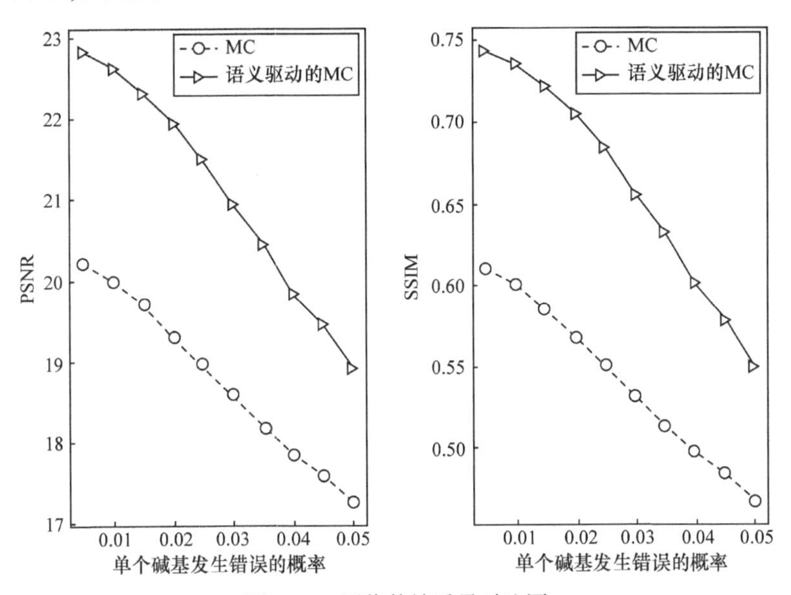


图 4-28　图像传输质量对比图

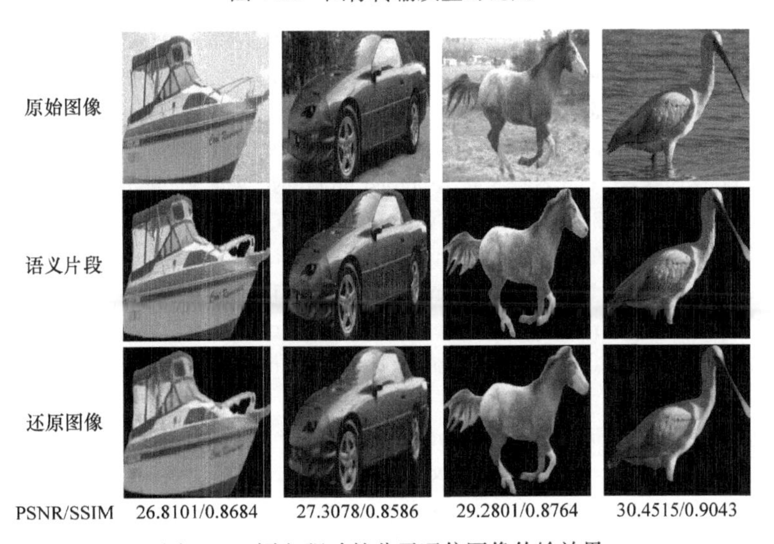


图 4-29　语义驱动的分子通信图像传输效果

提高 Tx 的编码效率和带宽利用率，保证重要的图像语义能够被高效地传输到 Rx。

## 参 考 文 献

[1] Shannon C E. A mathematical theory of communication. The Bell System Technical Journal, 1948, 27(3): 379-423.

[2] 张平, 牛凯, 姚圣时, 等. 面向未来的语义通信: 基本原理与实现方法. 通信学报, 2023, 44(5): 1-14.

[3] 江沸菠, 彭于波, 董莉. 面向 6G 的深度图像语义通信模型. 通信学报, 2023, 44(3): 198-208.

[4] Carnap R, Bar-Hillel Y. An outline of a theory of semantic information. Research Laboratory of Electronics, Cambridge: MIT, 1952.

[5] Bao J, Basu P, Dean M, et al. Towards a theory of semantic communication. IEEE Network Science Workshop, New York, 2011: 110-117.

[6] 秦志金, 赵菼菼, 李凡，等. 多模态语义通信研究综述. 通信学报, 2023, 44(5): 28-41.

[7] 刘传宏, 郭彩丽, 杨洋，等. 人工智能物联网中面向智能任务的语义通信方法. 通信学报, 2021, 42(11): 97-108.

[8] Zhang H W, Shao S, Tao M X, et al. Deep learning-enabled semantic communication systems with task-unaware transmitter and dynamic data. IEEE Journal on Selected Areas in Communications, 2022, 41(1): 170-185.

[9] Jiang F B, Peng Y B, Dong L, et al. Large AI model-based semantic communications. IEEE Wireless Communications, 2024, 31(3): 68-75.

[10] Kirillov A, Mintun E, Ravi N, et al. Segment anything//IEEE/CVF International Conference on Computer Vision, Paris 2023: 4015-4026.

[11] He K M, Chen X L, Xie S N, et al. Masked autoencoders are scalable vision learners //IEEE/CVF Conference on Computer Vision and Pattern Recognition, New Orleans, 2022: 16000-16009.

[12] Radford A, Kim J W, Hallacy C, et al. Learning transferable visual models from natural language supervision//International Conference on Machine Learning, Online 2021: 8748-8763.

[13] Xie H Q, Qin Z J, Tao X M, et al. Task-oriented multi-user semantic communications. IEEE Journal on Selected Areas in Communications, 2022, 40(9): 2584-2597.

[14] Zhang G Y, Hu Q Y, Qin Z J, et al. A unified multi-task semantic communication system for multimodal data. IEEE Transactions on Communications, 2024, 72(7): 4101-4116.

[15] Tang Z N, Yang Z Y, Zhu C G, et al. Any-to-any generation via composable diffusion. Advances in Neural Information Processing Systems, 2024, 36(1): 1-17.

[16] Rombach R, Blattmann A, Lorenz D, et al. High-resolution image synthesis with latent diffusion models//IEEE/CVF Conference on Computer Vision and Pattern Recognition, New Orleans, 2022: 10684-10695.

[17] Huang H Y, Liu X, Shi G, et al. Event extraction with dynamic prefix tuning and relevance retrieval. IEEE Transactions on Knowledge and Data Engineering, 2023, 35(10): 9946-9958.

[18] Chung H W, Hou L, Longpre S, et al. Scaling instruction-finetuned language models. Journal of Machine Learning Research, 2024, 25(70): 1-53.

[19] Mou C, Wang X T, Xie L B, et al. T2i-adapter: Learning adapters to dig out more controllable

ability for text-to-image diffusion models//AAAI Conference on Artificial Intelligence, Vancouver, 2024, 38(5): 4296-4304.

[20] Xie H Q, Qin Z J. A lite distributed semantic communication system for internet of things. IEEE Journal on Selected Areas in Communications, 2020, 39(1): 142-153.

[21] Dong Y D, Wang H X, Yao Y D. Channel estimation for one-bit multiuser massive MIMO using conditional GAN. IEEE Communications Letters, 2020, 25(3): 854-858.

[22] Xie H Q, Qin Z Q, Li G Y, et al. Deep learning enabled semantic communication systems. IEEE Transactions on Signal Processing, 2021, 69: 2663-2675.

[23] Raffel C, Shazeer N, Roberts A, et al. Exploring the limits of transfer learning with a unified text-to-text transformer. Journal of Machine Learning Research, 2020, 21(140): 1-67.

[24] Zhang T Y, Ladhak F, Durmus E, et al. Benchmarking large language models for news summarization. Transactions of the Association for Computational Linguistics, 2024, 12: 39-57.

[25] Zhang W Y, Zhang H J, Ma H, et al. Predictive and adaptive deep coding for wireless image transmission in semantic communication. IEEE Transactions on Wireless Communications, 2023, 22(8): 5486-5501.

[26] Liu Y H, Gu J T, Goyal N, et al. Multilingual denoising pre-training for neural machine translation. Transactions of the Association for Computational Linguistics, 2020, 8: 726-742.

[27] Luan W J, Liu G J, Jiang C J, et al. MPTR: A maximal-marginal-relevance-based personalized trip recommendation method. IEEE Transactions on Intelligent Transportation Systems, 2018, 19(11): 3461-3474.

[28] LiuQ, Yang K, Xie J L, et al. DNA-based molecular computing, storage, and communications. IEEE Internet of Things Journal, 2021, 9(2): 897-915.

[29] Bilgin B A, Dinc E, Akan O B. DNA-based molecular communications. IEEE Access, 2018, 6: 73119-73129.

[30] Noel A, Cheung K C, Schober R. Joint channel parameter estimation via diffusive molecular communication. IEEE Transactions on Molecular, Biological, and Multi-Scale Communications, 2015, 1(1): 4-17.

[31] Nakano T, Okaie Y, Liu J Q. Channel model and capacity analysis of molecular communication with Brownian motion. IEEE Communications Letters, 2012, 16(6): 797-800.

[32] Pierobon M, Akyildiz I F.A statistical-physical model of interference in diffusion-based molecular nanonetworks. IEEE Transactions on Communications, 2014, 62(6): 2085-2095.

[33] Carmean D, Ceze L, Seelig G, et al. DNA data storage and hybrid molecular-electronic computing. Proceedings of the IEEE, 2019, 107(1): 63-72.

[34] Bonnet J, Colotte M, Coudy D, et al. Chain and conformation stability of solid-state DNA: Implications for room temperature storage. Nucleic Acids Research, 2010, 38(5): 1531-1546.

[35] Bornholt J, Lopez R,Carmean D M, et al. Toward a DNA-based archival storage system. IEEE Micro, 2017, 37(3): 98-104.

[36] Wu W F, Xiang L P, Liu Q, et al. Deep joint source-channel coding for DNA image storage: A novel approach with enhanced error resilience and biological constraint optimization. IEEE Transactions on Molecular, Biological and Multi-Scale Communications, 2023, 9(4): 461-471.

# 第 5 章　通信网络内生智能的其他支撑技术

## 5.1　强化学习技术及其在数据增强中的应用

### 5.1.1　数据增强概览

为了实现提前的资源调度[1]和故障报警[2]，需要依靠数字孪生移动网络提供高精度的时间序列预测服务。然而，不断扩大的网络规模和复杂的无线环境对预测性数字孪生移动网络的构建提出挑战，导致传统的数学方法无法解决如此复杂的问题。AI 强大的特征提取能力为预测性数字孪生移动网络的构建提供了一种数据驱动的新范式。遗憾的是，训练 AI 算法的一个致命问题是在无线环境中缺乏足够的可用数据集，因此数据驱动的方法容易对训练数据集产生拟合。这种训练困境会直接降低数字孪生移动网络的预测精度，进而降低数字孪生应用的性能。

GAN[3]可以为数据驱动算法提供增强训练数据集的解决方案，有效缓解过拟合带来的预测精度下降问题。GAN 中的生成器通过与判别器进行竞争训练，可以产生与原始数据具有相同统计分布的任意大的合成数据集。因此，GAN 及其变体引起无线通信和网络领域研究人员的极大研究兴趣。例如，GAN 已被广泛用于数据增强，提高基于射频识别的人体姿势跟踪[4]、蜂窝网络故障诊断[5]和基于 WiFi 的手势识别[6]的准确性。

在动态变化的无线环境中，无线信道在不同的传输帧上存在波动，导致信道老化和速率降低等问题。因此，预测性数字孪生信道需要通过数据驱动的方法构建，如卷积长短期记忆(convolutional long short-term memory，ConvLSTM)网络，以便通过提供高精度的预测服务来减轻这些有害影响[7]。在无线环境中，缺乏足够的训练数据集会不可避免地导致过拟合。例如，数字孪生信道在训练数据集上的预测精度很高，但在测试数据集上的预测精度却不理想。这种训练数据集缺乏的问题直接增加了数字孪生信道的预测误差，进一步损害了其解决信道老化和速率降低问题的能力。尽管已经有大量的研究关注增强无线通信性能的合成数据集，但是针对无线信道预测的数据增强尚未进行充分研究。这种情况下的最佳 GAN 算法设计仍然是一个挑战。

### 5.1.2　孪生信道数据增强的系统模型

1. MIMO-OFDM 无线信道

MIMO-OFDM 系统中基站部署 $N_t$ 根天线，用户配备 $N_r$ 根天线，同时系统

具有 $N_{\mathrm{sub}}$ 个子载波。因此，复信道系数矩阵用 $\boldsymbol{H}' \in \mathbb{C}^{N_{\mathrm{sub}}\times N_r\times N_t}$ 表示。在第 $t$ 传输帧中，复信道系数矩阵可表示为 $\boldsymbol{H}'^{(t)}$。简单起见，进一步将 $\boldsymbol{H}'^{(t)}$ 重新表述为信道系数矩阵 $\boldsymbol{H}^{(t)} \in \mathbb{R}^{N_{\mathrm{sub}}\times N_a\times 2}$，其中 $N_a = N_r \times N_t$ 表示收发天线对数，最后一个维度表示复信道系数的实部和虚部。注意，$\boldsymbol{H}^{(t)}$ 等价于 $\boldsymbol{H}'^{(t)}$ 并且可以很容易地互相转换。

1) 5G NR 帧结构

基于 5G NR 协议[8]的传输帧结构如图 5-1 所示。信道传输资源被分成多帧，每帧包含 $N_b$ 个时隙，每个时隙包含 14 个 OFDM 符号。值得注意的是，时隙和 OFDM 符号持续时间取决于子载波间隔①。此外，传输帧分为两个阶段，即信道估计阶段和数据传输阶段，每个阶段使用不同数量的时隙。根据 5G 标准[9]，使用预定义的探测参考信号(sounding reference signal，SRS)②在每帧的第一个时隙估计瞬时 CSI。然后，将数据传输阶段后续 $(N_b-1)$ 时隙的 CSI 视为时不变，并将第一个时隙的估计值赋给它们。在该结构下，本章重点研究帧级别的统计性数字孪生信道。

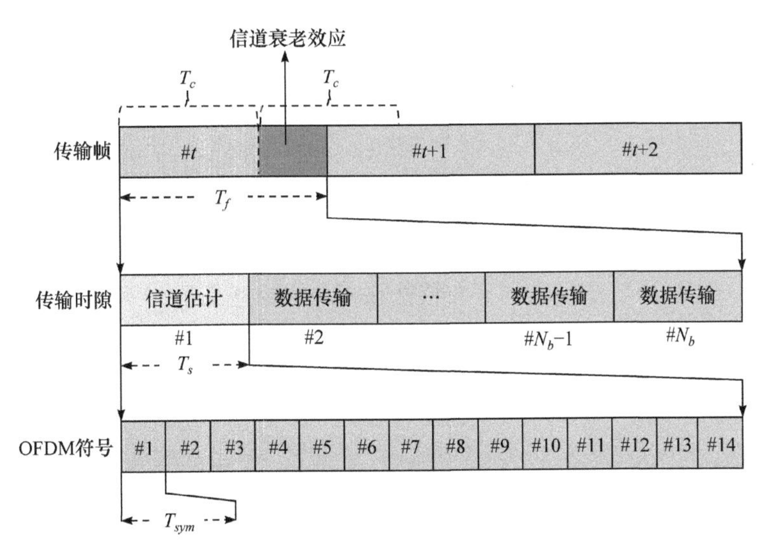


图 5-1　基于 5G NR 协议的传输帧结构

① 例如，在 5G 标准[9]中，当子载波间隔为 120kHz 时，周期为 $T_f = 0.625\text{ms}$ 的传输帧包含 5 个时隙，OFDM 符号持续时间为 8.92μs；当子载波间隔为 240 kHz 时，周期为 $T_f = 0.625\text{ms}$ 的传输帧包含 10 个时隙，OFDM 符号持续时间为 4.46μs。

② 正常情况下，SRS 周期设置为 0.625ms。

2) 3GPP TR 38.901 CDL-C 信道模型

MIMO-OFDM 信道是基于 3GPP 的技术报告(technical report，TR)38.901 簇延迟线(clustered delay line，CDL)-C 协议[10]构建的。它可以用几何 Saleh-Valenzuela 信道模型进行数学描述。在该模型下，第 $k$ 个子载波在第 $t$ 个传输帧从基站到用户的复信道系数矩阵可以表示为

$$\boldsymbol{H}'^{(t)}[k]=\sqrt{\frac{N_tN_r}{N_{cl}N_{\mathrm{ray}}}}\sum_{i=1}^{N_{cl}}\sum_{l=1}^{N_{\mathrm{ray}}}\alpha_{il}\boldsymbol{a}_{\mathrm{UE}}(\phi_{il}^{\mathrm{UE}},\theta_{il}^{\mathrm{UE}})\boldsymbol{a}_{\mathrm{BS}}(\phi_{il}^{\mathrm{BS}},\theta_{il}^{\mathrm{BS}})^H\mathrm{e}^{-\mathrm{j}2\pi(f_{il}tT_f+(f_c+k\varDelta_f)\tau_{il})} \tag{5-1}$$

其中，$k\in[0,N_{\mathrm{sub}}-1]$ 为子载波指数；$\varDelta_f$ 为子载波间距；$f_c$ 为载波频率；$T_f$ 为传输帧周期；$N_{cl}$ 为簇数；$N_{\mathrm{ray}}$ 为每个簇中的传播路径数；$\alpha_{il}$、$f_{il}$、$\tau_{il}$、$\phi_{il}^{\mathrm{UE}}$、$\theta_{il}^{\mathrm{UE}}$、$\phi_{il}^{\mathrm{BS}}$、$\theta_{il}^{\mathrm{BS}}$ 为第 $i$ 簇中第 $l$ 条路径的复信道增益、多普勒频移、路径延迟、到达方位角、到达俯仰角、离开方位角、离开俯仰角；$\boldsymbol{a}_{\mathrm{UE}}(\phi_{il}^{\mathrm{UE}},\theta_{il}^{\mathrm{UE}})$ 和 $\boldsymbol{a}_{\mathrm{BS}}(\phi_{il}^{\mathrm{BS}},\theta_{il}^{\mathrm{BS}})$ 为接收阵列和发射阵列的导向矢量。

本章考虑均匀线性阵列，阵列导向矢量 $\boldsymbol{a}(\phi_{il},\theta_{il})$ 可以表示为

$$\begin{aligned}\boldsymbol{a}(\phi_{il},\theta_{il})=\frac{1}{\sqrt{N}}\Bigg[&1,\mathrm{e}^{j\frac{2\pi(f_c+k\varDelta_f)}{c}\varDelta_a(\sin\phi_{il}\sin\theta_{il}+\cos\theta_{il})},\\&\cdots,\mathrm{e}^{j\frac{2\pi(f_c+k\varDelta_f)}{c}\varDelta_a((\sqrt{N}-1)\sin\phi_{il}\sin\theta_{il}+(\sqrt{N}-1)\cos\theta_{il})}\Bigg]^{\mathrm{T}}\end{aligned} \tag{5-2}$$

其中，$\varDelta_a$ 为天线间距；$N$ 为基站天线数或用户天线数；$c$ 为光速。

此外，CDL-C 信道模型的分布特性和相关性描述如下。

(1) 分布特性。复信道系数的幅值 $\{h=\sqrt{(\boldsymbol{H}^{(t)}[k,m,1])^2+(\boldsymbol{H}^{(t)}[k,m,2])^2}\mid\forall k,m,t\}$ 服从瑞利分布，其累积分布函数(cumulative distribution function，CDF)为

$$F(h)=1-\mathrm{e}^{-\frac{h^2}{2\sigma_h^2}},\quad h\geqslant 0 \tag{5-3}$$

其中，$\sigma_h^2$ 为复信道系数幅值的方差。

此外，复信道系数的相位 $\left\{\theta=\arctan\left(\frac{\boldsymbol{H}^{(t)}[k,m,2]}{\boldsymbol{H}^{(t)}[k,m,1]}\right)\mid\forall m,n,t\right\}$ 服从均匀分布，CDF 为

$$F(\theta)=\frac{\theta+\pi}{2\pi},\quad -\pi\leqslant\theta\leqslant\pi \tag{5-4}$$

(2) 相关性。不同复信道系数之间存在时域、频域和空域的相关性。在 CDL

信道模型中，不同域内的相关性依赖不同的因素。具体来说，时域相关性与传输帧的周期 $T_f$ 和最大多普勒频移 $f_d$ 有关。频域相关性与子载波间距 $\varDelta_f$ 和时延扩展 $\tau$ 有关，空域相关性与天线间距 $\varDelta_a$ 、方位角和天顶角有关。此外，序列内部的相关性可以用自相关函数(auto-correlation function，ACF)表征，而 $j$ 阶滞后 ACF 因子的计算公式为

$$\rho_j = \frac{\sum_{n=j+1}^{N}(y_n - \overline{y})(y_{n-j} - \overline{y})}{\sum_{n=1}^{N}(y_n - \overline{y})^2}, \quad 0 \leqslant j \leqslant N \tag{5-5}$$

其中，$N$ 为序列长度；$y_n$ 为序列中的第 $n$ 个元素；$\overline{y} = \frac{\sum_{n=1}^{N} y_n}{N}$ 为序列中所有元素的平均值。

根据文献[11]的观点，数据集中的相关性以序列的 ACF 因子的经验 CDF 曲线表征。如果两个信道数据集在特定域(如时域、频域、空域)的 ACF 因子的经验 CDF 曲线相似，则认为它们具有相似的相关性。

2. 基于 ConvLSTM 的数字孪生信道

数字孪生是物理系统的虚拟镜像，可以为性能分析和系统设计提供有价值的见解。根据文献[12]，数字孪生可以定义为能够理解和预测物理对象的计算模型，并用于增强物理对象的性能。因此，数字孪生信道应该能够实现无线信道预测，同时也应该用于提高 MIMO-OFDM 系统的性能。

1) 数字孪生信道的构建与数据增强

预测数字孪生信道可以通过数据驱动的计算模型来构建，根据过去 $P$ 个传输帧的信道系数矩阵预测未来 $L$ 个传输帧的信道系数矩阵。在第 $t$ 传输帧中，将瞬时的信道系数矩阵 $\boldsymbol{H}^{(t)}$ 视为一个双通道图像，其维度为 $N_{\text{sub}} \times N_a \times 2$ 。幸运的是，最初为解决降水预报问题提出的 ConvLSTM 网络[13]可以通过监督学习直接用于时间序列信道系数矩阵的预测。具体来说，ConvLSTM 单元是一种改进的 LSTM 单元，其中原始的矩阵乘法运算被卷积运算和阿达马积运算取代。值得注意的是，ConvLSTM 网络适合图像序列预测，因为它能够捕获时间相关性，而输入和输出都是多通道图像序列。因此，基于 ConvLSTM 的预测性数字孪生信道可以描述为

$$\{\tilde{\boldsymbol{H}}^{(t+1)}, \tilde{\boldsymbol{H}}^{(t+2)}, \cdots, \tilde{\boldsymbol{H}}^{(t+L)}\} = f_{\boldsymbol{\Theta}}(\boldsymbol{H}^{(t-P+1)}, \boldsymbol{H}^{(t-P+2)}, \cdots, \boldsymbol{H}^{(t)}) \tag{5-6}$$

其中，$f_{\boldsymbol{\Theta}}(\cdot)$ 是由堆叠多层按时间展开的 ConvLSTM 单元构成的预测-编码网络模型，其权值为 $\boldsymbol{\Theta}$ 。

本章关注的是构建预测性数字孪生信道的数据增强，上述网络结构的其他细节可见文献[14]。$\{\tilde{\boldsymbol{H}}^{(t+i)} \mid \forall i \in [1, L]\}$ 是被预测的未来 $L$ 个传输帧的信道系数矩阵，$\{\boldsymbol{H}^{(t+i)} \mid \forall i \in [-P+1, 0]\}$ 是过去 $P$ 个传输帧的真实信道系数矩阵。此外，预测性数字孪生信道的精度可以通过预测的信道矩阵与真实的信道矩阵在同一传输帧内的 MSE 衡量。

预测性数字孪生信道的生成与数据增强如图 5-2 所示，基于 ConvLSTM 的预测性数字孪生信道的构建过程分为训练阶段和执行阶段。在训练阶段，首先将从无线环境中采集的原始训练数据发送给数据增强算法进行特征空间学习，同时从学习到的特征空间均匀采样合成数据集。然后，利用原始数据集和合成数据集训练预测性数字孪生信道。收敛后，保存网络参数。在执行阶段，预测性数字孪生信道能够根据过去 $P$ 帧的信道系数矩阵预测未来 $L$ 帧的信道系数矩阵。

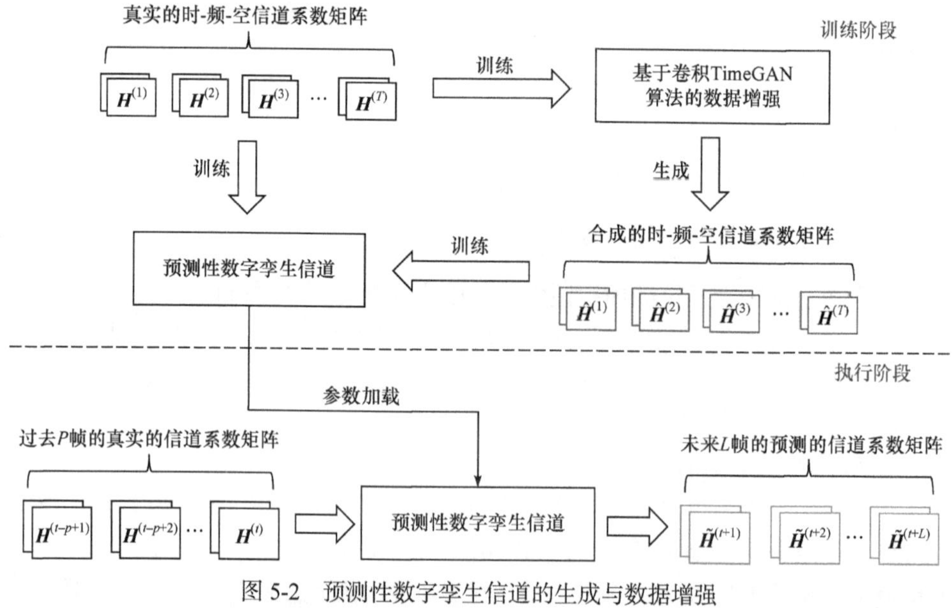


图 5-2　预测性数字孪生信道的生成与数据增强

2) 数字孪生信道的应用

本节采用预测性数字孪生信道解决信道老化导致的可实现频谱效率降低的问题。

毫米波 MIMO-OFDM 系统的混合波束赋形架构如图 5-3 所示，混合波束赋形架构可以为对抗毫米波 MIMO-OFDM 系统中的严重路径损耗提供显著的增益。在多载波系统中，每个子载波在频域内进行数字预编码和解码，而所有子载波共享具有恒模约束的模拟预编码器和解码器。解码后，第 $k$ 个子载波的接收信号为

$$\boldsymbol{y}[k] = \sqrt{\rho}\boldsymbol{W}_{\text{BB}}^{\text{H}}[k]\boldsymbol{W}_{\text{RF}}^{\text{H}}\boldsymbol{H}'[k]\boldsymbol{F}_{\text{RF}}\boldsymbol{F}_{\text{BB}}[k]\boldsymbol{s} + \boldsymbol{W}_{\text{BB}}^{\text{H}}[k]\boldsymbol{W}_{\text{RF}}^{\text{H}}\boldsymbol{n} \tag{5-7}$$

其中，$\boldsymbol{F}_{\mathrm{BB}} \in \mathbb{C}^{N_{\mathrm{sub}} \times N_{\mathrm{RF}}^{tx} \times N_s}$ 为发送端数字预编码器，$N_s$ 为数据流数目，$N_{\mathrm{RF}}^{tx}$ 为基站的射频链数，满足 $N_s \leqslant N_{\mathrm{RF}}^{tx} \leqslant N_t$；$\boldsymbol{F}_{\mathrm{RF}} \in \mathbb{C}^{N_t \times N_{\mathrm{RF}}^{tx}}$ 为发送端模拟预编码器；$\boldsymbol{W}_{\mathrm{BB}} \in \mathbb{C}^{N_{\mathrm{sub}} \times N_{\mathrm{RF}}^{rx} \times N_s}$ 为接收端数字解码器，$N_{\mathrm{RF}}^{rx}$ 为用户的射频链数，满足 $N_s \leqslant N_{\mathrm{RF}}^{rx} \leqslant N_r$；$\boldsymbol{W}_{\mathrm{RF}} \in \mathbb{C}^{N_r \times N_{\mathrm{RF}}^{rx}}$ 为接收端模拟解码器；$\boldsymbol{s} \in \mathbb{C}^{N_s \times 1}$ 为发射符号矢量；$\boldsymbol{n} \in \mathbb{C}^{N_r \times 1}$ 为噪声矢量；$\rho$ 为平均发射功率。

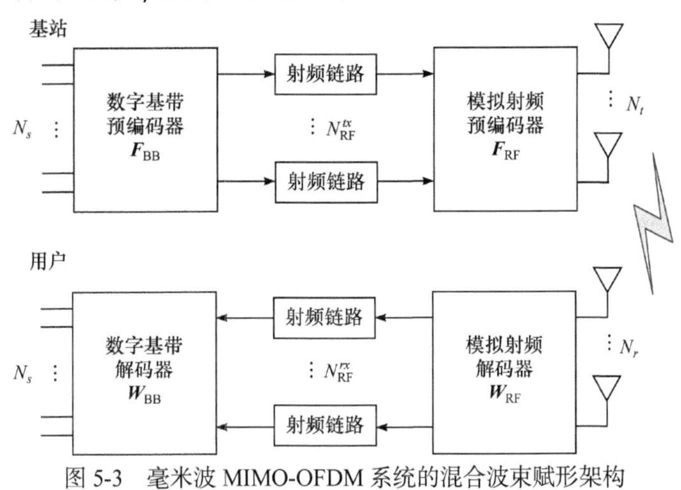


图 5-3　毫米波 MIMO-OFDM 系统的混合波束赋形架构

根据文献[15]的观点，本节目标是设计混合预编码器 $\boldsymbol{F}_{\mathrm{RF}}\boldsymbol{F}_{\mathrm{BB}}[k]$ 和解码器 $\boldsymbol{W}_{\mathrm{RF}}\boldsymbol{W}_{\mathrm{BB}}[k]$，分别近似于每个子载波的最优全数字预编码器 $\boldsymbol{F}_{\mathrm{opt}}[k]$ 和解码器 $\boldsymbol{W}_{\mathrm{opt}}[k]$。最优的全数字预编码器和解码器分别由 $\boldsymbol{V}$ 和 $\boldsymbol{U}$ 的前 $N_s$ 列组成，而它们是由给定复信道系数矩阵 $\boldsymbol{H}'[k]$ 的奇异值分解得到的酉矩阵，即 $\boldsymbol{H}'[k] = \boldsymbol{U\Sigma V}^{\mathrm{H}}$。为简单，假设混合预编码器和解码器已经被设计为近似最优的，通过采用一些成熟的算法①，当传输符号遵循高斯分布时，毫米波 MIMO-OFDM 系统的可实现频谱效率可以表示为

$$\boldsymbol{R} = \frac{1}{N_{\mathrm{sub}}} \sum_{k=1}^{N_{\mathrm{sub}}} \log_2 \det\left( \boldsymbol{I}_{N_s} + \frac{\rho}{\sigma_n^2 N_s} (\boldsymbol{W}_{\mathrm{opt}}[k])^{\dagger} \boldsymbol{H}'[k] \boldsymbol{F}_{\mathrm{opt}}[k] (\boldsymbol{F}_{\mathrm{opt}}[k])^{\mathrm{H}} (\boldsymbol{H}'[k])^{\mathrm{H}} \boldsymbol{W}_{\mathrm{opt}}[k] \right) \tag{5-8}$$

其中，$\sigma_n^2$ 为噪声功率；$\dfrac{\rho}{\sigma_n^2}$ 为 SNR。

在第 $t$ 传输帧中，根据估计的信道矩阵 $\boldsymbol{H}'^{(t)}$ 在第一个传输时隙中设计预编码

① 例如，当射频链路数高于阈值时，采用交替最小化算法设计的混合预编码器的性能可以接近最优预编码器的性能[14]。

器和解码器，并在接下来的 $N_b - 1$ 个时隙中执行。实时混合波束赋形设计高度依赖精确的 CSI，但估计得到的 CSI 在当前帧内的后续时隙可能是过时的。如图 5-1 所示，信道相干时间① $T_c$ 可能小于传输帧周期 $T_f$，即 SRS 周期。这就是毫米波通信中众所周知的信道老化效应，该效应能够降低通信系统可实现的频谱效率。例如，当载波频率为 28GHz，用户速度为 60km/h 时，$T_c$ 大约为 0.32ms，而 5G 标准中的 SRS 周期通常为 0.625ms。因此，当前传输帧中后半传输时隙的实际 CSI 可能发生显著变化，导致可实现频谱效率的性能损失[15]。

预测性数字孪生信道可以有效地缓解这一困境。一旦下一帧 CSI 被当前帧和过去帧的 CSI 预测出来，预编码器和解码器就可以获得额外的信息进行设计。具体来说，在第 $t$ 帧中，预编码器和解码器根据估计的信道矩阵 $\boldsymbol{H}'^{(t)}$ 在第一个时隙中被设计，在第 $n$ 个时隙($0 < n < N_b / 2$)中执行。然后，根据预测的信道矩阵 $\tilde{\boldsymbol{H}}^{(t+1)}$ 在第 $N_b / 2$ 个时隙对预编码器和解码器重新设计，在接下来的第 $n$ 个时隙($N_b / 2 < n < N_b$)执行。值得注意的是，在大多数情况下，信道相干时间是未知的。因此，为了公平，将 $N_b / 2$ 设置为重新设计预编码器和解码器的定时[7]。这样，信道老化导致的可实现频谱效率的降低有望得到缓解，因为后半部分的传输时隙更可能位于 $\tilde{\boldsymbol{H}}^{(t+1)}$ 的信道相干时间内。直观来说，预测的 CSI 越准确，MIMO-OFDM 系统可实现的频谱效率就越高。

### 5.1.3　孪生信道数据增强的问题建模

在缺乏足够可用 CSI 数据的情况下，基于 ConvLSTM 的预测性数字孪生信道容易对训练数据集产生过拟合。它可能在训练数据集上达到很高的预测精度，但是在测试数据集上的表现可能不尽如人意。这是因为训练样本表示内在特征空间的能力较弱。因此，数据增强的目的是从无线信道的高维特征空间中进行采样，丰富时间序列训练数据集，以进一步实现更准确的预测服务。这样，数字孪生信道处理信道老化的能力就可以相应增强。

通过保证合成数据集与真实数据集具有相同的信道系数分布和在时域、频域、空域的相关性来学习原始无线信道数据集的特征空间。长度为 $T$ 的单个时序信道样本可以用 $i \in [1, I]$ 索引，因此可以将时间序列信道数据集表示为 $\mathcal{D} = \{\boldsymbol{H}_i^{(1)}, \boldsymbol{H}_i^{(2)}, \cdots, \boldsymbol{H}_i^{(T)} \mid \forall i \in [1, I]\}$，利用数据集 $\mathcal{D}$ 估计一个最接近时-频-空无线信道矩阵的联合分布 $p(\boldsymbol{H}^{(1)}, \boldsymbol{H}^{(2)}, \cdots, \boldsymbol{H}^{(T)})$ 的概率密度函数 $\hat{p}$。该目标通常很难通过高维概率密度函数在数学上进行估计。理论上，可以利用 RNN 实例化标准 GAN 框架中的

① 信道相干时间 $T_c$ 与载波频率 $f_c$ 和用户速度 $v$ 成反比，由 $T_c \approx \frac{0.5c}{v f_c}$ 计算。

生成器和判别器，通过对抗学习近似这种联合分布。然而，根据文献[16]的观点，简单地对矩阵序列上的标准 GAN 损失求和并不足以确保 RNN 能有效地捕获训练数据中存在的时域相关性。因此，需要利用自回归分解来产生更简单的目标，可以表示为

$$p(\boldsymbol{H}^{(1)},\boldsymbol{H}^{(2)},\cdots,\boldsymbol{H}^{(T)})=p(\boldsymbol{H}^{(1)})\prod_{t=2}^{T}p(\boldsymbol{H}^{(1)}\mid\boldsymbol{H}^{(1)},\boldsymbol{H}^{(2)},\cdots,\boldsymbol{H}^{(t-1)}) \tag{5-9}$$

具体来说，将该特征空间学习问题分解为两个子问题，即局部分布学习问题和逐步条件分布学习问题。

1. 局部分布学习问题

在合成序列 $\{\hat{\boldsymbol{H}}^{(1)},\hat{\boldsymbol{H}}^{(2)},\cdots,\hat{\boldsymbol{H}}^{(T)}\}$ 中的信道系数矩阵 $\{\hat{\boldsymbol{H}}^{(t)}\mid\forall t\in[1,T]\}$ 是采样自分布的。它们应该与在真实序列 $\{\boldsymbol{H}^{(1)},\boldsymbol{H}^{(2)},\cdots,\boldsymbol{H}^{(T)}\}$ 中的信道系数矩阵 $\{\boldsymbol{H}^{(t)}\mid\forall t\in[1,T]\}$ 具有相同的分布。在忽略时间索引 $t$ 的情况下，局部分布学习问题可以表述为

$$\min_{\hat{p}_L}\mathrm{KL}(p_L(\boldsymbol{H})\,\|\,\hat{p}_L(\hat{\boldsymbol{H}})) \tag{5-10}$$

其中，$\mathrm{KL}(\cdot)$ 为 Kullback-Leibler 散度，用于衡量两个分布之间的差距；$\boldsymbol{H}$ 为真实信道系数矩阵；$\hat{\boldsymbol{H}}$ 为合成信道系数矩阵；$p_L$ 为 $\boldsymbol{H}$ 的分布；$\hat{p}_L$ 为 $\hat{\boldsymbol{H}}$ 的分布。

由于 $\boldsymbol{H}$ 与 $\hat{\boldsymbol{H}}$ 是包含频域和空域信息的信道系数矩阵，因此式(5-10)能保证合成数据集具有与真实数据集相同的复信道系数分布，以及频域和空域相关性。

2. 逐步条件分布学习问题

然而，式(5-10)忽略了无线信道的时域相关性，因此逐步条件分布学习问题可以表述为

$$\min_{\hat{p}_S}\mathrm{KL}(p_S(\boldsymbol{H}^{(t)}\mid\boldsymbol{H}^{(1)},\hat{\boldsymbol{H}}^{(2)},\cdots,\boldsymbol{H}^{(t-1)})\,\|\,\hat{p}_S(\hat{\boldsymbol{H}}^{(t)}\mid\hat{\boldsymbol{H}}^{(1)},\hat{\boldsymbol{H}}^{(2)},\cdots,\hat{\boldsymbol{H}}^{(t-1)})),\quad t\in[2,T] \tag{5-11}$$

其中，$\hat{p}_S$ 为合成序列 $\{\hat{\boldsymbol{H}}^{(1)},\hat{\boldsymbol{H}}^{(2)},\cdots,\hat{\boldsymbol{H}}^{(T)}\}$ 的逐步条件分布；$p_S$ 为真实序列 $\{\boldsymbol{H}^{(1)},\boldsymbol{H}^{(2)},\cdots,\boldsymbol{H}^{(T)}\}$ 的逐步条件分布。

通过引入式(5-11)的学习时域相关性，可以使合成信道数据集与真实信道数据集具有相同的时域相关性。

### 5.1.4 基于 TimeGAN 的数据增强算法设计

我们期望通过解决局部分布问题和逐步条件分布问题来学习高维无线信道的特征空间，以便在其中进行采样，从而构建具有与真实信道相同的分布特性，以

及时域、频域、空域相关性的统计性数字孪生信道。新兴的时间序列生成对抗网络(time-series generative adversarial network，TimeGAN)架构[16]增加了一个监督损失来指导潜在空间中的对抗学习，能够同时有效地解决式(5-10)和式(5-11)的问题。本节对经典 TimeGAN 架构进行调整，以适应信道系数矩阵序列的高维性和相关性，从而实现统计性数字孪生信道生成。

1. 孪生信道的数据增强框架

基于 TimeGAN 的无线信道数据增强框架如图 5-4 所示。该框架由嵌入网络 $E(\cdot)$、恢复网络 $R(\cdot)$、序列生成器 $G(\cdot)$ 和序列判别器 $D(\cdot)$ 四个网络组成。嵌入网络用于表示学习，对时-频-空信道系数矩阵序列进行降维以提供潜在空间，而恢复网络用于提供从潜在空间到特征空间的逆映射。在潜在空间内，序列判别器区分真实的潜在序列和序列生成器合成的潜在序列，而序列生成器则试图合成尽可能真实的潜在序列，以欺骗序列判别器。具体而言，将真实的时-频-空信道系数矩阵序列 $\{\boldsymbol{H}^{(1)},\boldsymbol{H}^{(2)},\cdots,\boldsymbol{H}^{(T)}\}$ 通过嵌入网络映射到潜在空间，得到真实的潜在序列 $\{\boldsymbol{h}^{(1)},\boldsymbol{h}^{(2)},\cdots,\boldsymbol{h}^{(T)}\}$。然后，序列生成器通过输入从高斯分布中采样得到噪声序列 $\{\hat{\boldsymbol{h}}^{(1)},\hat{\boldsymbol{h}}^{(2)},\cdots,\hat{\boldsymbol{h}}^{(T)}\}$，生成合成的潜在序列 $\{\boldsymbol{x}^{(1)},\boldsymbol{x}^{(2)},\cdots,\boldsymbol{x}^{(T)}\}$。序列判别器判断输入序列是否为真实序列，并给出相应的分数。最后，恢复网络将合成的潜在序列映射到特征空间，得到合成的时-频-空信道系数矩阵序列 $\{\hat{\boldsymbol{H}}^{(1)},\hat{\boldsymbol{H}}^{(2)},\cdots,\hat{\boldsymbol{H}}^{(T)}\}$。

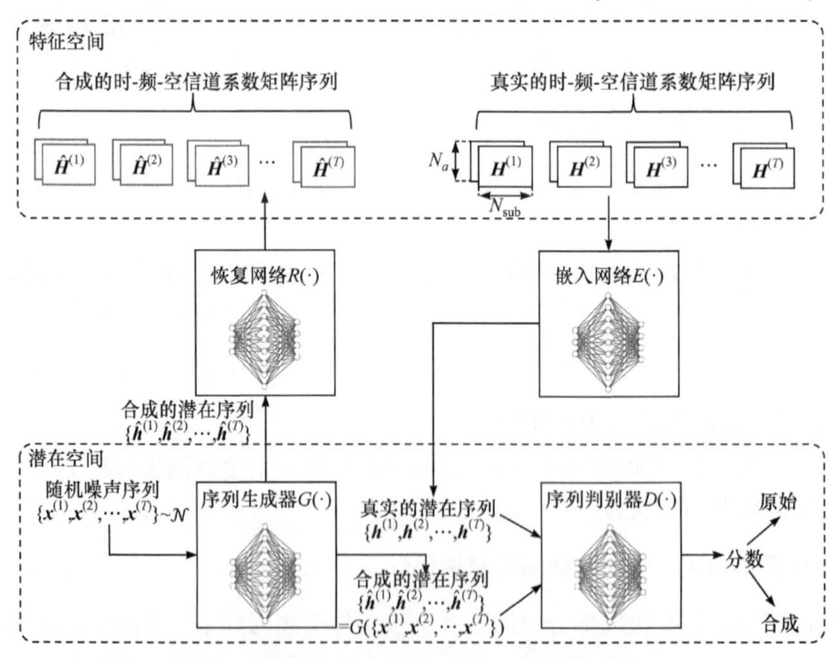


图 5-4 基于 TimeGAN 的无线信道数据增强框架

嵌入网络和恢复网络的目标是精确地从潜在序列重构时-频-空信道系数矩阵，即

$$\min_{E,R} E_{\{\boldsymbol{H}^{(1)},\boldsymbol{H}^{(2)},\cdots,\boldsymbol{H}^{(T)}\}\sim p}\left(\left\|\{\boldsymbol{H}^{(1)},\boldsymbol{H}^{(2)},\cdots,\boldsymbol{H}^{(T)}\}-R(E(\{\boldsymbol{H}^{(1)},\boldsymbol{H}^{(2)},\cdots,\boldsymbol{H}^{(T)}\}))\right\|_2\right) \tag{5-12}$$

此外，序列生成器的目标是使序列判别器给出的分数最大化，即

$$\max_{G} E_{\{\boldsymbol{x}^{(1)},\boldsymbol{x}^{(2)},\cdots,\boldsymbol{x}^{(T)}\}\sim\mathcal{N}}(\log_2 D(G(\{\boldsymbol{x}^{(1)},\boldsymbol{x}^{(2)},\cdots,\boldsymbol{x}^{(T)}\}))) \tag{5-13}$$

$$\Leftrightarrow \min_{G} E_{\{\boldsymbol{x}^{(1)},\boldsymbol{x}^{(2)},\cdots,\boldsymbol{x}^{(T)}\}\sim\mathcal{N}}(\log_2(1-D(G(\{\boldsymbol{x}^{(1)},\boldsymbol{x}^{(2)},\cdots,\boldsymbol{x}^{(T)}\})))) \tag{5-14}$$

序列判别器的目标是使真实潜在序列的分数最大化，同时使合成的潜在序列的分数最小化，即

$$\begin{aligned}&\max_{D}(E_{\{\boldsymbol{h}^{(1)},\boldsymbol{h}^{(2)},\cdots,\boldsymbol{h}^{(T)}\}\sim p_{\text{lat}}}\log_2(D(\{\boldsymbol{h}^{(1)},\boldsymbol{h}^{(2)},\cdots,\boldsymbol{h}^{(T)}\}))\\&+E_{\{\boldsymbol{x}^{(1)},\boldsymbol{x}^{(2)},\cdots,\boldsymbol{x}^{(T)}\}\sim\mathcal{N}}(\log_2(1-D(G(\{\boldsymbol{x}^{(1)},\boldsymbol{x}^{(2)},\cdots,\boldsymbol{x}^{(T)}\})))))\end{aligned} \tag{5-15}$$

其中，$p_{\text{lat}}$ 为真实潜在序列的联合分布。

通过结合式(5-14)和式(5-15)，整体目标表达为

$$\begin{aligned}&\min_{G}\max_{D}(E_{\{\boldsymbol{h}^{(1)},\boldsymbol{h}^{(2)},\cdots,\boldsymbol{h}^{(T)}\}\sim p_{\text{lat}}}\log_2(D(\{\boldsymbol{h}^{(1)},\boldsymbol{h}^{(2)},\cdots,\boldsymbol{h}^{(T)}\}))\\&+E_{\{\boldsymbol{x}^{(1)},\boldsymbol{x}^{(2)},\cdots,\boldsymbol{x}^{(T)}\}\sim\mathcal{N}}(\log_2(1-D(G(\{\boldsymbol{x}^{(1)},\boldsymbol{x}^{(2)},\cdots,\boldsymbol{x}^{(T)}\})))))\end{aligned} \tag{5-16}$$

综上所述，该框架对应于潜在空间中的极小-极大二人博弈，以达到纳什均衡为目的。收敛后，序列判别器在区分真实序列和合成序列方面无法优于随机猜测方案，从而使序列生成器产生质量足够高的时间序列信道样本。

2. 卷积 TimeGAN 算法设计

1) 嵌入网络和恢复网络

经典的TimeGAN算法在基于真实的时序数据集学习到的特征空间进行采样，生成时间序列多变量数据。然而，TimeGAN 的嵌入网络和恢复网络只是由 LSTM 网络、门控循环单元(gated recurrent unit，GRU)和双向 LSTM 等 RNN 的变体构成，无法有效地应用于高维时-频-空无线信道数据集的表示学习。受长期递归卷积网络(long-term recurrent convolutional network，LRCN)[17]思想的启发，CNN 和 GRU 的自然组合可以用于该场景下的降维操作。具体而言，首先通过标准 CNN 对信道系数矩阵序列进行特征提取，然后将生成的低维向量序列传递给按时间展开的标准 GRU 单元进行时间序列学习。这种结构适合矩阵序列的降维，因为其输入是一个信道系数矩阵序列，输出是一个低维的向量序列，同时可以学习矩阵

序列内部的内在时域相关性。相反，GRU 和 CNN 的组合能够用于升维，并保证对时域相关性的学习，因为输入是一个向量序列，输出是一个信道系数矩阵序列。因此，本章利用 CNN 和 GRU 的组合重构嵌入网络，利用它们的组合重构恢复网络，从而产生新颖的卷积 TimeGAN 算法概念。

嵌入网络和恢复网络的结构如图 5-5 所示，嵌入网络和恢复网络可以提供特征空间和潜在空间之间的可逆映射，使序列生成器能够通过学习低维的特征捕获信道系数分布和多域相关性的底层属性。嵌入网络 $E:\{\boldsymbol{H}^{(1)},\boldsymbol{H}^{(2)},\cdots,\boldsymbol{H}^{(T)}\}\to\{\boldsymbol{h}^{(1)},\boldsymbol{h}^{(2)},\cdots,\boldsymbol{h}^{(T)}\}$ 由 $\text{CNN}_\text{E}$ 和按时间展开的 $\text{GRU}_\text{E}$ 的组合构成，$\text{CNN}_\text{E}$ 由顺序的二维卷积—二维最大池化—二维卷积—二维最大池化—二维卷积—展平(flatten)—全连接层构成，而 $\text{GRU}_\text{E}$ 由三层堆叠的标准 GRU 单元[18]构成。嵌入网络输出的真实潜在序列中的向量为

$$\boldsymbol{h}^{(t)}=\text{GRU}_\text{E}^{(t)}(\boldsymbol{h}^{(t-1)},\text{CNN}_\text{E}(\boldsymbol{H}^{(t)})),\quad t\in[1,T] \tag{5-17}$$

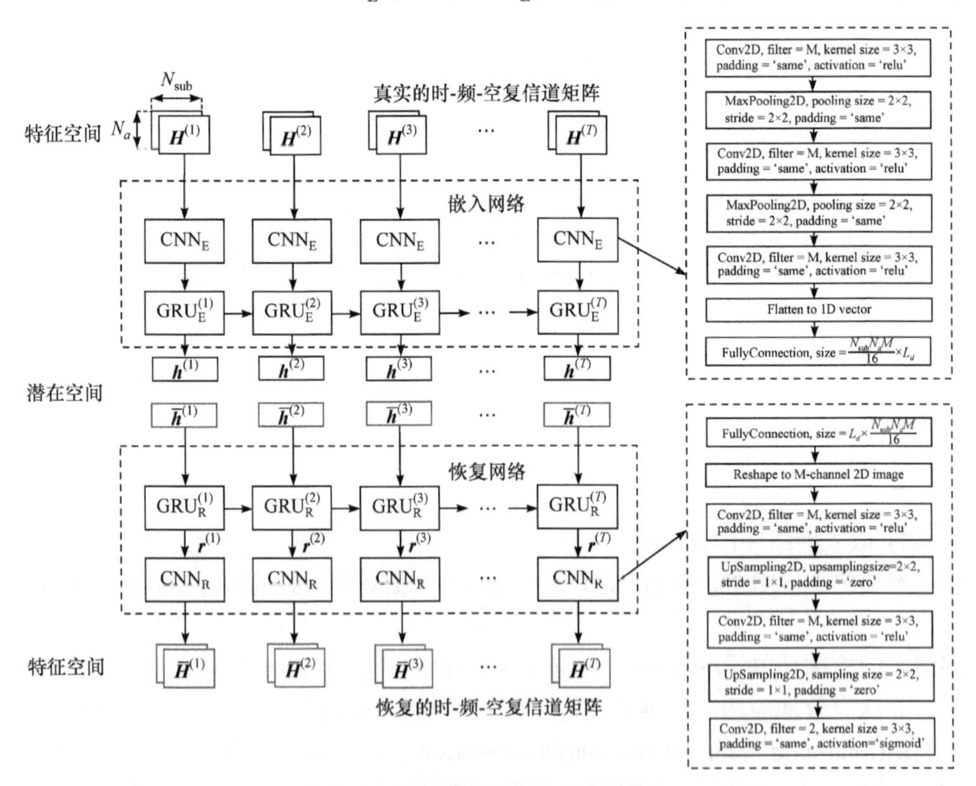


图 5-5　嵌入网络和恢复网络的结构

此外，$\bar{\boldsymbol{H}}^{(t)}$ 代表 $\hat{\boldsymbol{H}}^{(t)}$ 或 $\boldsymbol{H}^{(t)}$，$\bar{\boldsymbol{h}}^{(t)}$ 代表 $\hat{\boldsymbol{h}}^{(t)}$ 或 $\boldsymbol{h}^{(t)}$。恢复网络 $R:\{\bar{\boldsymbol{h}}^{(1)},\bar{\boldsymbol{h}}^{(2)},\cdots,\bar{\boldsymbol{h}}^{(T)}\}\to\{\bar{\boldsymbol{H}}^{(1)},\bar{\boldsymbol{H}}^{(2)},\cdots,\bar{\boldsymbol{H}}^{(T)}\}$ 由按时间展开的 $\text{GRU}_\text{R}$ 和 $\text{CNN}_\text{R}$ 实现。其中，$\text{GRU}_\text{R}$

由三层堆叠的标准 GRU 单元构成，$\mathrm{CNN_R}$ 由顺序的全连接—reshape—二维卷积—二维上采样—二维卷积—二维上采样—二维卷积层实现。中间向量和恢复的信道系数矩阵分别为

$$\boldsymbol{r}^{(t)} = \mathrm{GRU}_{\mathrm{R}}^{(t)}(\boldsymbol{r}^{(t-1)}, \bar{\boldsymbol{h}}^{(t)}) \tag{5-18}$$

$$\bar{\boldsymbol{H}}^{(t)} = \mathrm{CNN_R}(\boldsymbol{r}^{(t)}), \quad t \in [1, T] \tag{5-19}$$

其中，$\boldsymbol{r}^{(t)}$ 为 $\mathrm{GRU}_{\mathrm{R}}^{(t)}$ 在恢复网络中输出的中间向量。

值得注意的是，$\mathrm{CNN_E}$ 结构在嵌入网络中共享相同的参数，$\mathrm{CNN_R}$ 结构在恢复网络中共享相同的参数。

2) 序列生成器和序列判别器

序列生成器和序列判别器的结构如图 5-6 所示，展示了序列生成器和序列判别器在潜在空间内的对抗过程。序列生成器 $G:\{\boldsymbol{x}^{(1)}, \boldsymbol{x}^{(2)}, \cdots, \boldsymbol{x}^{(T)}\} \to \{\hat{\boldsymbol{h}}^{(1)}, \hat{\boldsymbol{h}}^{(2)}, \cdots, \hat{\boldsymbol{h}}^{(T)}\}$ 由按时间展开的 $\mathrm{GRU_G}$ 实现。其中，$\mathrm{GRU_G}$ 由三层堆叠的标准 GRU 单元构成。序列生成器目的为将高斯噪声序列映射为潜在序列，而合成的潜在序列中的向量表示为

$$\hat{\boldsymbol{h}}^{(t)} = \mathrm{GRU}_{\mathrm{G}}^{(t)}(\hat{\boldsymbol{h}}^{(t-1)}, \boldsymbol{x}^{(t)}), \quad t \in [1, T] \tag{5-20}$$

此外，序列判别器 $D:\{\bar{\boldsymbol{h}}^{(1)}, \bar{\boldsymbol{h}}^{(2)}, \cdots, \bar{\boldsymbol{h}}^{(T)}\} \to \{\bar{y}^{(1)}, \bar{y}^{(2)}, \cdots, \bar{y}^{(T)}\}$ 由按时间展开的 $\mathrm{GRU_D}$ 与全连接神经网络(fully-connected neural network, FNN)的组合构成。其中，$\mathrm{GRU_D}$ 由三层堆叠的标准 GRU 单元构成。序列判别器的目的是将输入的潜在序列映射为分类向量，而中间向量和分类向量中的标量分别为

$$\boldsymbol{d}^{(t)} = \mathrm{GRU}_{\mathrm{D}}^{(t)}(\boldsymbol{d}^{(t-1)}, \bar{\boldsymbol{h}}^{(t)}) \tag{5-21}$$

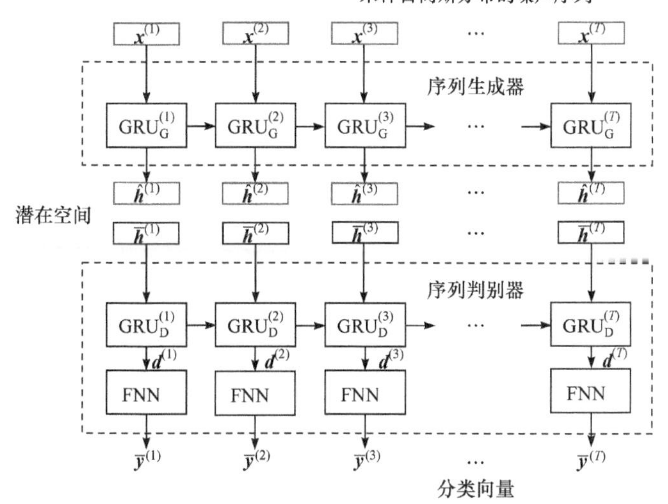


图 5-6　序列生成器和序列判别器的结构

$$\bar{y}^{(t)} = \mathrm{FNN}(\boldsymbol{d}^{(t)}), \quad t \in [1,T] \tag{5-22}$$

其中，$\boldsymbol{d}^{(t)}$ 为 $\mathrm{GRU}_{\mathrm{D}}^{(t)}$ 在序列判别器中输出的中间向量；$\bar{y}^{(t)}$ 为输入真实数据的分类 $y^{(t)}$ 或输入合成数据的分类 $\hat{y}^{(t)}$，取值均在 $[0,1]$。

3) 损失函数定义

为了实现 TimeGAN 的目标式(5-12)和式(5-16)，解决数字孪生信道生成问题(式(5-10)和式(5-11))，需要定义损失函数，引导嵌入网络、恢复网络、序列生成器和序列判别器迭代更新各自的网络参数。在每次训练中，从数据集 $\mathcal{D} = \{\boldsymbol{H}_i^{(1)}, \boldsymbol{H}_i^{(2)}, \cdots, \boldsymbol{H}_i^{(T)} \mid \forall i \in [1,I]\}$ 提取 $B_s$ 个样本，然后定义如下损失函数。

(1) 根据 TimeGAN 的目标式(5-12)，恢复网络作为特征空间与潜在空间的可逆映射，需要根据嵌入网络输出的潜在序列精确重构时-频-空信道系数矩阵。因此，定义重构损失为

$$\mathcal{L}_R = \frac{1}{B_s} \sum_{i=1}^{B_s} \left( \left\| \{\boldsymbol{H}_i^{(1)}, \boldsymbol{H}_i^{(2)}, \cdots, \boldsymbol{H}_i^{(T)}\} - \{\bar{\boldsymbol{H}}_i^{(1)}, \bar{\boldsymbol{H}}_i^{(2)}, \cdots, \bar{\boldsymbol{H}}_i^{(T)}\} \right\|_2 \right) \tag{5-23}$$

(2) 根据 TimeGAN 的目标式(5-16)，序列判别器的目标是使真实的潜在序列与合成的潜在序列之间正确分类概率最大化，而序列生成器的目标是使对应的正确分类概率最小化。因此，定义无监督损失为

$$\mathcal{L}_U = \frac{1}{B_s} \sum_{i=1}^{B_s} \left( \sum_{t=1}^{T} (\log_2 y_i^{(t)} + \log_2 (1 - \hat{y}_i^{(t)})) \right) \tag{5-24}$$

(3) 仅依靠无监督损失可以帮助序列生成器很好地学习信道系数分布，以及频域和空域的相关性，即解决局部分布学习问题。然而，它对序列生成器捕获真实的潜在序列中的时域相关性，即解决逐步条件分布学习问题的能力较弱。因此，引入监督损失来捕捉分布 $p_S(\boldsymbol{H}^{(t)} \mid \boldsymbol{H}^{(1)}, \cdots, \boldsymbol{H}^{(t-1)})$ 和分布 $\hat{p}_S(\hat{\boldsymbol{H}}^{(t)} \mid \hat{\boldsymbol{H}}^{(1)}, \cdots, \hat{\boldsymbol{H}}^{(t-1)})$ 之间的差距，定义为

$$\mathcal{L}_S = \frac{1}{B_s} \sum_{i=1}^{B_s} \left( \sum_{t=1}^{T} \| \boldsymbol{h}_i^{(t)} - \mathrm{GRU}_{\mathrm{G}}^{(t)}(\boldsymbol{h}_i^{(t-1)}, \boldsymbol{x}^{(t)}) \|_2 \right) \tag{5-25}$$

在训练序列的任意时刻中，评估嵌入网络输出的当前时刻真实的潜在向量 $\boldsymbol{h}_i^{(t)}$ 与 $\mathrm{GRU}_{\mathrm{G}}^{(t)}(\cdot)$ 合成的潜在向量之间的差距。值得注意的是，合成的潜在向量取决于上一时刻真实的潜在向量 $\boldsymbol{h}_i^{(t-1)}$ 和当前时刻采样得到的高斯噪声向量 $\boldsymbol{x}^{(t)}$。

3. 卷积 TimeGAN 算法训练

令 $\theta_E$、$\theta_R$、$\theta_G$ 和 $\theta_D$ 分别表示嵌入网络、恢复网络、序列生成器和序列判别器的权值，通过额外添加监督损失，卷积 TimeGAN 算法的联合训练策略如下。

基于重构损失 $\mathcal{L}_R$ 和监督损失 $\mathcal{L}_S$ 迭代更新权值 $\theta_E$ 和 $\theta_R$。通过引入这两种损失，嵌入网络不仅可以为对抗学习过程降低特征空间的维度，而且可以促进序列生成器从训练序列中捕获时域相关性。更新的目标可以表示为

$$\min_{\theta_E,\theta_R}(\lambda\mathcal{L}_S+\mathcal{L}_R) \tag{5-26}$$

其中，$\lambda \geqslant 0$ 为平衡 $\mathcal{L}_S$ 和 $\mathcal{L}_R$ 的超参数。

然后，采用学习率为 $\lambda_E$ 和 $\lambda_R$ 的梯度下降方法更新嵌入网络和恢复网络的权值，从而满足式(5-26)。

基于无监督损失 $\mathcal{L}_U$ 和监督损失 $\mathcal{L}_S$ 对抗性地更新权值 $\theta_G$ 和 $\theta_D$。除了与序列判别器进行无监督的极小-极大博弈，序列生成器还最小化监督损失来学习时域相关性。更新的目标可以表示为

$$\min_{\theta_G}\left(\eta\mathcal{L}_S+\max_{\theta_D}\mathcal{L}_U\right) \tag{5-27}$$

其中，$\eta \geqslant 0$ 为平衡 $\mathcal{L}_S$ 和 $\mathcal{L}_U$ 的超参数。

然后，采用学习率为 $\lambda_G$ 的梯度下降方法更新序列生成器的权值，采用学习率为 $\lambda_D$ 的梯度上升方法更新序列判别器的权值，从而实现式(5-27)。

通过输入真实数据集 $\mathcal{D}$，算法 5-1 可以生成任意大的合成数据集。

---

**算法 5-1**　卷积 TimeGAN 算法

---

**Data:** 真实的信道数据集 $\mathcal{D}=\{\boldsymbol{H}_i^{(1)},\boldsymbol{H}_i^{(2)},\cdots,\boldsymbol{H}_i^{(T)}\mid\forall i\in[1,I]\}$；

**Result:** 合成的信道数据集 $\boldsymbol{D}=\{\hat{\boldsymbol{H}}_i^{(1)},\hat{\boldsymbol{H}}_i^{(2)},\cdots,\hat{\boldsymbol{H}}_i^{(T)}\mid\forall i\in[1,I_s]\}$，其中 $I_s$ 是任意大的正整数。

1 初始化批量抽取大小 $B_s$、超参数 $\lambda$ 和 $\eta$、最大训练次数 $T_{\max}$ 以及嵌入网络、恢复网络、序列生成器和序列判别器的学习率 $\lambda_E,\lambda_R,\lambda_G,\lambda_D$；对真实信道数据集 $\mathcal{D}$ 进行最小-最大归一化；

2 以随机生成的权值 $\theta_E^{(0)},\theta_R^{(0)},\theta_G^{(0)},\theta_D^{(0)}$ 分别初始化嵌入网络 $E(\{\boldsymbol{H}^{(1)},\boldsymbol{H}^{(2)},\cdots,\boldsymbol{H}^{(T)}\};\theta_E)$，恢复网络 $R(\{\bar{\boldsymbol{h}}^{(1)},\bar{\boldsymbol{h}}^{(2)},\cdots,\bar{\boldsymbol{h}}^{(T)}\};\theta_R)$，序列生成器 $G(\{\boldsymbol{x}^{(1)},\boldsymbol{x}^{(2)},\cdots,\boldsymbol{x}^{(T)}\};\theta_G)$ 和序列判别器 $D(\{\bar{\boldsymbol{h}}^{(1)},\bar{\boldsymbol{h}}^{(2)},\cdots,\bar{\boldsymbol{h}}^{(T)}\};\theta_D)$；

---

3 **for** $t = 1$ to $T_{\max}$(训练次数)**do**
4 抽取 $B_s$ 个训练样本；
5 将真实的时-频-空信道系数矩阵序列映射到真实的潜在序列：
6 $\{\boldsymbol{h}_i^{(1)},\boldsymbol{h}_i^{(2)},\cdots,\boldsymbol{h}_i^{(T)}\} = E(\{\boldsymbol{H}_i^{(1)},\boldsymbol{H}_i^{(2)},\cdots,\boldsymbol{H}_i^{(T)}\};\theta_E^{(t-1)})$；
7 基于真实的潜在序列重构真实的时-频-空信道系数矩阵序列：
8 $\{\bar{\boldsymbol{H}}_i^{(1)},\bar{\boldsymbol{H}}_i^{(2)},\cdots,\bar{\boldsymbol{H}}_i^{(T)}\} = R(\{\boldsymbol{h}_i^{(1)},\boldsymbol{h}_i^{(2)},\cdots,\boldsymbol{h}_i^{(T)}\};\theta_R^{(t-1)})$；
9 从高斯分布采样 $\{\boldsymbol{x}_i^{(1)},\boldsymbol{x}_i^{(2)},\cdots,\boldsymbol{x}_i^{(T)} \mid \forall i \in [1,B_s]\}$，然后生成合成的潜在序列：
10 $\{\hat{\boldsymbol{h}}_i^{(1)},\hat{\boldsymbol{h}}_i^{(2)},\cdots,\hat{\boldsymbol{h}}_i^{(T)}\} = G(\{\boldsymbol{x}_i^{(1)},\boldsymbol{x}_i^{(2)},\cdots,\boldsymbol{x}_i^{(T)}\};\theta_G^{(t-1)})$；
11 生成真实的潜在序列和合成的潜在序列的分类向量：
12 $\{y_i^{(1)},y_i^{(2)},\cdots,y_i^{(T)}\} = D(\{\boldsymbol{h}_i^{(1)},\boldsymbol{h}_i^{(2)},\cdots,\boldsymbol{h}_i^{(T)}\};\theta_D^{(t-1)})$；
13 $\{\hat{y}_i^{(1)},\hat{y}_i^{(2)},\cdots,\hat{y}_i^{(T)}\} = D(\{\hat{\boldsymbol{h}}_i^{(1)},\hat{\boldsymbol{h}}_i^{(2)},\cdots,\hat{\boldsymbol{h}}_i^{(T)}\};\theta_D^{(t-1)})$；
14 根据式(5-23)、式(5-24)和式(5-25)计算重构损失 $\mathcal{L}_R$、无监督损失 $\mathcal{L}_U$ 和监督损失 $\mathcal{L}_S$；
15 更新嵌入网络、恢复网络、序列生成器和序列判别器的权值：
16 $\theta_E^{(t)} \leftarrow \theta_E^{(t-1)} + \lambda_E \nabla_{\theta_E}(\lambda\mathcal{L}_S + \mathcal{L}_R)$，
17 $\theta_R^{(t)} \leftarrow \theta_R^{(t-1)} + \lambda_R \nabla_{\theta_R}(\lambda\mathcal{L}_S + \mathcal{L}_R)$，
18 $\theta_G^{(t)} \leftarrow \theta_G^{(t-1)} + \lambda_G \nabla_{\theta_G}(\lambda\mathcal{L}_S + \mathcal{L}_U)$，
19 $\theta_D^{(t)} \leftarrow \theta_D^{(t-1)} + \lambda_D \nabla_{\theta_D}\mathcal{L}_U$；
20 **end**
21 从高斯分布中采样 $\{\boldsymbol{x}_i^{(1)},\boldsymbol{x}_i^{(2)},\cdots,\boldsymbol{x}_i^{(T)} \mid \forall i \in [1,I_s]\}$，然后生成合成的潜在序列：
22 $\{\hat{\boldsymbol{h}}_i^{(1)},\hat{\boldsymbol{h}}_i^{(2)},\cdots,\hat{\boldsymbol{h}}_i^{(T)}\} = G(\{\boldsymbol{x}_i^{(1)},\boldsymbol{x}_i^{(2)},\cdots,\boldsymbol{x}_i^{(T)}\};\theta_G^{(T_{\max})})$；
23 基于合成的潜在序列重构合成的时-频-空信道系数矩阵序列：
$\{\hat{\boldsymbol{H}}_i^{(1)},\hat{\boldsymbol{H}}_i^{(2)},\cdots,\hat{\boldsymbol{H}}_i^{(T)}\} = R(\{\hat{\boldsymbol{h}}_i^{(1)},\hat{\boldsymbol{h}}_i^{(2)},\cdots,\hat{\boldsymbol{h}}_i^{(T)}\};\theta_R^{(T_{\max})})$；
24 对合成的信道系数矩阵进行反归一化。

4. 算法复杂度分析

卷积 TimeGAN 算法的计算复杂度分析是通过计算神经网络的乘法运算提供的[19]。卷积 TimeGAN 算法的四个网络分量由 CNN、GRU、FNN 的不同组合构成[20]。具体来说，二维卷积层、GRU 层和 FNN 层的计算复杂度分别为 $O(n_{c,0}s_f^2 n_{c,1} \cdot \text{OutputSize})$、$O(n_s n_h(3n_i + 3n_h + 3))$ 和 $O(n_{f,0}n_{f,1})$，其中 $n_{c,0}$ 为上一层的滤波器数，$n_{c,1}$ 为当前层的滤波器数，OutputSize 为输出图像的长度和宽度的乘积，$s_f$ 为滤波器大小，$n_s$ 为输入序列长度，$n_h$ 为隐藏层维数，$n_i$ 为输入向量维数，$n_{f,0}$ 为最后一层的神经元数，$n_{f,1}$ 为当前层的神经元数。考虑 CNN、GRU 和 FNN 的不同组合，嵌入网络和恢复网络的计算复杂度均为 $O\left(TN_{\text{sub}}N_a\left(18M+\frac{1}{16}L_dM+\frac{45}{16}M^2\right)+9TL_d^2+9TL_d\right)$，序列生成器和序列判别器的计算复杂度分别为 $O(9TL_d^2+9TL_d)$ 和 $O(9TL_d^2+10TL_d)$，其中 $L_d$ 为潜在空间向量 $\boldsymbol{h}^{(t)}$、$\hat{\boldsymbol{h}}^{(t)}$、$\bar{\boldsymbol{h}}^{(t)}$、$\boldsymbol{x}^{(t)}$、$\boldsymbol{r}^{(t)}$ 和 $\boldsymbol{d}^{(t)}$ 的维度，$M$ 为二维卷积层的滤波器数。进一步，生成 $I_s$ 个序列样本的执行复杂度为 $O\left(I_sTN_{\text{sub}}N_a\left(18M+\frac{1}{16}L_dM+\frac{45}{16}M^2\right)+I_sT(18L_d^2+18L_d)\right)$。

### 5.1.5　仿真结果

卷积 TimeGAN 算法在 TensorFlow-GPU 平台上运行，其中梯度下降方法和梯度上升方法的优化器均基于 Adam 算法。考虑现实世界无线环境的动态特性，我们利用 5G 工具箱 CDL-C 信道生成包含 4000 个信道矩阵序列的真实信道数据集，其中用户速度①遵循 $v\sim\mathcal{U}[30\text{km}/\text{h},60\text{km}/\text{h}]$，时延扩展遵循 $\tau\sim\mathcal{U}[50\text{ns},300\text{ns}]$，用户行进方向的方位角遵循 $\alpha\sim\mathcal{U}[0,2\pi]$，用户行进方向的天顶角遵循 $\beta\sim\mathcal{U}[0,\pi/2]$。关于卷积 TimeGAN 算法和无线通信系统的仿真参数设置如表 5-1 所示。

**表 5-1　仿真参数设置**

| 参数 | 值 |
|---|---|
| 时间序列长度 $T$ | 20 |
| 最大训练次数 $T_{\max}$ | 10000 |
| 二维卷积层滤波器数目 $M$ | 8 |
| 批量抽取大小 $B_s$ | 128 |
| 潜在空间维度 $L_d$ | 50 |
| 学习率 $\lambda_E$，$\lambda_R$，$\lambda_G$，$\lambda_D$ | $10^{-3}$ |
| 超参数 $\lambda$，$\eta$ | $\lambda=1$，$\eta=10$ |
| 载波频率 $f_c$ /GHz | 28 |
| 传输帧长度 $T_f$ /ms | 0.625 |
| 子载波间隔 $\Delta_f$ | 24 |
| 子载波数目 $N_{\text{sub}}$ | 240 |

① 用户速度可以通过 $f_d=vf_c/c$ 映射到多普勒频移。用户速度越快，多普勒效应越强。

续表

| 参数 | 值 |
| --- | --- |
| 发射天线数目 $N_t$ | 8 |
| 接收天线数目 $N_r$ | 2 |
| 天线间隔 $\Delta_a$ /mm | 5.36 |

仿真对比了五种不同的 GAN 算法，具体描述如下。

(1) 深度卷积(deep-convolutional，DC)GAN：利用 DCGAN 算法生成频-空域复信道系数矩阵，其中生成器和判别器均由二维 CNN 构成。

(2) 全连接(fully-connected，FC)GAN：利用 FCGAN 算法生成频-空域复信道系数矩阵，其中生成器和判别器均由 FNN 构成。

(3) 时间序列卷积(time-series convolutional，TC)GAN：利用 TCGAN 算法生成时域复信道系数序列，其中生成器由一维分步卷积(fractionally-strided convolutional，FConv)层构成，判别器由一维卷积层构成。该算法将 FConv 层和卷积层分别与生成器和判别器相结合，增强 GAN 结构的时域相关性学习能力。

(4) 量化(quantitive，Quant)GAN：利用 QuantGAN 算法生成时域复信道系数序列，其中生成器和判别器都由具有跳跃连接的时间卷积网络(temporal convolutional network，TCN)构成，本质上是扩展的因果卷积网络。该算法将 TCN 与生成器和判别器相结合，增强 GAN 结构的时域相关性学习能力。

(5) 卷积(convolutional，Conv)TimeGAN①：利用 ConvTimeGAN 算法进行时-频-空复信道系数矩阵的合成。

我们利用 CNN 和 GRU 两者的组合重构嵌入网络和恢复网络，降低信道系数矩阵的维度，以便同时学习时域、频域和空域。

图 5-7 和图 5-8 分别评估由 DCGAN、FCGAN、TCGAN、QuantGAN 和 ConvTimeGAN 算法产生的复信道系数的幅值分布和相位分布。如图 5-7 所示，所有 GAN 算法生成的信道系数幅值的分布都近似于式(5-3)中的瑞利分布。如图 5-8 所示，所有 GAN 算法生成的信道系数相位的分布都近似于式(5-4)中的均匀分布。仿真结果表明，所有 GAN 算法都可以学习到复信道系数的分布特性，从而生成与真实信道数据集具有同分布的合成信道数据集。

为了公平起见，仿真固定了基于 ConvLSTM 的预测数字孪生信道的网络结构和训练参数，因为 GAN 算法生成的数据集会对预测精度和数字孪生信道的应用产生影响。然后，通过 5G 工具箱生成包含 4000 个信道矩阵序列的真实信道数据

① 注意，下面将卷积 TimeGAN 算法表示为 ConvTimeGAN 算法。

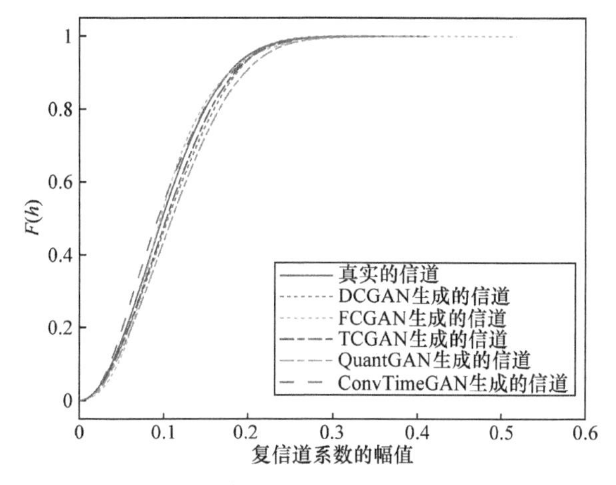


图 5-7　真实信道系数和 GAN 合成信道系数的幅值的经验 CD 干曲线

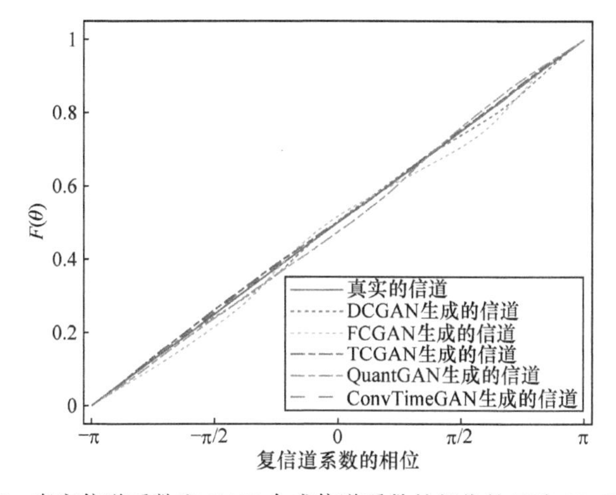


图 5-8　真实信道系数和 GAN 合成信道系数的相位的经验 CD 干曲线

集。在真实信道数据集的基础上，分别采用 DCGAN、FCGAN、TCGAN、QuantGAN、ConvTimeGAN 算法生成包含 4000 个信道矩阵序列的 GAN 合成的数据集。值得注意的是，每个 GAN 增强的信道数据集都被定义为真实信道数据集和相应 GAN 合成的数据集的混合。最后，通过 5G 工具箱生成包含 4000 个信道矩阵序列的测试信道数据集，以评估训练后数字孪生信道的性能。

图 5-9～图 5-11 评估了真实信道数据集和所有 GAN 算法生成的信道数据集在时域、频域、空域上的相关性。不同域内的相关性表征为 ACF 因子的经验 CDF 曲线。从图 5-9 可以看出，只有 TCGAN、QuantGAN 和 ConvTimeGAN 算法合成的数据集的 CDF 曲线与真实信道数据集的 CDF 曲线接近。这表明，三种算法都能学习到时域相关性，而 DCGAN 和 FCGAN 算法在设计体系结构时会忽略时域

相关性。从图 5-10 可以看出，只有 DCGAN 和 ConvTimeGAN 算法合成的数据集的 CDF 曲线可以近似于真实信道数据集的 CDF 曲线。这表明，两种算法都可以学习到频域相关性，而 FCGAN 算法的生成器和判别器由简单 FNN 构成，导致很难捕捉到这一特征。此外，TCGAN 和 QuantGAN 算法只关注对时域相关性的学习，会忽略对频域相关性的学习。从图 5-11 可以看出，只有 DCGAN、FCGAN 和 ConvTimeGAN 算法合成的数据集的 CDF 曲线可以近似于真实信道数据集的 CDF 曲线。这表明，这三种算法都能够捕捉空域相关性，而 TCGAN 和 QuantGAN 算法由于只关注时域相关性的学习，忽略了这一特征。

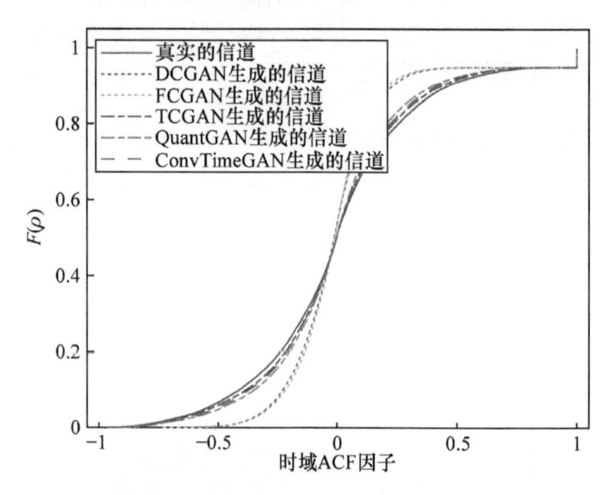


图 5-9　真实信道数据集和 GAN 合成数据集时域 ACF 因子的经验 CDF 曲线

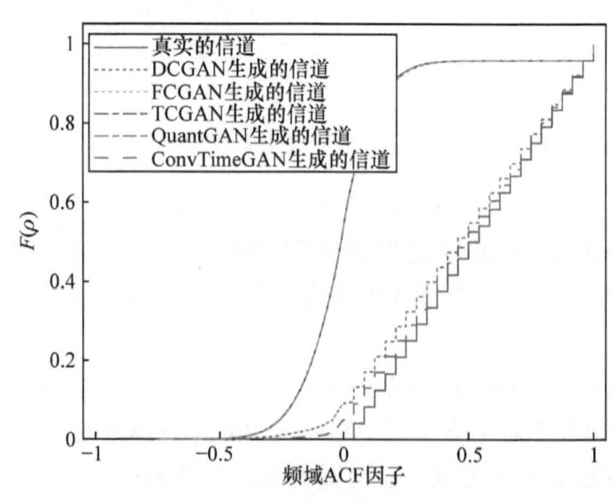


图 5-10　真实信道数据集和 GAN 合成数据集频域 ACF 因子的经验 CDF 曲线

仿真结果表明，只有 ConvTimeGAN 算法可以同时学习时域、频域、空域的相关性，从而支持统计性数字孪生信道的生成。

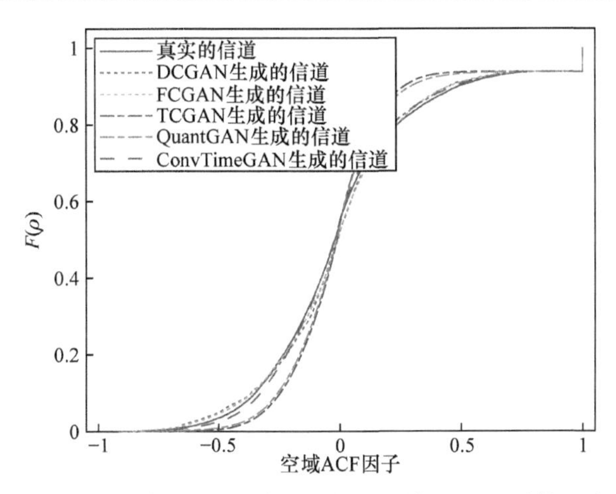


图 5-11　真实信道数据集和 GAN 合成数据集空域 ACF 因子的经验 CDF 曲线

合成的信道数据集的评估精度如图 5-12 所示。其中预测传输帧间隔为 0.625ms。基于 ConvLSTM 的预测性数字孪生信道分别在真实的信道数据集和各种 GAN 算法合成的信道数据集上进行训练，然后在测试的信道数据集上进行预测精度评估。在 ConvTimeGAN 合成的信道数据集上训练得到的 MSE 与在真实的信道数据集上训练的 MSE 相近，而 DCGAN、FCGAN、TCGAN 和 QuantGAN 合成的信道数据集上训练得到的 MSE 则要高得多。在 ConvTimeGAN 合成的数据集上训练和在真实的信道数据集上训练仍会存在 MSE 性能差距。当预测传输帧 $L=1$ 时，MSE 性能差距最小，为 0.11dB；预测传输帧 $L=5$ 时，MSE 性能差距最大，为 0.62dB。随着预测传输帧从 $L=1$ 增加到 5，MSE 性能差距逐渐增大。

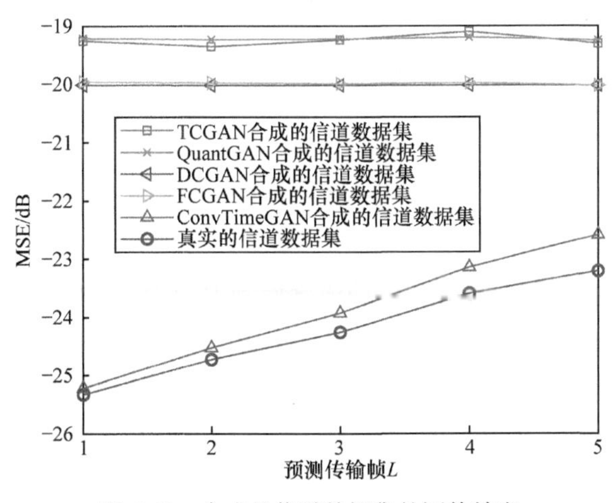


图 5-12　合成的信道数据集的评估精度

上述仿真结果表明，只有 ConvTimeGAN 合成的信道数据集可以用于数据增强，而 DCGAN、FCGAN、TCGAN 和 QuantGAN 合成的信道数据集是无效的。这是因为只有 ConvTimeGAN 算法可以学习所有域的相关性。相比之下，DCGAN 算法会忽略时域相关性，FCGAN 算法无法捕获时域和频域的相关性，TCGAN 和 QuantGAN 算法会忽略频域和空域相关性，从而导致在它们合成的信道数据集上面训练预测性数字孪生信道得到的 MSE 性能较差。此外，逐渐增大的 MSE 性能差距可能是由 ConvTimeGAN 合成的信道数据集不可避免的误差引起的，而预测较长传输帧的预测性数字孪生信道对误差更敏感。

如图 5-13 所示，评估了增强的信道数据集对训练基于 ConvLSTM 的预测性数字孪生信道的数据增强效果。然后，基于 ConvLSTM 的预测性数字孪生信道分别在真实的信道数据集和各种 GAN 算法增强的信道数据集上进行训练，然后在测试的信道数据集上进行预测精度评估。可以看出，在 ConvTimeGAN 增强数据集上训练得到的 MSE 性能始终低于在真实的信道数据集上训练的 MSE 性能，而 DCGAN、FCGAN、TCGAN 和 QuantGAN 增强的信道数据集上训练得到的 MSE 性能始终要高得多。在预测传输帧 $L=1$ 时，ConvTimeGAN 算法带来的最大 MSE 性能增益为 2.09dB，而在预测帧 $L=5$ 时，最小 MSE 性能增益为 0.23dB。随着预测帧从 $L=1$ 增加到 5，MSE 性能增益逐渐下降。

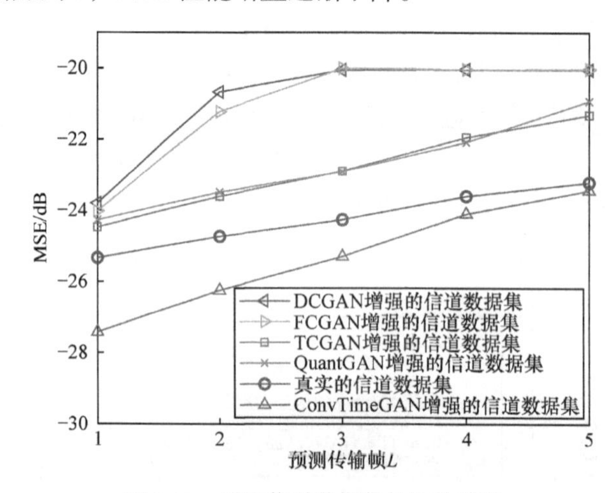


图 5-13　增强信道数据集的评估精度

以上仿真结果表明，ConvTimeGAN 算法合成的信道数据集可以有效增强真实的信道数据集，帮助预测性数字孪生信道获得更高的预测精度，而 DCGAN、FCGAN、TCGAN 和 QuantGAN 算法合成的数据集补充真实的信道数据集则会降低预测精度。这是因为 ConvTimeGAN 算法生成的信道数据集是从高维特征空间中均匀采样的，因此增强后的信道数据集对无线信道的特征空间具有更好的表征能力。以这种方式，可以增强预测性数字孪生信道的泛化性，从而在信道预测上获得更好的 MSE 性能。此外，由于误差敏感性，随着预测传输帧的增加而逐渐抵消数据增强的效果。

如图 5-14 所示，评估了基于 ConvLSTM 的预测性数字孪生信道在毫米波 MIMO-OFDM 系统中解决信道老化问题的性能。在老化信道中，预编码器和解码器基于四种不同的方案进行设计，即知道下一帧的完美 CSI、使用数据增强的预测性数字孪生信道预测下一帧 CSI、不使用数据增强的预测性数字孪生信道预测下一帧 CSI，以及不使用预测性数字孪生信道。然后，通过可实现的频谱效率衡量特定方案的性能。可以看出，相比没有预测性数字孪生信道的方案，预测性数字孪生信道确实提高了可实现的频谱效率，引入数据增强则有利于进一步提高性能。也就是说，使用数据增强的预测性数字孪生信道方案能够更好地逼近性能上界，即知道完美 CSI 方案所能达到的频谱效率。此外，随着 SNR 的增加，使用数据增强和不使用数据增强的数字孪生信道方案之间的性能差距也越来越大。

仿真结果表明，基于 ConvTimeGAN 的数据增强方法可以有效增强预测性数字孪生信道对抗信道老化的能力。这是因为数据增强可以直接提高预测精度，而增强后的无线信道预测有助于进一步提高毫米波 MIMO-OFDM 系统的可实现频谱效率。

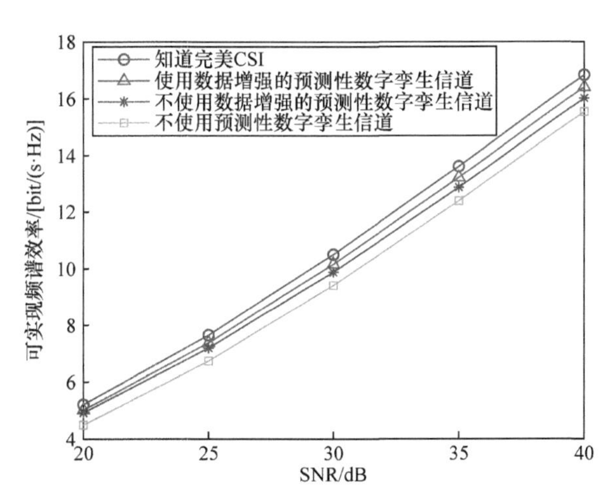


图 5-14 基于 ConvTimeGAN 算法的数据增强方案在可实现频谱效率方面的性能评估

本节介绍一种新的 ConvTimeGAN 算法，用于生成高质量的信道数据。实验结果表明，ConvTimeGAN 算法可以同时学习时域、频域、空域的相关性，从而支持统计性数字孪生信道的生成，并且在提高信道预测的 MSE 性能方面表现优异。此外，基于 ConvTimeGAN 的数据增强方法可以有效增强预测性数字孪生信道对抗信道老化的能力。

# 5.2 联邦学习技术及其在数据隐私保护中的应用

联邦学习(federated learning，FL)[21]是一种分布式机器学习框架，允许多个客户端在不暴露原始数据的情况下共同训练机器学习模型。在联邦学习框架中，模型所有者(model owner，MO)首先将全局模型发送到边缘或移动客户端。然后，客户端可以使用其本地数据对模型进行训练，并将更新的模型参数传输给 MO 以获得新的聚合模型。这个过程迭代进行，直到达到所需的精度。尽管联邦学习能保护数据隐私，但是它会导致客户端产生额外的能源成本用于模型训练和参数传输，从而影响其参与联邦学习的动机[22]。为了解决这个问题，研究人员提出了一种基于 Stackelberg 博弈的框架，鼓励客户端缩短联邦学习任务的完成时间[23]；设计了一种基于强化学习的激励机制，以找到客户端的最优定价和训练策略[24]；提出了一种基于 Stackelberg 博弈的框架，鼓励 MO 和客户端构建高质量的联邦学习模型[25]。

然而，这些研究都做了一些强假设。例如，客户端在联邦学习任务期间具有不变的任务负载和信道质量。这些假设仅适用于客户端是与有线网络连接的计算能力强大的边缘服务器的情况。当客户端是移动用户设备(user equipment，UE)时，能量和计算能力通常是有限的，因此应考虑时间变化的任务负载和信道质量对其参与联邦学习动机的影响。

本节提出一种基于 Bertrand 博弈[26]的框架，考虑 UE 在联邦学习任务期间的任务负载和信道质量的变化，激励 UE 参与联邦学习[27,28]，首先，鉴于 MO 设定的性能指标，UE 的能源成本不仅取决于联邦学习任务负载，还取决于其现有的任务负载。将用户未来任务负载的动态特征化为一个有限状态离散时间马尔可夫链(finite state discrete-time Markov chain，FSDT-MC)[29]。然后，可以预测由多轮本地训练引起的 UE 的能源成本。此外，本节使用另一个 FSDT-MC[30]描述 UE 和 MO 之间的信道衰落，估计由多轮参数传输引起的 UE 能源成本。根据模型训练和参数传输预测的总能耗，UE 可以独立向 MO 收取资源使用费用。在该博弈的纳什均衡(Nash equilibrium，NE)点，MO 以最低的总支付实现一组指定的性能指标，而每个 UE 则寻求最佳定价以最大化自己的利润。

### 5.2.1 数据隐私保护

数据隐私保护已经成为当今数字化时代的核心问题。随着互联网和移动设备的普及，个人和企业的数据量呈指数级增长，导致数据隐私和安全问题日益严峻。数据泄露、非法数据收集和滥用个人信息等事件频发，引发了公众对隐私保护的强烈关注。各国政府纷纷出台相关法律法规，以规范数据收集、存储和使用行为，确保用户数据的隐私和安全。数据隐私保护不仅是法律和道德的要求，更是维护用户信任，促进数据驱动经济健康发展的重要保障。

在这一背景下，联邦学习应运而生，成为解决数据隐私和安全问题的重要技术手段。联邦学习是一种分布式机器学习框架，旨在利用分布在多个设备上的数据进行模型训练，无须将数据集中到一个中央服务器。传统的机器学习方法通常需要将数据收集到一个集中式的存储系统进行处理，这种方式存在明显的隐私和安全风险。联邦学习通过让每个设备在本地进行模型训练，仅共享模型参数或更新，因而从根本上降低了数据泄露的风险。联邦学习的基本原理是，在每个参与设备上独立训练模型，然后将本地更新的模型参数发送到中央服务器进行汇总和平均。中央服务器在接收所有设备的模型参数后，更新全局模型，并将新的全局模型参数发送至各个设备。这个过程可以反复进行，直到模型达到预期的性能指标。在整个过程中，原始数据始终留在本地设备上，不需要传输到中央服务器，从而大幅降低数据泄露的风险。

联邦学习不仅可以提升隐私保护能力，还具有多方面的优势。首先，它能够充分利用分布在各个设备上的数据，避免数据孤岛问题，从而提升模型的泛化能力。这对于医疗、金融等对数据敏感度要求高的领域尤为重要。例如，在医疗领域，各个医院可以利用联邦学习共享模型，而不需要共享患者的敏感数据，从而实现更精准的疾病预测和治疗方案制定。其次，联邦学习通过在本地设备上进行模型训练，可以降低数据传输的带宽需求和中央服务器的存储压力。此外，由于数据不集中存储，联邦学习在一定程度上可以提升系统的鲁棒性和可靠性，避免单点故障的问题。为了进一步增强隐私保护，联邦学习还可以结合差分隐私技术和安全多方计算等隐私增强技术。差分隐私通过在数据或模型参数中添加噪声，保护个体数据。避免攻击者通过推断获取个体数据，同时仍能保证模型的整体性能。安全多方计算则允许多个参与方在不泄露各自数据的情况下，共同计算一个函数的结果，从而在联邦学习中进一步提高数据安全性和隐私保护水平。

联邦学习已经在多个领域得到广泛应用。例如，在智能手机应用中，联邦学习可以帮助开发更智能的预测输入法和个性化推荐系统，而不需要上传用户的私人数据。在 IoT 设备中，联邦学习可以用于边缘计算，帮助设备在本地处理数据并进行智能决策，而无须将数据发送到云端。这些应用不仅可以提升用户体验，还能够有效保护用户隐私。

### 5.2.2　基于分布式机器学习模型训练的系统建模

考虑联邦学习系统由 1 个 MO 和 $K$ 个移动设备组成。MO 可以通过直接的无线连接与 UE 进行通信，每个 UE $k(\forall k \in K)$ 存储大小为 $|D_k|$ 的本地数据集 $D_k$，集合 $D_k$ 中的第 $i$ 个数据样本为 $d_{\{k,i\}} = \{\boldsymbol{x}_{\{k,i\}}, y_{\{k,i\}}\}$，$d_{\{k,i\}} \in D_k$。设 $\phi(d_{k,i};\boldsymbol{w})$ 为 MO 的全局损失函数，其中 $\boldsymbol{w}$ 是模型参数矩阵。为了在不共享 UE 数据的情况下最小化

$\phi(d_{k,i};\boldsymbol{w})$，MO 可以使用下述联邦学习算法 FedAVG[21]。

步骤 1，MO 将初始模型参数 $\boldsymbol{w}$ 广播给集合 $\mathcal{K}$ 中的所有 UE。

步骤 2，每个 UE $k$ 可以继续在本地数据集 $D_k$ 上训练 $\boldsymbol{w}$，并解决以下问题得到本地最优模型 $\boldsymbol{w}_k$ [21]，即

$$\min_{\boldsymbol{w}_k}\frac{1}{|D_k|}\sum_{|D_k|}\phi_k(d_{k,i};\boldsymbol{w}_k),\quad d_{k,i}\in D_k \tag{5-28}$$

在 $\phi_k(d_{k,i};\boldsymbol{w}_k)$ 是凸函数的条件下，式(5-28)可以通过使用迭代方法求解。设 $\boldsymbol{w}_k^*$ 表示问题(5-28)的最优解。根据文献[21]，UE $k$ 可以使用任意优化算法获得相对精度 $\theta_k$，$E[\phi_k(d_{(k,i)};\boldsymbol{w}_k)-\phi_k(d_{(k,i)};\boldsymbol{w}_k^*)\leqslant\theta_k$。为了达到 $\theta_k$，所需局部迭代次数 $I_k$ 的一般上界为[21]

$$I_k(\theta_k)=\eta_k\log_2(1/\theta_k),\quad k\in\mathcal{K} \tag{5-29}$$

其中，$\eta_k$ 为 UE $k$ 设定的参数。

步骤 3，在每轮本地训练结束后，每个 UE $k$ 通过无线链路上传更新后的 $\boldsymbol{w}_k$。MO 可以通过 $\boldsymbol{w}=\sum_{k=1}^{K}\frac{D_k}{D}\boldsymbol{w}_k$，其中 $D=\bigcup_{k=1}^{K}D_k$。然后，MO 将更新的 $\boldsymbol{w}$ 广播给所有的 UE，并重复上述过程。

经过几轮全局更新后，MO 可以找到模型参数 $\boldsymbol{w}$ 以最小化全局损失函数 $\phi_k(d_{k,i};\boldsymbol{w})$。设 $\boldsymbol{w}^*$ 表示全局问题的最优解，使用 $\epsilon(0\leqslant\epsilon\leqslant1)$ 表示全局相对精度，表征了解 $\boldsymbol{w}$ 对全局问题的质量，因为它可以产生满足 $E[\phi_k(d_{k,i};\boldsymbol{w})-\phi_k(d_{k,i};\boldsymbol{w}^*)\leqslant\epsilon$ 的随机输出。由于 UE 的异质性，实现 $\epsilon$ 所需全局迭代次数 $I^{\mathrm{g}}$ 的上界为[21]

$$I^{\mathrm{g}}(\epsilon,\theta_k)=\frac{\zeta\log_2(1/\epsilon)}{1-\max\limits_k\theta_k},\quad k\in\mathcal{K} \tag{5-30}$$

其中，$\zeta>0$，是由 MO 确定的常数。

1. 模型训练的能源成本

在参与联邦学习任务之前，每个 UE $k$ 可能处理一些现有任务。UE 的计算资源分配示意图如图 5-15。使用 $f_{k,t}^{\mathrm{ex}}$ 来表示 UE $k$ 处理现存任务的 CPU 频率，并假设 $f_{k,t}^{\mathrm{ex}}$ 在本地训练轮数 $t(1\leqslant t\leqslant I^{\mathrm{g}})$ 的持续时间 $T^{\mathrm{trn}}$ 内保持不变。为了接受联邦学习任务，UE $k$ 在每个训练轮数 $t$ 中需要额外的 $C_k=c_k|D_k|I_k$ 个 CPU 周期，其中 $c_k$ 是每个数据样本 $d_{k,i}$ 训练所需的 CPU 周期数。因此，UE $k$ 应该在每个训练阶段中将 CPU 频率提高 $f_k=C_k/T^{\mathrm{trn}}$，单位为 Hz，以完成新承载的联邦学习任务。根据文

献[31]，UE $k$ 在训练 $t$ 期间的额外能源成本为

$$E_{k,t}^{F}=v_k(f_{k,t}^{\text{ex}}+f_k)^2T^{\text{trn}}-v_k(f_{k,t}^{\text{ex}})^2T^{\text{trn}} \tag{5-31}$$

其中，$v_k$ 为 CPU 的有效开关电容。

设 $f^{\max}$ 表示 UE 的最大 CPU 频率，需要满足以下约束条件，即

$$0<f_{k,t}^{\text{ex}}+f_k\leqslant f^{\max},\quad k\in\mathcal{K};t\in\mathcal{T} \tag{5-32}$$

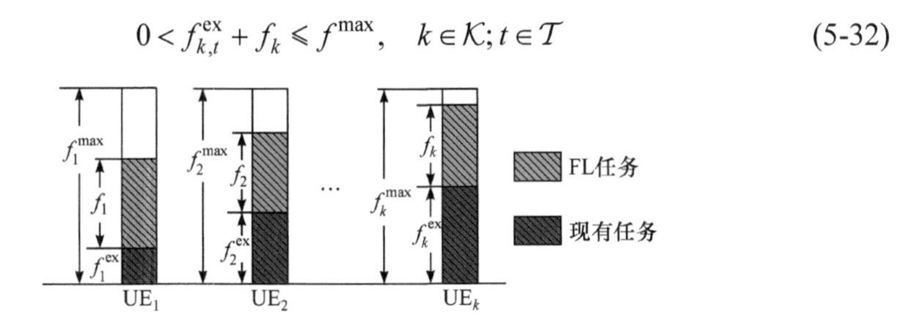


图 5-15　UE 的计算资源分配示意图

根据式(5-31)，$E_{k,t}^{F}$ 不仅取决于联邦学习任务负载 $f_k$，还取决于现存任务的负载 $f_k^{\text{ex}}$，这导致 UE 产生相同数量的 CPU 周期 $C_k$ 消耗不同数量的能量 $E_{k,t}^{F}$。这会影响博弈中 UE 的定价策略。值得注意的是，UE 在短时间内(如几十秒)的任务负载波动具有某种随机性，但是在相邻时间段内的任务负载可能具有较强的相关性[32]。下面提出一个基于 FSDT-MC 预测联邦学习期间 $f_{k,t}^{\text{ex}}$ 动态的方法。每个 UE 可以估计其模型训练的能源成本，并设置能源使用的价格。根据文献[29]，$f_{k,t}^{\text{ex}}(0\leqslant f_{k,t}^{\text{ex}}\leqslant f^{\max})$ 的值空间离散化为 $M$ 个等宽区间，即 $\boldsymbol{F}=\{F_1,F_2,\cdots,F_M\}$，其中 $F_m=\dfrac{m-1}{M-1}f^{\max}(1\leqslant m\leqslant M)$ 表示 FSDT-MC 的一个状态。任何 UE $k$ 都可以通过使用补充资料中提出的统计方法，每隔 $T$ 秒学习和更新状态转移概率(state transition probability，STP)矩阵 $\boldsymbol{Q}_k^F=(\alpha_{m,m'})_{M\times M}$，其中 $\boldsymbol{Q}_k^F$ 是 $M\times M$ 矩阵，$(\alpha_{m,m'})_{M\times M}$ 是从状态 $m$ 过渡到 $m'$ 的条件概率。为了反映联邦学习期间 $f_{k,t}^{\text{ex}}$ 的短期动态，将 $\boldsymbol{Q}_k^F$ 的更新周期设置为 $T=I^{\text{g}}(T^{\text{trn}}+T^{\text{com}})$。

假设在阶段 $(t-1)$ 期间 $f_{k,t-1}^{\text{ex}}$ 处于状态 $m$，UE $k$ 可以通过从 $\boldsymbol{Q}_k^F$ 的第 $m$ 行提取最可能的未来状态 $m'$(即具有最大 STP 的状态)预测在阶段 $t$ 期间 $f_{k,t}^{\text{ex}}$ 所处的状态 $m_t$，即

$$m_t=\arg\max_{\forall m'\in 1,2,\cdots,M}\alpha_{m,m'},\quad t\in\mathcal{T} \tag{5-33}$$

将式(5-33)代入式(5-31)，UE $k$ 可以估计其在训练阶段 $t$ 的能源成本，即

$$\tilde{E}_k^F=v_k(F_{m_t}+f_k)^2T^{\text{trn}}-v_k(F_{m_t})^2T^{\text{trn}},\quad t\in\mathcal{T} \tag{5-34}$$

2. 传输参数的能源能耗

每轮本地训练后，MO 为 UE $k$ 分配一个时间段 $T^{\text{com}}$ 和一个正交信道带宽 $W$ 上传更新后的模型参数 $\boldsymbol{w}_k$。令 $L$ 表示 $\boldsymbol{w}_k$ 的大小，$p_{k,t}$ 表示 UE $k$ 的发射功率，$g_{k,t}$ 表示 UE $k$ 到 MO 的信道增益，则在给定 BER 水平下，UE $k$ 的可实现数据速率可以近似为

$$r_{k,t} = W\log_2\left(1+\varDelta\frac{p_{k,t}g_{k,t}}{\sigma^2}\right) \tag{5-35}$$

其中，$\sigma^2$ 为噪声功率；$\varDelta = \dfrac{1.5}{-\ln(5\text{BER})}$ 是与 BER 相关的常数。

由于要满足 $r_{k,t}T^{\text{com}} \geqslant L$，UE $k$ 的最小发射功率导出为

$$p_{k,t} = \left(2^{\frac{L}{WT^{\text{com}}}}-1\right)\frac{\sigma^2}{\varDelta g_{k,t}} \tag{5-36}$$

因此，UE $k$ 的能耗为

$$E_k^{C,t} = p_{k,t}T^{\text{com}} = \left(2^{\frac{L}{WT^{\text{com}}}}-1\right)\frac{\sigma^2 T^{\text{com}}}{\varDelta g_{k,t}} \tag{5-37}$$

下面构造一个 FSDT-MC 来预测 $g_{k,t}(\forall t\in T)$，从而让 UE 制定定价策略。令 $T_{\text{c}}$ 表示信道相关时间，在此期间信道响应保持不变。例如，当系统在 900MHz 的 4G 网络(波长 $\lambda = 0.34\text{ m}$)上运行且 UE 移动缓慢(速度 $v\approx 2\text{m}/\text{s}$)时，$T_{\text{c}} = \lambda/v \approx 0.2\text{s}$。设置 $T^{\text{com}} = T_{\text{c}}$ 和 $T^{\text{trn}} = \delta T_{\text{c}}$，其中 $\delta \gg 1$ 是正整数，将系统的时间视野划分为等长的时隙 $T_{\text{c}}$，并用 $\tau$ 对时隙进行索引。然后，$g_{k,\tau}$ 在 $\tau$ 上呈指数分布，用 $\check{g}$ 和 $\hat{g}$ 分别表示 $g_{\{k,\tau\}}$ 的下界和上界，并将 $g\_\{k,\tau\}$ 的值空间离散为 $N$ 个等宽水平 $L = L_1, L_2,\cdots,L_n,\cdots,L_N$，其中 $L_n = (n-1)(\check{g}-\hat{g})/(N-1), 1\leqslant n\leqslant N$，表示 FSDT-MC 的一个状态。

定义 $g_{k,\tau}$ 在 $\tau$ 上的 STP 矩阵为 $\boldsymbol{Q}^C = (\beta_{n,n'})_{N\times N}$，其中 $(\beta_{n,n'})$ 是 $g_{k,\tau}$ 从状态 $n$ 转移到状态 $n'$ 的概率，随时间从 $\tau$ 到 $\tau+1$ 而变化。其主要思想是将 $g_{k,\tau}$ 在一个观测或更新周期内从状态 $n$ 转移到状态 $n'$ 的频率作为 STP $\beta_{n,n'}$，因此可以自适应地调整更新周期以反映信道变化率。

假设 $g_{k,\tau=0}$ 在 $N$ 个状态上的初始分布为 $\gamma(g_{k,\tau=0})_{1\times N}$，UE $k$ 可以通过从 $\boldsymbol{Q}^C$ 的第 $n$ 行提取最大 STP 的未来状态 $n'$ 预测 $g_{k,t}$ 在第 $t$ 次参数传输期间处于状态 $n_t$，即

$$n_t = \arg\max_{\forall n'\in 1,2,\cdots,N} \gamma(g_{k,\tau=0})(\boldsymbol{Q}^C)^{t\left(\frac{T^{\text{trn}}}{T_c}+1\right)},\quad t\in T \tag{5-38}$$

将式(5-38)代入式(5-37)，UE $k$ 可以估计其第 $t$ 次参数传输的能耗为

$$\tilde{E}_{k,t}^{C}=\left(2^{\frac{L}{WT^{\text{com}}}}-1\right)\frac{\sigma^2 T^{\text{com}}}{\Delta L_{n_t}},\quad t\in\mathcal{T} \tag{5-39}$$

其中，$L_{n_t}$ 为 FSDT-MC 信道的第 $n_t$ 个状态。

### 5.2.3　基于博弈论的无线联邦学习方案设计

为激励 UE 参与联邦学习，一种有效方式是让 UE 从模型训练和数据上传的能耗中获利。博弈论是分析 UE 在此类竞争情况下最优或均衡策略的有力工具。一般来说，策略博弈可分为以下两类。

(1) 基于产量的博弈，如 Cournot 博弈和 Stackelberg 博弈，将商品的供给量作为策略来最大化玩家的利润。

(2) 基于价格的博弈，如 Bertrand 博弈，将商品的价格作为策略来最大化玩家的利润。

在联邦学习系统中，UE 无法访问其他 UE 贡献的资源数量，但是可以通过观察其他 UE 的定价信息来决策。因此，可以采用 Bertrand 博弈来解决激励问题。在 UE 通过价格竞争争夺市场份额时，MO 可以根据 UE 提供的价格调整采购，以最小的总投资实现其性能目标。下面将 UE 之间的价格竞争及其与 MO 的互动建模为一个 Bertrand 博弈。博弈执行周期是完成一个完整的联邦学习任务所需的连续 $I^{\text{g}}$ 轮全局迭代的时间。

1) UE 的目标

令 $\rho_{k,t}$ 表示 UE $k$ 在训练会话 $t$ 向 MO 索要的价格，这是 UE $k$ 在数据集 $D_k$ 上的每轮本地迭代所需的补偿；$\psi_{k,t}=\tilde{E}_{k,t}^{F}+\tilde{E}_{k,t}^{C}$ 表示 UE $k$ 完成一轮本地训练和参数传输的总能耗，$\xi_{k,t}=\rho_{k,t}I_k$ 表示 MO 向 UE $k$ 的付款。UE $k$ 的目标是通过选择最优价格矩阵 $\boldsymbol{\Gamma}_k=(\rho_{k,1},\rho_{k,2},\cdots,\rho_{k,I^{\text{g}}})$ 最大化其在总 $I^{\text{g}}$ 轮中的利润，可形式化为以下问题，即

$$\max_{\Gamma_k} U_k=\sum_{t\in T}(\xi_{k,t}-\psi_{k,t})=\sum_{t\in T}\left(\rho_{k,t}I_k-\left(\tilde{E}_{k,t}^{F}+\tilde{E}_{k,t}^{C}\right)\right) \tag{5-40a}$$

$$\text{s.t.}\quad \rho_{k,t}\geqslant 0,\quad k\in K;\ t\in\mathcal{T} \tag{5-40b}$$

2) MO 的目标

MO 旨在在最小化总投入的情况下，优化其性能(包括全局精度 $\epsilon$，以及训练参数 $I^{\text{g}}$、$T^{\text{trn}}$ 和 $T^{\text{com}}$)。设 $\boldsymbol{\Theta}=(\theta_1,\theta_2,\cdots,\theta_{|\mathcal{K}|})$ 表示 MO 的策略概要，代表从每个 UE $k$ 购买的资源数量，一旦 UE 确定它们最优的价格 $I_k,\forall k\in\mathcal{K}$，MO 就可以调整 $\boldsymbol{\Theta}$

来实现其目标。这可以表述为以下问题，即

$$\min_{\Theta} U_S = \sum_{t\in\mathcal{T}}\sum_{k\in\mathcal{K}} \rho_{k,t} I_k + \frac{1}{2}\left(\sum_{k\in\mathcal{K}}(\theta_k)^2 + 2v\sum_{k\neq j}(\theta_k\theta_j)\right) \tag{5-41a}$$

$$\text{s.t.}\quad 0<\theta_k \leqslant \theta^{\max} = 1-\frac{\zeta\log_2(1/\epsilon)}{I^{\mathrm{g}}},\quad k\in\mathcal{K} \tag{5-41b}$$

上述约束条件表示 $\theta_k$ 的值空间。从式(5-30)可以得出 $\theta^{\max}=\max\limits_k \theta_k = 1-\dfrac{\zeta\log_2(1/\epsilon)}{I^{\mathrm{g}}}$。

为了解决问题(5-40)和问题(5-41)，获得博弈的纳什均衡，本节开发了一个迭代算法，通过分布式方式找到纳什均衡。

(1) 在 Bertrand 博弈中，UE $k$ 首先给出资源价格 $\boldsymbol{\Gamma}_k$。然后，MO 可以根据 $\boldsymbol{\Gamma}_k,\forall k\in K$ 通过解决式(5-41)找到最优的资源购买策略 $\boldsymbol{\Theta}$。通过泰勒展开，可以得到 $-\log(1-x)=x+O(x)$。然后，式(5-29)可以重写为

$$I_k = -\eta_k\log_2(1-(1-\theta_k)) = \eta_k(1-\theta_k)+O(1-\theta_k) \tag{5-42}$$

将式(5-42)代入式(5-41)，$U_S$ 可以重写为

$$\tilde{U}_S = \sum_{t\in\mathcal{T}}\sum_{k\in\mathcal{K}} \rho_{k,t}\eta_k(1-\theta_k) + \frac{1}{2}\left(\sum_{k\in\mathcal{K}}(\theta_k)^2 + 2v\sum_{k\neq j}(\theta_k\theta_j)\right) \tag{5-43}$$

$\tilde{U}_S(\theta_k)$ 是关于 $\theta_k$ 凸函数，因此可以对 $\tilde{U}_S(\theta_k)$ 关于 $\theta_k$ 求导并将结果设为 0。问题(5-41)的最优解为

$$\Theta_k = A\sum_{t\in\mathcal{T}}\rho_{k,t} + B\sum_{j\in K, j\neq k}\sum_{t\in\mathcal{T}}\rho_{j,t} \tag{5-44}$$

其中，$A=\dfrac{-(1-2v+Kv)}{(1-v)(Kv+1-v)}$、$B=\dfrac{v}{(1-v)(Kv+1-v)}$ 为常数。

(2) 在解决问题(5-41)之后，MO 的资源购买 $\boldsymbol{\Theta}$ 已知，任何 UE $k$ 均可以通过解决问题(5-40)来更新其价格 $\boldsymbol{\Gamma}_k$。注意，UE $k$ 在阶段 $t$ 的定价，即 $\rho_{k,t}$ 不仅受准确性 $\theta_k$ 的影响，还受其他 UE 的定价影响，表示为 $\rho_{-k,t}=\{\rho_{k,t}\mid\forall x\in\mathcal{K}, x\neq k\}$。通过将式(5-44)代入问题(5-40)并使用 Taylor 展开，$U_k$ 的表达式可重写为

$$\tilde{U}_k = \sum_{t\in\mathcal{T}} U_{k,t} \tag{5-45}$$

其中，

$$U_{k,t} = \rho_{k,t}\left(1+A\sum_{t\in\mathcal{T}}\rho_{k,t}-BV\right) - C_t\left(1+A\sum_{t\in\mathcal{T}}\rho_{k,t}-BV\right) - \left[D\left(1+A\sum_{t\in\mathcal{T}}\rho_{k,t}-BV\right)^2+\tilde{E}_k^t\right]。$$

由于 UE $k$ 可以使用式(5-33)和式(5-38)在每个阶段 $t$ 估计 $f_{k,t}^{\text{ex}}$ 和 $g_{k,t}$，因此参数 $C_t = 2v_k c_k |D_k| f_{k,t}^{\text{ex}}$、$D = \dfrac{v_k (c_k)^2 |D_k|^2}{T^{\text{trn}}}$、$V = \sum_{x\in\mathcal{K},x\neq k}\sum_{t\in\mathcal{T}}\rho_{x,t}$、$\tilde{E}_{k,t}^{C}$ 可被 UE $k$ 视为常数。

式(5-45)表明，任何 UE $k$ 都可以将定价问题分解为 $I^{\text{g}}$ 个子问题，这些子问题可以并行求解以在每个阶段 $t$ 获得 $\rho_{k,t}$。由于式(5-45)给出的 $U_{k,t}(\rho_{k,t})$ 关于 $\rho_{k,t}$ 是凸函数，因此可以对 $U_{k,t}(\rho_{k,t})$ 关于 $\rho_{k,t}$ 求导并令结果为 0。进而，可得 $\rho_{k,t}$ 的解为

$$\rho_{k,t} = \frac{1 - AC_t - BV - 2ABD + 2ABDV}{2AD(1-BV) + 2B^2V} - \sum_{t\in\mathcal{T},i\neq t}\rho_{k,i} \tag{5-46}$$

3) 寻找博弈的纳什均衡

在博弈取得纳什均衡时，无论 MO 还是 UE 都无法通过改变策略配置(即 $\boldsymbol{\Theta}$ 或 $\boldsymbol{\Gamma}_k$)获得更高利润。令 MO 和 UE 的纳什均衡策略配置为 $\{\hat{\boldsymbol{\Theta}},\hat{\boldsymbol{\Gamma}}_1,\cdots,\hat{\boldsymbol{\Gamma}}_K\}$，其中 $\hat{\boldsymbol{\Theta}} = \left(\hat{\theta}_1,\hat{\theta}_2,\cdots,\hat{\theta}_{|\mathcal{K}|}\right)$ 和 $\hat{\boldsymbol{\Gamma}}_k = \left(\hat{\rho}_{k,1},\hat{\rho}_{k,2},\cdots,\hat{\rho}_{k,I^{\text{g}}}\right)$。本节提出一种迭代算法来寻找纳什均衡。

令 $i=1,2,\cdots$ 表示迭代编号，在第 $i$ 次迭代中，使用 $\boldsymbol{\Gamma}_k[i]$、$\boldsymbol{\Gamma}_{-k}[i]$、$\boldsymbol{\Theta}[i]$ 表示 UE $k$ 的定价、UE $k$ 以外的 UE 集合的定价、MO 的资源购买。鉴于所有 UE 的定价在市场中都是可观察的，设计以下分布式算法寻找纳什均衡(算法 5-2)。

---

**算法 5-2**　寻找所提 Bertrand 博弈的纳什均衡

---

1　MO 确定并传播其性能参数：$\epsilon, I^{\text{g}}$，以及 $T^{\text{com}}$；
2　令 $i=1$，每个 UE $k$ 初始化价格为 $\boldsymbol{\Gamma}_k[i]$；
3　MO 获取资源价格 $\boldsymbol{\Theta}[i]$ 使用式(5-44)；
4　重复：
5　对于每个 UE $k$，$\forall k\in\mathcal{K}$，在收集 MO 的 $\boldsymbol{\Theta}[i]$ 和在集合 $\mathcal{K}$ 中的其他 UE 的 $\boldsymbol{\Gamma}_{-k}[i]$ 后，它能利用式(5-46)更新优化的购买资源 $\boldsymbol{\Gamma}_k[i]$；
6　对于 MO，在收集所有的 $\boldsymbol{\Gamma}_k[i]$ 后，更新优化的资源购买 $\boldsymbol{\Theta}[i]$；
7　每个 UE $k$ 计算梯度 $\nabla U_k(\rho_{k,t})[i]$；
8　更新 $i=i+1$；
9　直到 $\|\nabla U_k(\rho_{k,t})[i]\| \leqslant \Xi[\nabla U_k(\rho_{k,t})[i-1]], \forall k\in\mathcal{K}$。

---

由于 $U_k(\rho_{k,t})$ 关于 $\rho_{k,t}$ 严格凸的，算法 5-2 达到收敛的迭代次数的上界 $\Xi$ 为 $O\left(\ln\dfrac{1}{\Xi}\right)$ [33]，同时算法 5-2 的计算复杂度为 $\dfrac{1}{\Xi}(K+I^{\text{g}})$ [34]。尽管其假设所有的 UE

都愿意参与联邦学习任务，其中的一些无法被选择是因为计算资源不满足本地相对精度$\theta_k$。然后，把式(5-41)的约束应用到算法 5-2 并决定哪些 UE 能胜任联邦学习任务。最后，给出博弈的执行过程(算法 5-3)，称为任务负载博弈感知方案(task-load-aware game-theoretic scheme，TLA-GTS)。

**算法 5-3** TLA-GTS

**Data:** MO 的潜在客户端 UE 的集合$\mathcal{K}$；

**Result:** 集合$\mathcal{K}$中剩余的 UE。

1 重复:

2 执行算法 5-2 获得解$\left\{\hat{\boldsymbol{\Theta}},\hat{\varGamma}_k\right\}$；

3 **if** $\theta_k \leqslant 0$或者$\theta_k \geqslant \theta^{\max}$(例如，不满足式(5-41)的约束条件)

4 | 从集合$\mathcal{K}$中移除第$k$个 UE;

5 **end if**

6 直到对于$\forall k \in \mathcal{K}, 0 \leqslant \theta_k \leqslant \theta^{\max}$或者$\mathcal{K}=\varnothing$；

在算法 5-3 中，初始化$\mathcal{K}$作为 MO 的所有的潜在 UE，执行算法 5-1 后，根据获得的结果可以决定如下的选择。如果结果满足式(5-41)的约束，算法终止，并将结果作为博弈均衡；否则，要求最高价格的 UE 被移除集合$\mathcal{K}$，然后重复执行算法，直到式(5-41)的约束被满足或者集合$\mathcal{K}$变空了。一个空的 UE 集指的是 UE 不能达到 MO 的性能要求($\epsilon$、$I^{\mathrm{g}}$、$T^{\mathrm{com}}$)。MO 需要降低性能矩阵并重新开始博弈过程。算法 5-2 是算法 5-1 重复执行$K$次。因此，它的计算复杂度是$\frac{1}{\varXi}(K^2+KI^{\mathrm{g}})$。

### 5.2.4 仿真结果

一个 MO 和 4 个 UE 被放置在无线网络中，如无线局域网。设置$f^{\max}=2\mathrm{GHz}$[11]，并且离散化每个 UE $k$ 的$f_{k,t}^{\mathrm{ex}}(0 \leqslant f_{k,t}^{\mathrm{ex}} \leqslant f^{\max})$为 5 级。每个 UE $k$ 有一个不同的状态转移概率矩阵$\boldsymbol{Q}_k^F$。时变信道$g_{k,\tau}$的下界和上界分别设置为$\check{g}=2^{0.4}-1$和$\hat{g}=2^{3.1}-1$[35]。其他的仿真参数包括数据集$|\mathcal{D}_k|=8\times10^7$，CPU 处理一个数据样本的迭代次数为$c_k=15$，模型参数的大小为$L=0.1\,\mathrm{Mbit}$，全局迭代次数$I^{\mathrm{g}}=10$，每个局部训练持续的时间$T^{\mathrm{trn}}=2\,\mathrm{s}$，每次参数传输的持续时间为$T^{\mathrm{com}}=0.2\,\mathrm{s}$，CPU 参数$v_k=10^{-28}$[31]，分配给每个 UE 的$W=1\,\mathrm{MHz}$，噪声功率$\sigma^2=10^{-9}$。BER 要求为$10^{-3}$，MO 的可替代因素为$v=0.5$，式(5-29)中的$\eta_k=1$，式(5-30)中的$\zeta=1$。

首先，展示不同的现存任务负载$f_{k,t}^{\mathrm{ex}}$对 UE 价格的影响。为此，将所有 4 个

UE 的 $f_{k,t}^{\text{ex}}$ 设置为 0。根据式(5-33)，UE 在连续 3 个训练会话(即 $t=1,2,3$)中的 $f_{1,t}^{\text{ex}}$ 估计为 $\{0,0.5,1.5\}$ ， $f_{2,t}^{\text{ex}}=\{0.5,1,1\}$ 、 $f_{3,t}^{\text{ex}}=\{1,1.5,1\}$ 、 $f_{4,t}^{\text{ex}}=\{1,0,1\}$ 。

价格收敛图如图 5-16 所示，价格指在博弈论中的价格。在每个训练阶段中，$f_{k,t}^{\text{ex}}$ 较低的 UE 相对于 $f_{k,t}^{\text{ex}}$ 较高的 UE 具有价格优势。由于上传数据的能耗 $E_{k,t}^{C}$ 相比模型训练的能耗 $E_{k,t}^{F}$ 可以忽略不计，因此 UE 的价格对其可用计算能力非常敏感。为了激励具有较高 $f_{k,t}^{\text{ex}}$ (即较低计算能力)的 UE 参与联邦学习任务，移动运营商必须支付更高的价格来使用能源。

下面展示提出的 TLA-GTS 算法(算法 5-3)在真实的联邦学习任务上的性能。该任务使用 MNIST 数据集[36]对手写数字进行分类。数据集在 UE 之间的分布是平衡但非独立同分布的，训练模型是一个 2 层 DNN，包含一个隐藏层、两个全连接层(带有 ReLU 激活函数)和一个对数软 max 输出层。对于每个有序模型精度 $\{0.65,0.7,0.75,0.8\}$ ，进行 100 次实验(博弈周期)。TLA-GTS 实现的全局精度如图 5-17 所示，TLA-GTS 能有效地激励自主 UE 帮助 MO 实现精度目标。

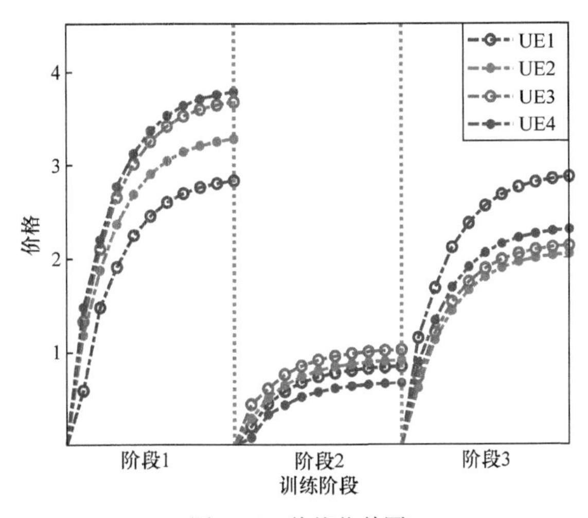


图 5-16　价格收敛图

最后，通过与其他两种方案比较来验证 TLA-GTS 的优越性。鉴于大多数相关工作都没有考虑用户的 EX 任务负载，第一个进行比较的方案是无任务负载感知机制的博弈论方案。它被称为纯 GTS，仍然使用提出的博弈框架，但是 UE 的能耗考虑的是联邦学习任务负载而不是 EX 任务负载，即 $\tilde{E}_{k,t}^{F}=v_k(f_k)^2T^{\text{tm}}$ 。另一个进行比较的方案是，独立线性定价策略(independent linear pricing strategy，ILPS)。在该策略中，每个 UE 根据其可用资源独立使用线性定价策略对 MO 进行定价，而不考虑其他 UE 的定价。对于每个有序模型精度，图 5-18 显示了使用不同定价

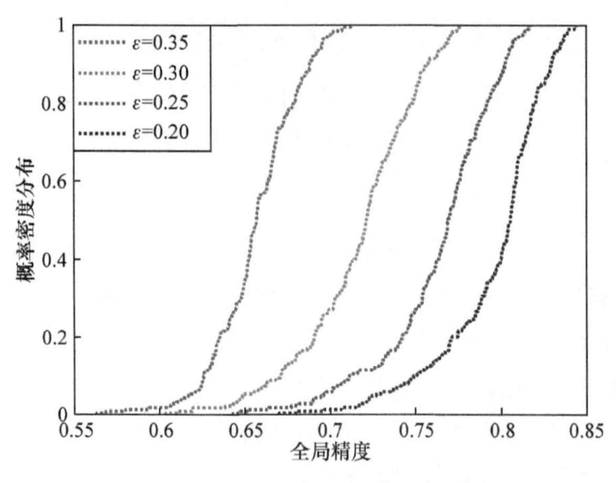


图 5-17　TLA-GTS 实现的全局精度

策略时 UE 的利润。从图 5-18 可以看出，两种基于博弈论的方案(TLA-GTS 和纯 GTS)都优于 ILPS，因为它们为每个 UE 都带来更高的利润。这是因为博弈论方案可以根据 UE 的能耗和同一训练会话中其他 UE 的定价为能源定价。此外，TLA-GTS 在所有情况下都优于纯 GTS。这是因为 UE 在联邦学习任务中的能耗不仅取决于联邦学习任务负载，还取决于 EX 任务负载，而 EX 任务负载会导致 UE 产生相同数量的 CPU 周期，但会消耗不同的能量。因此，TLA-GTS 给 UE 带来博弈中最高的利润。

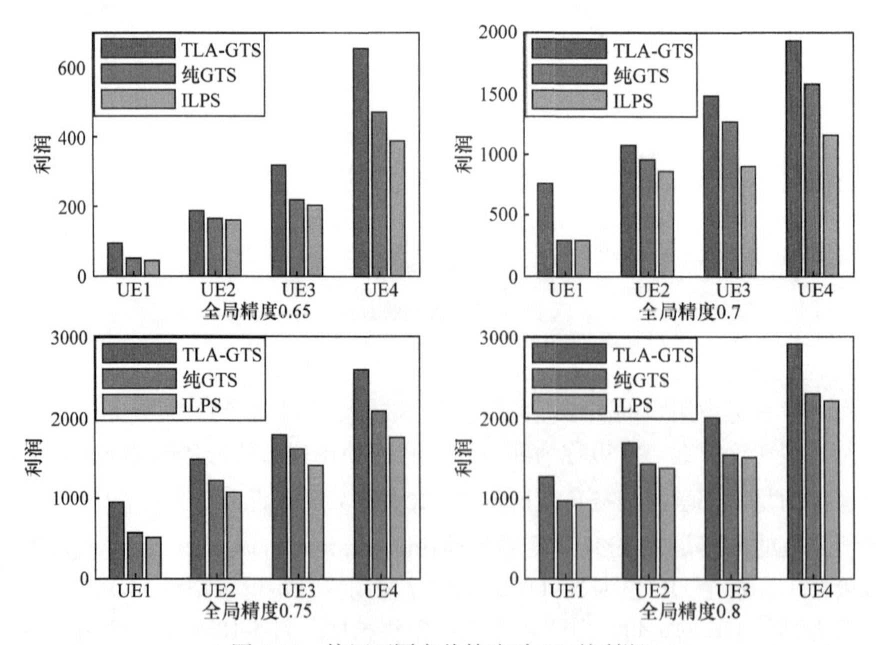


图 5-18　使用不同定价策略时 UE 的利润

联邦学习可以保护数据隐私，但是在激励 UE 参与任务训练方面存在困难。本节提出一个基于 Bertrand 博弈的框架来解决这一激励问题，其中 MO 发布一个联邦学习任务，参与的 UE 利用本地数据帮助训练模型。特别地，考虑时间变化的任务负载和信道质量对 UE 参与联邦学习任务的激励影响。本节采用 FSDT-MC 预测联邦学习任务期间的这些参数。根据 MO 设定的性能指标和估计的联邦学习任务能量成本，每个 UE 都试图最大化其利润。然后，得到博弈的纳什均衡，并开发了一个分布式迭代算法来求解。最后，通过模拟结果验证提出方法的有效性。

## 5.3　图神经网络在多跳网络的应用

### 5.3.1　多跳网络下图神经网络技术概览

遥感和物理过程的估计在无线网络领域引起了相当广泛的关注。在机器人群控制、自动车辆通信和环境监测等许多应用中，及时估计过程和保持系统状态是至关重要的。了解系统最新状态和最新信息对于有效地监测和控制系统至关重要。此外，考虑到信息的实时收集与交流特性，想要在信息源头进行处理和储存，然后以高速率和低延迟可靠地传输和复制是不现实的。

#### 1. 多跳网络中基于年龄的分散传输策略

文献[37]引入信息年龄(age of information，AoI)的概念，作为评估接收侧信息新鲜度的度量指标。AoI 的早期工作主要针对点对点通道[38]，后来它的适用性被扩展到具有多源的单跳网络，调查范围包括集中调度[39,40]、分散传输策略[41,42]。在多跳网络领域，以往的研究大多集中在集中式传输策略上。目前，在探索分散的传输策略方面，研究者也已经做出一些显著的成果。例如，文献[43]描述了三种策略，其中只有一种属于简单分散策略，即平稳随机策略，其余两种都是集中式调度策略。在没有通信基础设施[44]的恶劣环境场景中，例如形成自组网的机器人遇到的情况，分散操作势在必行。针对这个问题，文献[44]提出一种任务无关、分散、低延迟的方法，用于自组织网络的数据分布。

#### 2. 多智能体强化学习

由于关注多跳网络中最小化估计误差，传统理论方法[45,46]因网络拓扑和多跳传输引入的复杂性而变得不切实际，进而破坏可伸缩性。在这种情况下，MARL 算法成为一种很有前途的替代方案。这类算法在一个多智能体系统中同时训练一组智能体，以实现合作或竞争的目标。近年来，出现许多集成了深度学习技术[47,48]的 MARL 算法。广义上说，MARL 算法可以分为三类，即独立学习(每个智能体都由 RL 算法独立训练，而不考虑多智能体结构[49])、集中式多智能体策略梯度[如文献[50]的算法属于这一类，其中使用集中式训练和分散执行(centralized training and decentralized execution，CTDE)范式]、值分解算法(包括文献[51]提出的算法，也采用 CTDE 范式)。MARL 算法已经证明了它们在解决各种无线应用[52]顺序决策问题方面的有效性。目前只有一项弱相关的研究将 MARL 作为事件驱动决策过程的 AoI 和估计误差最小化问题。然而，其决策并不是由事件驱动的，而是运用独立学习和 CTDE 技术来应对问题的复杂性。

3. 图神经网络

图神经网络(graph neural network，GNN)继承自图卷积滤波器的理论特性，已成为图信号处理[53]中信息处理的流行架构。这些特性包括对排列的不变性、对变形的稳定性，以及对大型网络规模[54]的可伸缩性。值得注意的是，图过程本质上封装了一个时间维度，而 RNN 可以作为捕获图过程中时间依赖性的合适工具。当数据元素为欧几里得数据时，RNN 的利用变得特别重要。在文献[55]～[57]中可以找到多种图循环架构的实现。在文献[58]中，图递归神经网络(graph recurrent neural network，GRNN)被系统地证明为对排列等变且对基础图结构的扰动具有稳定性。相关的仿真结果表明，GRNN 的性能优于 GNN 和 RNN。这个结果证明了在决策过程中同时考虑图过程的空间和时间依赖性的重要性。此外，基于图滤波器构建的 GNN 类别具有可迁移性，这一特性通过图论中的图元得以建立。图元代表一系列稠密无向图[59]的极限。在本节的背景中，通信信号由所有智能体的数据信息在每个时隙形成的图信号构成，使得采用 GNN 或 GRNN 形式化变得至关重要。

### 5.3.2　多跳网络的系统模型

考虑 $M$ 个统计上相同的智能体在一个连通的无向图上进行通信，将该图表示为 $\mathcal{G}_{\mathcal{M}}=(\mathcal{V}_{\mathcal{M}},\mathcal{E}_{\mathcal{M}})$，其中 $\mathcal{V}_{\mathcal{M}}=\{1,2,\cdots,M\}$ 表示智能体的集合，$\mathcal{E}_{\mathcal{M}}$ 表示智能体之间的边集。当且仅当 $(i,j)\in\mathcal{E}_{\mathcal{M}}$，第 $i$ 个智能体和第 $j$ 个智能体通过一条边直接连接。用 $\partial_i$ 表示第 $i$ 个智能体的邻域集合，即 $\partial_i=\{j|(i,j)\in\mathcal{E}_{\mathcal{M}}\}$。在每个时间间隔内，每个智能体 $i\in\mathcal{V}_{\mathcal{M}}$ 观察一个物理过程 $\{X_{i,k}\}_{k\geqslant 0}$，即

$$X_{i,k+1}=X_{i,k}+\Lambda_{i,k} \tag{5-47}$$

其中，$\Lambda_{i,k}\sim\mathcal{N}(0,\sigma^2)$ 对所有 $i,k$ 独立同分布。

假设过程 $\{X_{i,k}\}_{k=0}^{\infty}$ 在 $i$ 之间是相互独立的。按照惯例，$X_{i,0}=0$ 为所有的

$i \in \mathcal{V}_{\mathcal{M}}$。所有智能体都可以与它们的邻居通信，每个智能体在给定的时间段内最多与一个邻居通信。具体来说，只有当$(i,j)\in\mathcal{E}_{\mathcal{M}}$时，第$i$个智能体可以在一个时隙中传输一个包给第$j$个智能体。如果第$i$个智能体和第$j$个智能体之间没有边，那么它们无法在每跳中进行通信。每跳中的通信介质由一个碰撞信道建模，即如果两个或更多智能体在同一时隙中同时传送数据包，那么数据包将相互干扰，进而导致通信失败。假设数据包的传送延迟为一个时间单位，令$c_{i,j,k}^{j}=1$表示在时间$k$中，从第$i$个智能体到第$j$个智能体的方向上，边$(i,j)$上发生碰撞事件，否则$c_{i,j,k}^{j}=0$。碰撞反馈仅对发送者可见。值得注意的是，随机接入协议大致分为同步协议和异步协议。本节特别关注同步协议类别。

假定每个智能体有$M$个虚拟队列，并且具有索引$j\in\mathcal{V}_{\mathcal{M}}$的队列$Q_{i,j}$用来缓存从第$j$个智能体到第$i$个智能体的数据包。进一步，假设$Q_{i,j}$的缓冲区大小为 1，传入的数据包可以替换未传递的(旧的)数据包或被丢弃。这种假设基于监控的基础过程是马尔可夫过程这一事实。换句话说，如果最近接收到的数据包已知，旧的数据包将变得过时。指示器$q_{i,k}^{i,j}=1$表示$Q_{i,j}$被第$i$个智能体的数据包占用，否则$q_{i,k}^{i,j}=0$。在每个时间隙中，第$i$个智能体可以采样其源(称为$Q_{i,j}$中的数据包)或将数据包传送到其邻居之一。令$d_{i,k}^{j;\ell}=1$表示在时间$k$，从第$i$个智能体到第$j$个智能体成功传送的数据包，否则$d_{i,k}^{j;\ell}=0$。注意，对于所有$k$、$\ell$和$i\neq j$，都有$d_{i,k}^{j;\ell}=0$。

总结每个时间隙$k\in\{1,2,\cdots,K\}$的传输过程，每个智能体$i\in\mathcal{V}_{\mathcal{M}}$观察其过程$X_{i,k}$(式(5-47))并更新$Q_{i,j}$；第$i$个智能体决定是否在当前时间隙中传送数据包或保持静默；如果第$i$个智能体选择传送数据包，选择一个来自$\{Q_{i,j}\}_{j\in\mathcal{V}_{\mathcal{M}}}$的特定数据包，并选择一个特定的邻居$j\in\partial_i$进行传送；一旦所有智能体确定其动作，便开始传输同步；假设第$i$个智能体的接收者是第$j$个智能体，并且传送的数据包成功到达$Q_{i,\ell}$。如果数据包不能传送到第$j$个智能体(例如发生碰撞)，则$d_{i,k}^{j;\ell}=0$，并且碰撞反馈$c_{i,j,k}^{\ell}=1$传回第$i$个智能体；如果数据包成功传送，则$d_{i,k}^{j;\ell}=1$。碰撞反馈仅对发送者可见。最后，如果$Q_{i,j}$是空的，第$i$个智能体缓存接收到的数据包。如果$Q_{i,j}$不是空的，但是$Q_{i,j}$中的当前数据包比接收到的数据包更新，第$j$个智能体用接收的包替换当前包；否则，丢弃传输的数据包(来自$Q_{i,\ell}$)。

1. 最优化目标和策略

根据接收到的样本，每个智能体可以估计其他智能体的过程。令$\hat{X}_{j,k}^{i}$表示第$i$个智能体在时隙$k$对$X_{j,k}$的估计。对于所有的$i$和$k$，$\hat{X}_{i,k}^{j}=X_{i,k}^{i}$；对于所有的

$i, j \in \mathcal{V}_{\mathcal{M}}$，$\hat{X}_{i,0}^{j} = 0$。将估计误差的平均总和(average sum of estimation errors，ASEE)作为性能指标，即

$$L^{\pi}(M) = \lim_{K \to \infty} E[L_K^{\pi}] \tag{5-48a}$$

$$L_K^{\pi}(M) = \frac{1}{M^2 K} \sum_{k=1}^{K} \sum_{i=1}^{M} \sum_{j=1}^{M} (\hat{X}_{i,k}^{j} - X_{j,k})^2 \tag{5-48b}$$

其中，$\pi \in \boldsymbol{\Pi}$ 是已实施的分散采样和传输策略，$\boldsymbol{\Pi}$ 是所有分散采样和传输策略的集合。

因此，需要解决以下优化问题，即

$$L(M) := \min_{\pi \in \Pi} L^{\pi}(M) \tag{5-49}$$

2. 信息年龄

建立多跳网络中的 AoI，并将其与估计误差联系起来。设 $\tau_{i,j}$ 为 $Q_{i,j}$ 中数据包的生成时间。注意到，$Q_{i,j}$ 的缓冲区大小为 1，因此当前数据包是最新的。$h_{i,j,k}^{j}$ 定义为

$$h_{i,j,k}^{j} = k - \tau_{i,j} \tag{5-50}$$

不失一般性，设 $h_{i,0}^{j} = 0$。假设来自智能体 $j$ 的另一个数据包被传送到智能体 $i$。传送的数据包可能被缓存到 $Q_{i,j}$ 中。假设传送的数据包的生成时间为 $\tau'$ 且 $\tau' < \tau_{i,j}$，即传送的数据包在 $Q_{i,j}$ 中当前缓存的数据包之前生成。如果这个数据包被 $i$ 智能体缓存，那么 $Q_{i,j}$ 的 AoI 变为 $k - \tau' > k - \tau_{i,j}$。这意味着，传送的数据包不能减少 $Q_{i,j}$ 的 AoI。在这种情况下，传送的数据包比 $Q_{i,j}$ 中的当前数据包更旧，智能体 $i$ 丢弃传送的(旧的)数据包，并保留更新的数据包。

根据式(5-50)，与智能体 $j$ 有关的智能体 $i$ 的 AoI $h_{i,k}^{j}$ 随时间增加，当从智能体 $u$ 在时隙 $k$ 接收到包含有关智能体 $j$ 信息的新数据包时，它会跳跃到某个值($d_{u,k}^{i,j} = 1$)。更精确地说，$h_{i,k}^{j}$ 的递归关系为

$$h_{j,k+1}^{j} = \begin{cases} h_{u,k}^{j} + 1, & d_{u,k}^{i,j} = 1; h_{u,k}^{j} < h_{i,k}^{j} \\ h_{i,k}^{j} + 1, & \text{其他} \end{cases} \tag{5-51}$$

在时隙 $k$ 的开始，智能体 $i$ 知道缓存到 $Q_{i,j}$ 中的数据包在时隙 $k$ 之前的信息，即 $X_{j,\tau_{i,j}}$，并且通过 Kalman 估计器重建 $\hat{X}_{i,k}^{j}$ 实现最优化[60]，即

$$\hat{X}_{i,k}^{j} = E[X_{j,k} | X_{j,\tau_{i,j}}] \tag{5-52}$$

特别地，由式(5-47)和式(5-50)可得

$$X_{j,k} = X_{j,\tau_{i,j}} + \sum_{\tau=1}^{h_{i,k}^{j}} \Lambda_{k-\tau}^{j} \tag{5-53}$$

由于对于所有 $(i,k)$ $E[\Lambda_k^j]=0$，式(5-52)中的 Kalman 估计器为

$$\hat{X}_{i,k}^{j} = E[X_{j,k} | X_{j,\tau_{i,j}}] = X_{j,\tau_{i,j}} \tag{5-54}$$

基于式(5-54)，估计的递归关系为

$$\hat{X}_{i,k+1}^{j} = \begin{cases} \hat{X}_{u,k}^{j}, & d_{u,k}^{i,j} = 0;\ h_{u,k}^{j} < h_{i,k}^{j} \\ \hat{X}_{i,k}^{j}, & \text{其他} \end{cases} \tag{5-55}$$

### 5.3.3　基于图神经网络的算法设计

本节概述提出的图形化强化学习算法框架，如图 5-19 所示。

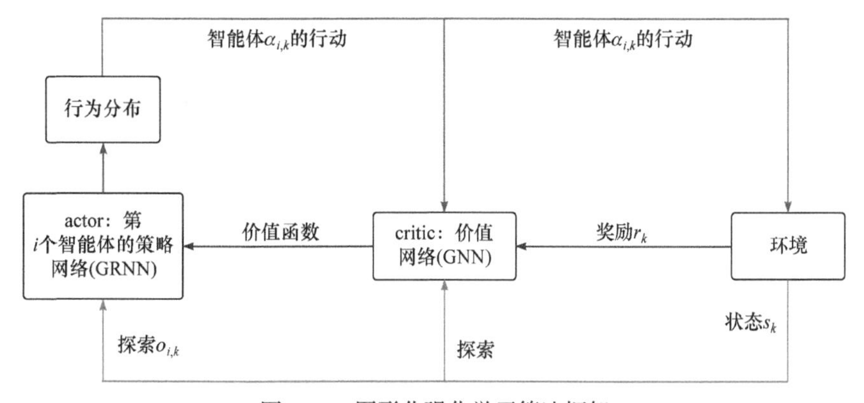


图 5-19　图形化强化学习算法框架

(1) 状态和观察。

首先，详细描述环境状态和智能体所做的观察。用符号 $\Xi_M$ 表示 $G_M$ 的邻接矩阵。在时隙 $k$，定义环境状态 $s_k$ 为

$$s_k = \{\{X_{i,k}\}_{i\in\mathcal{V}_M}, \{\hat{X}_{i,j,k}\}_{i,j\in\mathcal{V}_M}, \{h_{i,j,k}\}_{i,j\in\mathcal{V}_M}, \{c_{i,j,k}\}_{i,j\in\mathcal{V}_M}, \{q_{i,j,k}\}_{i,j\in\mathcal{V}_M}, \{d_{i,j,l,k}\}_{i,j,l\in\mathcal{V}_M}, \Xi_M\} \tag{5-56}$$

这意味着，状态 $s_k$ 包括物理过程 $\{X_{i,k}\}_{i\in\mathcal{V}_M}$、估计值 $\{\hat{X}_{i,j,k}\}_{i,j\in\mathcal{V}_M}$、信息年龄 $\{h_{i,j,k}\}_{i,j\in\mathcal{V}_M}$、碰撞反馈 $\{c_{i,j,k}\}_{i,j\in\mathcal{V}_M}$、占用指示器 $\{q_{i,j,k}\}_{i,j\in\mathcal{V}_M}$、传递指示器 $\{d_{i,j,l,k}\}_{i,j,l\in\mathcal{V}_M}$ 和邻接矩阵 $\Xi_M$。每个节点只能观察其本地信息，因此在时隙 $k$ 中，

第 $i$ 个智能体的观察可以表示为

$$o_{i,k}=\{X_{i,k},\{\hat{X}_{i,j,k}\}_{j\in\mathcal{V}_\mathcal{M}},\{h_{i,j,k}\}_{j\in\mathcal{V}_\mathcal{M}},\{c_{i,j,k}\}_{j\in\mathcal{V}_\mathcal{M}},\{q_{i,j,k}\}_{j\in\mathcal{V}_\mathcal{M}},\{d_{i,j,l,k}\}_{j,l\in\mathcal{V}_\mathcal{M}},\Xi_M^{(i)}\}$$

(5-57)

(2) 智能体的动作。

其次，概述智能体采取的动作。在获取观察后，第 $i$ 个智能体根据其观察通过一个策略网络和一个动作分布进行决策。记第 $i$ 个智能体的策略网络(称为 actor)为 $\pi(\cdot|o_{i,k};\theta_i)$。由于所有智能体是同质的，参考 MARL 文献中的先前工作[60]，采用参数共享，其中 $\pi(\cdot|o_{i,k};\theta_i)$ 简化为 $\pi(\cdot|o_{i,k};\theta)$，这里 $\theta_1=\theta_2=\cdots=\theta_M=\theta$。通过将 $\pi(\cdot|o_{i,k};\theta)$ 的输出插入动作分布，可以得到选择的动作 $a_{i,k}=(\mu_{i,k},\nu_{i,k})$，其中 $\mu_{i,k},\nu_{i,k}$，在定义 1 中定义，$a_{i,k}$ 在定义 2 中定义。联合动作 $a_k=\{a_{i,k}\}_{i\in\mathcal{V}_\mathcal{M}}$ 和状态 $s_k$，导致环境过渡到下一个状态 $s_{k+1}\sim P_s(\cdot|s_k,a_k)$，其中 $P_s(\cdot)$ 定义为 $P_s:S\times\prod_{i\in V_M}A_i\times S\to[0,1]$，表示在执行(联合)动作后，从状态 $s\in S$ 到状态 $s'\in S$ 的转移概率。

(3) 奖励。

再次，描述选择动作引起的奖励。在每个时隙 $k$ 结束时，环境返回一个奖励 $r_k$，定义为

$$r_k=-\frac{\sum_{i,j\in\mathcal{V}_\mathcal{M}}(X_{j,k}-\hat{X}_{i,k}^j)^2}{M^2} \tag{5-58}$$

由于智能体在统计上是相同的，并且它们合作最小化 ASEE，因此奖励被定义为所有智能体的加权平均估计误差和信息。

(4) 更新过程。

最后，解释学习模型如何在接收奖励后改进自身。为了评估不同动作的效果，引入一个评估网络(称为 critic)。智能体依赖评估网络指导动作选择，偏好那些具有更高价值的动作。一旦选择动作，它们就会产生一个特定的奖励，然后将这个奖励反馈到评估网络中。这促使评估网络根据接收到的奖励更新其参数。在训练过程中，本节使用两种策略决策评估(advantage actor-critic，A2C)算法变体，即独立近端策略优化(independent proximity policy optimization，IPPO)和多智能体近端策略优化(multi-agent proximity policy optimization，MAPPO)。

### 1. GNN 下的 actor 和 critic

下面介绍 actor 和 critic 的构建，其中图形化的结构是必要的。由于智能体位于无线网络，因此它们之间存在一种固有的网络拓扑结构。假设 actor 和 critic 是

由 DNN 构建的，其中输入是图中节点特征的集合。如果节点的排列发生变化，即使环境保持不变，actor 和 critic 的输出也可能发生变化。因此，对于 actor 和 critic，减轻节点排列的影响是至关重要的。为了实现这一点，建议利用 GNN，因为 GNN 本质上具有排列不变性[59]。进一步地，由于 GRNN 具有充分利用图结构中嵌入信息的优势，所以使用 GRNN 来构建 actor。

对于 actor，生成图信号作为从观察中得到的输入。关注第 $i$ 个智能体，并用以下方式描述相关的图信号。该图使用式(5-57)定义的矩阵 $\Xi_M^{(i)}$ 构建，并使用 $\mathcal{G}_i$。需要注意的是，$\mathcal{G}_i$ 与 $\mathcal{G}$ 共享相同的顶点集，但有一个不同的边集，由智能体 $i$ 的相邻智能体决定。在这个图中，每个节点 $j$ 被分配一个节点特征，定义为

$$v_{i,k}^{j}=[(X_{j,k}-X_{i,k}^{j})^{2},h_{i,k}^{j},c_{i,k}^{j},[\Xi_M^{(i)}]_{j,i},e_{i,k}^{j}] \tag{5-59}$$

在式(5-59)中，$e_{i,k}^{j}=1$ 表示第 $i$ 个智能体在时隙 $k$ 期间向第 $j$ 个智能体发送了一个新的数据包，而 $e_{i,k}^{j}=0$ 则相反。简单地说，当 $\sum_{l} d_{i,k}^{j,l}=1$ 和 $\sum_{l} h_{j,k}^{l}<\sum_{l}(h_{j,k-1}^{l}+1)$ 时，就可以得出 $e_{i,k}^{j}=1$。对于遗忘策略，节点特征 $v_{i,k}^{j}$ 可以简化为 $v_{i,k}^{j}=[h_{i,k}^{j},c_{i,k}^{j},[\Xi_M^{(i)}]_{j,i},\ e_{i,k}^{j}]$。值得注意的是，由于与边缘相关的信息被元素 $\Xi_M^{(i)}$ 封装在元素中，因此省略边缘特征。

用 $F_0$ 表示节点特征的维数。在非遗忘策略中，$F_0=5$，在遗忘策略中，$F_0=4$。然后，将节点特征集合 $\{v_{i,k}\}_j$ 转换为一个图信号张量，记为 $V_{i,0}$，其中 $V_{i,0}\in R^{M\times F_0}$。在构造图信号的基础上，引入 $L$ 个 GRNN 层。对于第 $\ell$ 层，$1\leqslant\ell\leqslant L$。输入由第 $(\ell-1)$ 层和 $V_{i,\ell-1}\in R^{M\times F_{\ell-1}}$ 表示，输出表示为 $V_{i,\ell}\in R^{M\times F_\ell}$。可以得到

$$V_{i,\ell}=\Phi(\mathcal{B}_\ell,\mathcal{C}_\ell,\mathcal{D}_\ell;\Xi_M^{(i)},\{V_{i,\ell-1}\}_{t=1}^{T}) \tag{5-60}$$

其中，$\mathcal{B}_\ell$、$\mathcal{C}_\ell$、$\mathcal{D}_\ell$ 为对应参数；$T$ 为循环轮数；$V_{i,\ell-1}$ 重复用于 $T$ 轮。

考虑两种类型的增强学习训练，即 IPPO 和 MAPPO。它们的 critic 是不同的，因为在前一种情况下，每个智能体都有一个不同的 critic，而在后一种情况下，所有智能体都有一个共同的 critic。

(1) 对于 IPPO 中的 critic 来说，其结构与 actor 的结构相似。不同之处在于，critic 会从图形架构中删除递归性，并设置 $T=1$。

(2) 对于 MAPPO 的 critic 来说，critic 可以知道全局信息，因为它从所有智能体那里收集信息。定义第 $i$ 个智能体的节点特征为 $\sum_{j=1}^{M}[\Xi_M]_{ij}$，即第 $i$ 个智能体的度；第 $i$ 个智能体和第 $j$ 个智能体之间的边缘特征为式(5-59)。值得注意的是，本节考虑一般边，即任何一对智能体都有一条相互连接的边。如果 $j\in\partial_i$，则智能体 $i$ 和智能体 $j$ 之间存在实边，否则该边为虚边。随后，通过将节点和边缘特征代入

式(5-60)，并设置$T=1$来构建 critic。

2. 行动分布

在内部考虑第$i$个智能体。actor 的输出通过式(5-60)计算，用$\boldsymbol{V}_{i,L}\in\mathbb{R}^{M\times F_L}$表示。$\boldsymbol{V}_{i,L}$称为节点嵌入。为了选择一个特定的操作，需要将嵌入的节点输入另一个操作符中，称为操作分布。将这个算子表示为$\phi$，它将节点嵌入转换为动作分布。特别是，让$\phi:\mathbb{R}^{M\times F_L}\rightarrow\mathbb{R}^{M\times M}$，具体形式为

$$\phi(V_{i,L}):\overset{\text{def}}{=}\boldsymbol{V}_{i,L}\boldsymbol{\varDelta}\boldsymbol{V}_{i,L}^{\mathrm{T}}\tag{5-61}$$

其中，$\boldsymbol{\varDelta}\in\mathbb{R}^{F_L\times F_L}$是一个可学习的参数矩阵；$\phi(\cdot)$中的参数数量与智能体数量$M$无关。

动作$a_{i,k}$按如下方式采样，即

$$a_{i,k}\sim F_{\text{softmax}}(\phi(\boldsymbol{V}_{i,L}))\tag{5-62}$$

由于所有智能体是同质的，它们共享$\phi$。

### 5.3.4 仿真结果

1. 基准线

为了对比提出框架的性能，本节考虑经典强化学习策略、均匀传输策略、基于 AoI 的自适应策略。

(1) 经典强化学习策略。经典强化学习和图形化强化学习的主要区别在于架构，在前一种情况下，actor 和 critic 由完全连接的神经网络组成，在后一种情况下，二者由图卷积层组成。这里用经典强化学习算法 IPPO 和 MAPPO[47]作为基准线。

(2) 均匀传输策略。在均匀传输策略中，每个智能体决定以相等的概率将其传输给相邻智能体，如果它缓存了一个数据包。第$i$个智能体在时隙$k$处缓存的数据包数量为$\sum\limits_{l=1}^{M}q_{i,k}^{\ell}$，接收者的数量为$\sum\limits_{j=1}^{M}[\varXi]_{M,i,j}$。然后，第$i$个智能体在时隙$k$的总动作数量为$1+\left(\sum\limits_{\ell=1}^{M}q_{i,k}^{\ell}\right)\cdot\left(\sum\limits_{j=1}^{M}[\varXi]_{M,i,j}\right)$(标量 1 表示静默动作)。因此，静默的概率为$\dfrac{1}{1+\left(\sum\limits_{\ell=1}^{M}q_{i,k}^{\ell}\right)\cdot\left(\sum\limits_{j=1}^{M}[\varXi]_{M,i,j}\right)}$，将$Q_{i,k}^{\ell}$中的数据包传输到第$j$个智能体的概率为

$$\frac{1}{1+\left(\sum_{\ell=1}^{M} q_{i,k}^{\ell}\right)\cdot\left(\sum_{j=1}^{M}[\varXi]_{M,i,j}\right)}\cdot 1\{q_{i,k}^{\ell}=1\}\cdot 1\{[\varXi]_{M,i,j}=1\}\text{。}$$

(3) 基于 AoI 的自适应策略。在基于 AoI 的自适应策略中，智能体的目标是从具有较小年龄的缓存中传输数据包。给定一个固定标量$\epsilon > 0$。在时隙 $k$ 中，第$i$ 个智能体选择以概率$\dfrac{e^{\epsilon}}{e^{\epsilon}+\sum_{\ell=1}^{M}1\{q_{i,k}^{\ell}=1\}\cdot e^{1/(h_{i,k}^{\ell}+1)}}$保持静默，并以概率$\dfrac{1}{e^{\epsilon}+\sum_{\ell=1}^{M}1\{q_{i,k}^{\ell}=1\}\cdot e^{1/(h_{i,k}^{\ell}+1)}}\cdot\sum_{j=1}^{M}[\varXi]_{M,i,j}$ 将$Q_i^{\ell}$ 中的数据包传输到第 $j$ 个智能体。

2. 合成网络和真实网络中的性能比较

如图 5-20(a)所示，图形化的 IPPO 策略优于经典的 IPPO 策略，图形化的 MAPPO 策略优于经典的 MAPPO 策略。这表明，在本节的场景中，图形化的 MARL 策略优于经典的 MARL 策略。图形化的 MAPPO 策略优于的基于 AoI 的自适应策略，基于 AoI 的自适应策略优于图形化的 IPPO 策略。CTDE 比独立学习有更好的表现。对于经典的 IPPO 策略，由于独立学习技术固有的非平稳性，估计误差随着学习事件的增加而升级，并随着信息的增加而加剧。通过比较图形化 IPPO 策略与经典 IPPO 策略，图形化的强化学习对非平稳性表现出更大的弹性。

如图 5-20(b)所示，除了经典的和图形化的 MAPPO 策略，其趋势与上面的趋势相似。经典的 MAPPO 策略优于图形化的 MAPPO 策略，这在真实网络中是合理的。这种差异可以归因于图形化 MAPPO 策略的 critic 的训练模型是一个 GNN，而在经典的 MAPPO 策略中，它是一个神经网络。显然，前者仅仅是后者的一个子集。

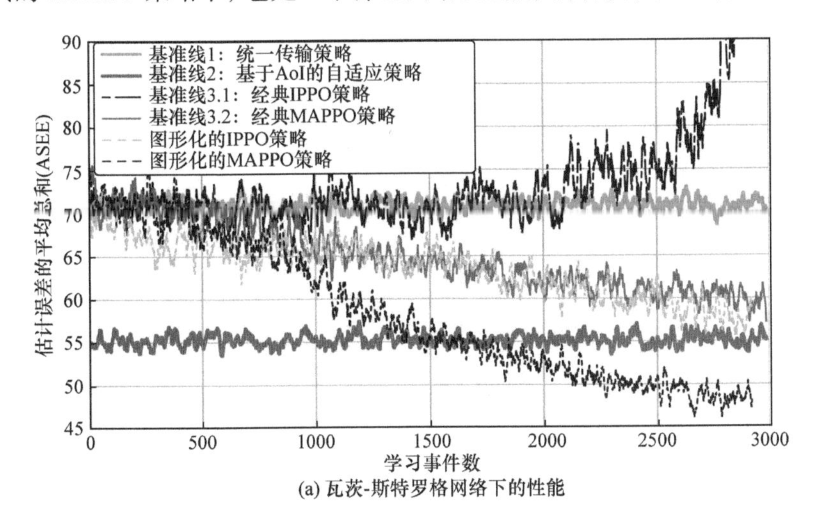


(a) 瓦茨-斯特罗格网络下的性能

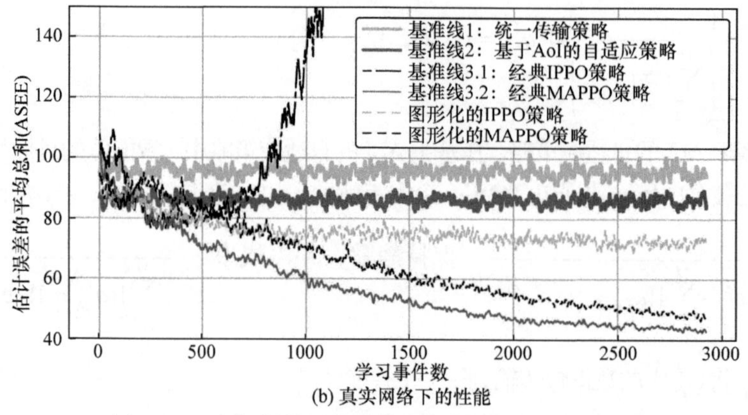


(b) 真实网络下的性能

图 5-20　瓦茨-斯特罗格网络和真实网络中的性能比较

因此，如果网络拓扑结构是固定的，那么在经典的 MAPPO 策略中，训练模型是更优的。尽管在固定拓扑结构下有优异的表现，但是由于可伸缩性问题和大规模网络训练中难以承受的学习成本，经典 MAPPO 策略不如图形化 MAPPO 策略实用。

3. 敏感性分析

图 5-21 展示了有复发 ($L=2$) 和没有复发 ($L=1$) 的建议策略在实际网络中的性能。在图形 IPPO 和图形 MAPPO 策略中，有复发的策略的 ASEE 都优于无复发策略的 ASEE。这表明，复发对本节提出的策略是有益的。此外，关注图形化的 IPPO 策略，无复发策略的 ASEE 在增加之前先减少，而有复发策略的 ASEE 持续减少。因此，复发可以提高对非平稳性的弹性。

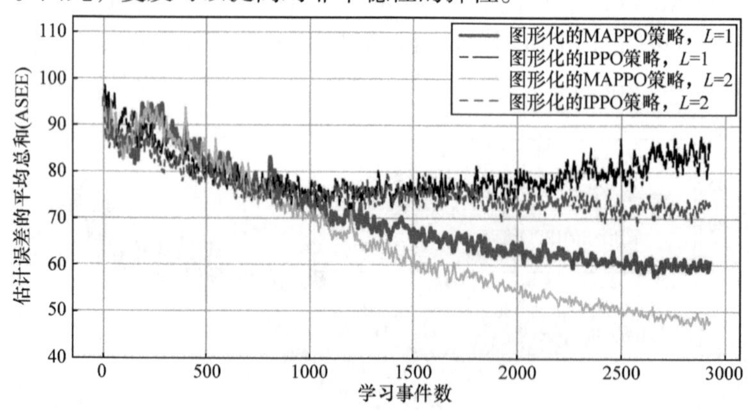


图 5-21　建议策略在不同 $L$ 条件下在实际网络中的性能

## 5.4　本 章 小 结

本章首先介绍了一种新的 ConvTimeGAN 算法，用于生成高质量的信道数据。

ConvTimeGAN 算法可以同时学习时域、频域和空域的相关性，能够降低信道预测的 MSE，可以有效增强预测性数字孪生信道对抗信道老化的能力。此外，本章提出了基于 Bertrand 博弈的框架，该框架考虑时间变化的任务负载和信道质量对 UE 参与联邦学习任务的激励影响。本章得到了博弈的纳什均衡，并设计了一个分布式迭代算法求解纳什均衡。最后，针对多跳网络，本章提出一个可伸缩的 GNN 框架(图形化的 IPPO 策略和图形化的 MAPPO 策略)，解决与大规模网络学习成本和节点排列障碍相关的问题。

## 参考文献


[1] Zhang Q Q, Saad W, Bennis M, et al. Predictive deployment of UAV base stations in wireless networks: Machine learning meets contract theory. IEEE Transactions on Wireless Communications, 2021, 20(1): 637-652.

[2] Boldt M, Ickin S, Borg A, et al. Alarm prediction in cellular base stations using data-driven methods. IEEE Transactions on Network and Service Management, 2021, 18(2): 1925-1933.

[3] Goodfellow I, Pouget-Abadie J, Mirza M, et al. Generative adversarial nets//Advances in Neural Information Processing Systems, 2014: 27.

[4] Wang Z Q, Yang C, Mao S W. Data augmentation for RFID-based 3D human pose tracking//2022 IEEE 96th Vehicular Technology Conference, London, 2022: 1-2.

[5] Rizwan A, Abu-Dayya A, Filali F, et al. Addressing data sparsity with GANs for multi-fault diagnosing in emerging cellular networks//2022 International Conference on Artificial Intelligence in Information and Communication, Jeju Island, 2022: 318-323.

[6] Han Z J, Guo L C, Lu Z M, et al. Deep adaptation networks based gesture recognition using commodity wifi//2020 IEEE Wireless Communications and Networking Conference, Seoul, 2020: 25-28.

[7] Jiang H, Cui M Y, Ng D W K, et al. Accurate channel prediction based on transformer: Making mobility negligible. 2022 IEEE Journal on Selected Areas in Communications, 2022, 40(9): 2717-2732.

[8] 3rd Generation Partnership Project (3GPP), Physical Channels and Modulation, 3GPP, Sophia Antipolis, France, Technical Specification 38.211, version 17.3.0, 2022.

[9] 3rd Generation Partnership Project (3GPP). Radio Resource Control (RRC) Protocol Specification. 3GPP, Sophia Antipolis, France, Tech. Specification 38.331 version 15.6.0, 2019.

[10] 3rd Generation Partnership Project (3GPP). Study on Channel Model for Frequencies from 0.5 to 100 GHz. 3GPP, Sophia Antipolis, France, Technical Report. 38.901 version 17.0.0, 2022.

[11] Lin Z N, Jain A, Wang C, et al. Using GANs for Sharing Networked Time Series Data: Challenges, Initial Promise, and Open Questions. New York: Association for Computing Machinery, 2020.

[12] Wu Y W, Zhang K, Zhang Y. Digital twin networks: A survey. IEEE Internet of Things Journal, 2021, 8(18): 13789-13804.

[13] Shi X J, Chen Z R, Wang H, et al. Convolutional LSTM network: A machine learning approach for precipitation nowcasting//Advances in Neural Information Processing Systems, Moutreal, 2015: 1-9.

[14] Yu X H, Shen J C, Zhang J, et al. Alternating minimization algorithms for hybrid precoding in millimeter wave MIMO systems. IEEE Journal of Selected Topics in Signal Processing, 2016,

10(3): 485-500.

[15] Yin H F, Wang H Q, Liu Y Z, et al. Addressing the curse of mobility in massive MIMO with PRONY-based angular-delay domain channel predictions. IEEE Journal on Selected Areas in Communications, 2020, 38(12): 2903-2917.

[16] Yoon J, Jarrett D, Schaar V D M. Time-series generative adversarial networks// Advances in Neural Information Processing Systems, Vancouver, 2019: 28.

[17] Donahue J, Hendricks L A, Guadarrama S, et al. Long-term recurrent convolutional networks for visual recognition and description//IEEE Conference on Computer Vision and Pattern Recognition, Boston, 2015: 2625-2634.

[18] Chung J Y, Gulcehre C, Cho K, et al. Empirical evaluation of gated recurrent neural networks on sequence modelling//NIPS 2014 Workshop on Deep Learning, Montreal, 2014: 1-9.

[19] Wiedemann S, Müller K R, Samek W. Compact and computationally efficient representation of deep neural networks. IEEE Transactions on Neural Networks and Learning Systems, 2020, 31(3): 772-785.

[20] Li B X, Zhao C H. Federated zero-shot industrial fault diagnosis with cloud-shared semantic knowledge base. IEEE Internet of Things Journal, 2023, 10(13): 11619-11630.

[21] Wang S Q, Tuor T, Salonidis T, et al. Adaptive federated learning in resource constrained edge computing systems. IEEE Journal on Selected Areas in Communications, 2019, 37(6): 1205-1221.

[22] Zhan Y F, Li P, Guo S, et al. Incentive mechanism design for federated learning: Challenges and opportunities. IEEE Network, 2021, 35(4): 310-317.

[23] Sarikaya Y, Ercetin O. Motivating workers in federated learning: A stackelberg game perspective. IEEE Network Letters, 2020, 2(1): 23-27.

[24] Zhan Y F, Li P, Qu Z H, et al. A learning-based incentive mechanism for federated learning. IEEE Internet of Things Journal , 2020, 7(7): 6360-6368.

[25] Pandey S R, Tran N H, Bennis M, et al. A crowdsourcing framework for on-device federated learning. IEEE Transaction on Wireless Communications, 2020, 19(5): 3241-3256.

[26] Majerus D W. Price vs. quantity competition in oligopoly supergames. Economics Letters, 1988, 27(3): 293-297.

[27] Lim W Y B, Ng J S, Xiong Z, et al. Decentralized edge intelligence: A dynamic resource allocation framework for hierarchical federated learning. IEEE Transactions on Parallel and Distributed Systems, 2022, 33(3): 536-550.

[28] Lim W Y B, Ng J S, Xiong Z, et al. Dynamic edge association and resource allocation in self-organizing hierarchical federated learning networks. IEEE Journal on Selected Areas in Communications, 2021, 39(12): 3640-3653.

[29] Salamat S, Khaleghi B, Imani M, et al. Workload-aware opportunistic energy efficiency in multi-FPGA platforms//IEEE/ACM International Conference on Computer-Aided Design, Westminster, 2019: 1-8.

[30] Ruiz J G, Soret B, Aguayo-Torres M C, et al. On finite state markov chains for rayleigh channel modeling//International Conference on Wireless Communication, Vehicular Technology, Information Theory and Aerospace & Electronic Systems Technology, Aalborg, 2009: 191-195.

[31] Le T H T, Tran N H, Tun Y K, et al. An incentive mechanism for federated learning in wireless cellular networks: An auction approach. IEEE Transaction on Wireless Communications, 2021, 20(8): 4874-4887.

[32] Shu W J, Zeng F P, Ling Z, et al. Resource demand prediction of cloud workloads using an attention-based GRU model//International Conference on Mobility, Sensing and Networking, London, 2021: 428-437.

[33] Ma C X, Konečný J, Jaggi M, et al. Distributed optimization with arbitrary local solvers. Optimization Methods and Software, 2017, 32(4): 813-848.

[34] LeCun Y, Bottou L, Bengio Y, et al. Gradient-based learning applied to document recognition. Proceedings of the IEEE, 1998, 86(11): 2278-2324.

[35] Kaul S, Gruteser M, Rai V, et al. Minimizing age of informationin vehicular networks//2011 IEEE Communications Society Conference on Sensor, Mesh and Ad Hoc Communications and Networks, Salt Lake City, 2011: 350-358.

[36] Kaul S, Yates R D, Gruteser M. Real-time status: How often should one update//2012 IEEE International Conference on Computer Communications, Orlando, 2012: 2731-2735.

[37] Kadota I, Modiano E. Minimizing age of information in wireless networks with stochastic arrivals. IEEE Transactions on Mobile Computing, 2021, 20(3): 1173-1185.

[38] Yates R D, Kaul S K. The age of information: Real-time status updating by multiple sources. IEEE Transactions on Information Theory, 2019, 65(3):1807-1827.

[39] Chen X R, Gatsis K, Hassani H, et al. Age of information in random access channels. IEEE Transactions on Information Theory, 2022, 68(10): 6548-6568.

[40] Kadota I, Modiano E. Age of information in random access networks with stochastic arrivals// IEEE International Conference on Computer Communications, Vancouver, 2021: 1-10.

[41] Tripathi V, Talak R, Modiano E. Information freshness in multihop wireless networks. IEEE/ACM Transactions on Networking, 2022, 31(2): 784-799.

[42] Tolstaya E, Butler L, Mox D, et al. Learning connectivity for data distribution in robot teams// IEEE/RSJ International Conference on Intelligent Robots and Systems, Prague, 2021: 413-420.

[43] Chen X R, Liao X Y, Saeedi-Bidokhti S. Real-time sampling and estimation on random access channels: Age of information and beyond//2021IEEE International Conference on Computer Communications, Vancouver, 2021: 1-10.

[44] Kang S J, Eryilmaz A, Shroff N B. Remote tracking of distributed dynamic sources over a random access channel with one-bit updates. IEEE Transactions on Network Science and Engineering, 2023, 10(4): 1931-1941.

[45] Papoudakis G, Christinos F, Schafer L, et al. Benchmarking multiagent deep reinforcement learning algorithms in cooperative tasks//Advances in Neural Information Processing Systems, Online, 2021: 1-13.

[46] Hernandez-Leal P, Kartal B, Taylor M E. A survey and critique of multiagent deep reinforcement learning. Autonomous Agents and Multi-Agent Systems, Montreal, 2019, 33(6): 750-797.

[47] Tan M. Multi-agent reinforcement learning: Independent vs. cooperative agents//International Conference on Machine Learning, Amherst, 1993: 330-335.

[48] Lowe R, Wu Y, Tamar A, et al. Multi-agent actor-critic for mixed cooperative-competitive

environments//Advances in Neural Information Processing Systems, Long Beach, 2017: 30.

[49] Sunehag P, Lever G, Gruslys A, et al. Value-decomposition networks for cooperative multi-agent learning//International Conference on Autonomous Agents and Multi-Agent Systems, Brisbane, 2018: 2085-2087.

[50] Feriani A, Hossain E. Single and multi-agent deep reinforcement learning for AI-enabled wireless networks: A tutorial. IEEE Communications Survey & Tutorials, 2021, 33(2): 1226-1252.

[51] Gori M, Mondardini G, Scarselli F. A new model for learning in graph domains//IEEE International Joint Conference on Neural Networks, Montreal, 2005: 729-734.

[52] Gama F, Bruna J, Ribeiro A. Stability properties of graph neural networks. IEEE Transactions on Signal Processing, 2020, 68: 5680-5695.

[53] Seo Y, Defferrard M, Vandergheynst P, et al. Structured sequence modeling with graph convolutional recurrent networks//International Conference on Neural Information Processing, Siem Reap, 2018: 362-373.

[54] Li Y G, Yu R, Shahabi C, et al. Diffusion convolutional recurrent neural network: Data-driven traffic forecasting// International Conference on Learning Representations, Vancouver, 2018: 1-16.

[55] Qian J, Wu Y B. Moving object location prediction based on a graph neural network with temporal attention. International Journal of Security and Networks, 2023, 18(3): 153-164.

[56] Ruiz L, Gama F, Ribeiro A. Gated graph recurrent neural networks. IEEE Transactions on Signal Processing, 2020, 68: 6303-6318.

[57] Chen X R. Time-critical Decisions with Real-time Information Extraction, Doctoral Dissertation. Pennsylvania:University of Pennsylvania, 2023.

[58] Ruiz L, Chamon L F O, Ribeiro A. Transferability properties of graph neural networks. IEEE Transactions on Signal Processing, 2023, 71: 3474-3489.

[59] Tong J W, Fu L Q, Han Z. Age-of-information oriented scheduling for multichannel IoT systems with correlated sources. IEEE Transactions on Wireless Communications, 2022, 21(11): 9775-9790.

[60] Rashid T, Samvelyan M, Schroeder-De-Witt C, et al. Monotonic value function factorization for deep multi-agent reinforcement learning. Journal of Machine Learning Research, 2020, 21(178): 1-51.